建设工程精品范例集

2020

张宁宁　主编

南　京

图书在版编目（CIP）数据

建设工程精品范例集：2020 / 张宁宁主编 .-- 南京：东南大学出版社，2021.10

ISBN 978-7-5641-9715-5

Ⅰ.①建… Ⅱ.①张… Ⅲ.①建筑工程－工程施工－案例－中国－2020 Ⅳ.①TU7

中国版本图书馆 CIP 数据核字（2021）第 199723 号

建设工程精品范例集 2020
Jianshe Gongcheng Jingpin Fanli Ji 2020

主　　编　张宁宁
出版发行　东南大学出版社
社　　址　南京四牌楼 2 号　邮编：210096
出 版 人　江建中
网　　址　http://www.seupress.com
电子邮件　press@seupress.com
经　　销　全国各地新华书店
印　　刷　南京文瑞印务有限责任公司
开　　本　787 毫米 ×1092 毫米　1/16
印　　张　13.25
字　　数　320 千
版　　次　2021 年 10 月第 1 版
印　　次　2021 年 10 月第 1 次印刷
书　　号　ISBN 978-7-5641-9715-5
定　　价　180.00 元

《建设工程精品范例集》编写委员会

主任委员： 张宁宁

委　　员：（按姓氏笔画排序）

于国家　王静平　成际贵　伏祥乾　任　仲

孙振意　纪　迅　李若澜　杨国忠　吴碧桥

时建民　张大春　张俊春　陈海昌　赵正嘉

赵铁松　徐宏均　蔡　杰　薛乐群

主　　编： 张宁宁

副 主 编： 纪　迅　于国家　成际贵　蔡　杰　任　仲

编　　审： 赵正嘉　吴碧桥

编　　撰： 赵铁松　钱　亮　谢　伟　唐来顺　李建华

孙成伟　卞国祥　周　阳　马　俊

主编单位： 江苏省建筑行业协会

前 言

2020年，是具有里程碑意义的一年，是全面实现小康社会的决胜之年，是“十三五”规划的收官之年。2020年，是特殊的一年。新冠疫情全球大流行，我省建筑业企业积极复工复产，积极贯彻落实建筑业改革发展有关决策部署，坚持稳中求进总基调，深入贯彻新发展理念，全力推动建筑业高质量发展走在前列，工程建设水平和建筑品质持续得到提升，江苏建筑业从规模最大向实力最强稳步迈进，“江苏建造”的品牌影响力和含金量显著增强。

为将江苏建筑业蓬勃发展所取得的成果及时展示给社会，我会出版发行了《建设工程精品范例集（2020）》。本书详细介绍了荣获2019年度中国建设工程鲁班奖、国家优质工程奖，以及部分质量评价为精品的华东地区优质工程奖、江苏省优质工程奖“扬子杯”等奖项的工程创建的全过程。尤其以苏州工业园区体育中心为代表的体育文化设施工程、以雅戈尔太阳城超高层20#楼为代表的住宅工程、以南通滨江洲际酒店4号楼为代表的酒店工程、以谷物加工成套设备制造项目为代表的工业建筑工程等，这些工程的质量均达到了国内领先水平，为江苏经济发展、文化建设、民生改善和基础设施建设等发挥了巨大促进作用。我会认为，书中所展示工程的创建心得值得我省从业者学习和借鉴，故决定继续组织编撰《建设工程精品范例集》，希望此书能够激励我省3万余家建筑业企业和800余万从业者，继续秉持“精益求精、追求卓越”的工匠精神，建设出更多代表“江苏建造”品牌的经典工程。

习近平总书记在党的十九大报告中指出：“我国经济已由高速增长阶段转向高质量发展阶段”，党的十九大报告提出的这一重大判断为建筑业的发展指明了方向。新时代成就新伟业，新伟业造就新英雄。让我们坚持以习近平新时代中国特色社会主义思想为指导，贯彻落实党的十九大精神，牢固树立和自觉践行新发展理念，加快我省建筑业改革发展，提升“江苏建造”品牌的含金量和影响力，为全面建设社会主义现代化国家打下坚实基础。

江苏省建筑行业协会

2021年7月1日

目　录

1 苏州工业园区体育中心

——中国建筑第八工程局有限公司 中建三局集团有限公司

一、工程简介

苏州工业园区体育中心包括“一场两馆一中心”，占地面积60万 m²，总建筑面积38.6万 m²，总投资50.8亿元。它由45 000座的体育场、13 000座的体育馆、3 000座的游泳馆、配套服务楼、中央车库及室外训练场等组成，是苏南规模最大的多功能综合性甲级体育中心。

图1-1 苏州工业园区体育中心全景

项目以“园林叠石”为创意理念，用现代建筑语言诠释园林意韵，将建筑物巧妙融入自然景观，轻盈优雅、舒缓工巧，具有鲜明的地标性，是国内首个全开放式生态

图1-2 全开放式生态体育公园

体育公园。场馆裙房温雅如一座座小山，轻盈优雅的体育场馆宛如坐落在水边假山之上的一座凉亭。蜿蜒曲折的小径使得景观实现了移步换景、人走景移的效果，展现出传统园林的概念与魅力。

二、工程特点和难点

2.1 工程特点

体育场地上五层，建筑面积9.1万 m²，建筑高度54 m，最大跨度260 m，屋盖采用外倾V形钢柱+马鞍形压环梁+轮辐式单层索网+膜结构，为中国最大、世界第二大跨度单层索网屋盖结构。体育馆地上五层，局部六层，建筑面积6.2万 m²，建筑高度44 m，最大跨度142 m，屋盖采用外倾V形钢柱+马鞍形压环梁+空间管桁架结构+金属屋面。游泳馆地上四层，建筑面积5.0万 m²，建筑高度34 m，最大跨度110 m，屋盖采用外倾V形钢柱+马鞍形压环梁+单层正交索网+金属屋面，为国内首次采用柔性索网上覆刚性直立锁边金属屋面。

苏州工业园区体育中心被称为“第五代体育建筑代表作”，其体量巨大、建筑优美、结构精巧、施工精湛、功能完备。体育场、游泳馆屋盖结构采用大跨结构工程领域最前沿的技术和高强材料。体育场为国内最大跨度的马鞍形大开孔轮辐式单层索网结构；游泳馆为国内首次将直立锁边金

图1-3 体育场立面

图1-4 体育馆立面

图1-5 游泳馆立面

属屋面设置在单层正交索网结构体系上;结构体系简洁轻盈,填补了国内超大跨度单层索网结构空白。

图1-6 体育场场心

图1-7 游泳馆泳池

工程社会影响大、关注度高,为苏州市重点工程、地标性工程,备受各界关注。工程跨度挑战大、创新成果多、科技含量高、技术难度大。工程于2015年3月27日开工,2018年6月4日竣工。

2.2 工程做法

场馆下部为钢筋混凝土框架结构,上部为大跨度马鞍形钢结构屋盖,统一的建筑语言,不同的结构体系,动感轻巧。

体育场屋盖钢结构用钢量约3 870 t,PTFE膜材约3.2万m^2。游泳馆屋盖钢结构用钢量约980 t,金属屋面约9 100 m^2。体育馆屋盖钢构件多达6 400多个,最大重量为120 t,外框架为倾斜V柱,倾斜角度达35°,钢斜柱最重18 t。

墙面做法:清水混凝土、仿清水涂料、水泥纤维板、铝格栅百叶、灰色瓷砖、穿孔铝板、穿孔吸音板墙面、软包吸声墙面、拉丝不锈钢蜂窝板、玻璃马赛克等。

吊顶做法:清水混凝土、无吊顶区域黑色涂料、仿清水涂料、微孔铝板、定制张拉网、矿棉吸声板吊顶、防水石膏板吊顶、无机纤维棉吸声喷涂、装饰石膏板吊顶、拉丝不锈钢蜂窝板、水泥纤维板等。

地面做法:看台聚脲防水涂料、水泥基自流平、混凝土密封固化剂、防滑地砖、石材地面、防静电架空地板、环氧自流平+高耐磨聚氨酯罩面、运动木地板、PVC地胶地面等。

外幕墙:石材幕墙、玻璃幕墙、铝板幕墙、组合式幕墙等形式。

2.3 工程难点

工程存在多项技术难题,大面积刚性地坪、大面积清水混凝土、800 m超长混凝土结构抗裂控制、大悬挑预应力梁、BRB支撑、型钢混凝土柱、有粘结预应力结构、屋面大型钢结构吊装、大跨索网索膜结构、双曲倾斜幕墙施工、体育专项母架及斗屏安装等,存在大量异型结构、悬挑结构:异型墙、柱、梁、看台、弧形墙、弧形梁、斜柱、斜梁、悬挑梁等结构,模板及满堂架体系复杂,大面积高支模区域,给技术、安全、质量管理带来挑战。

场馆屋盖结构中大量采用轻质、高强材料,如全封闭定长索、膜材、高强销轴、铸钢索夹、关节轴承等,技术先进。项目从设计和施工两方面进行系统研究,解决超大跨度单层索网结构设计、施工所面临的难题,填补国内超大跨度单层索网结构空白。

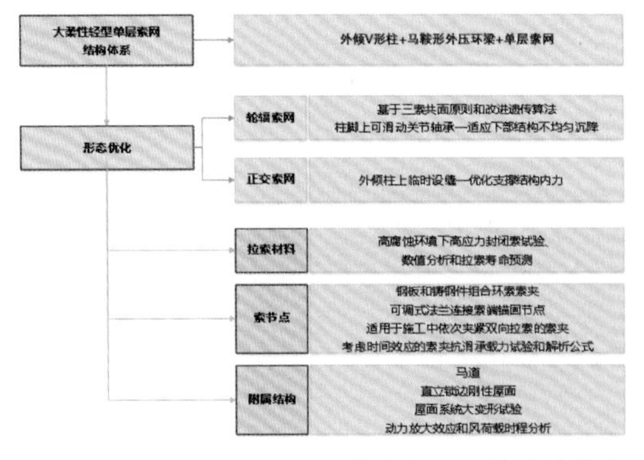

图1-8 单层索网设计关键技术

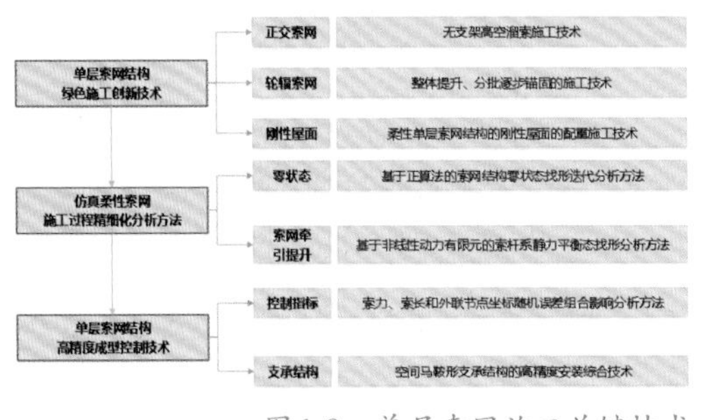

图1-9 单层索网施工关键技术

三、工程创优做法

3.1 创优管理

3.1.1 明确质量目标

工程开工伊始，就确定了誓夺“鲁班奖”的质量目标，坚持“精心策划、精细管理、建造精品工程”管理要求，高标准、严要求。

3.1.2 建立健全质量创优管理体系

成立创优领导小组和工作小组，对质量目标进行层层分解。建立健全质量管理制度，坚持样板先行、设计巡查、材料报审、联合验收等制度，严控过程管理，一次成优。

3.1.3 坚持质量创优策划先行

系统性梳理工程创优策划，通过深化设计、BIM技术深化对比创优做法，通过样板引路、材料送审确定创优做法。

3.1.4 坚持样板引路制度

以实体样板为依托，明确工序施工要求和质量标准；坚持质量风险识别和防控，减少质量通病发生。

3.1.5 开展全专业实测实量

以高精度高标准约束过程实施，发现问题及时改正，提高质量水平。

3.1.6 开展QC质量管理活动

开展全员、全面质量管理，提升质量管理水平。每周召开质量管理例会，对现场存在的质量问题进行分析、总结，限期整改，落实回复。

3.1.7 坚持质量管理标准化

贯彻“过程精品”的质量方针，实现质量管理标准化、规范化、制度化，编制《建设工程质量管理标准化指导手册》。

3.1.8 坚持科技创新

攻坚克难、缔造精品，严控质量、精益建造要求，圆满实现质量管理目标。

3.2 工程质量特色

（1）大跨度马鞍形单层索网轻型结构，造型别致、轻盈通透、飘逸灵动、科技感强烈，创造性地实现技术与艺术的融合。

图1-10 大跨度马鞍形

（2）外倾V形柱+马鞍形外压环梁+单层索网结构体系，预应力自平衡、传力明确。轻型结构最大限度节省材料，经济高效，体育场索网用钢量仅9.7 kg/m^2，游泳馆索网用钢量仅10.7 kg/m^2，实现轻、薄、透效果。

图1-11 单层索网+膜屋面

图1-12 单层索网+金属屋面

（3）场馆索网采用定长高钒密闭索，创新采用关节轴承安装限位控制方法、外压环梁高精度安装、合龙控制方法及高空作业安全保障技术措施等高精度成型成套技术，体育场轮辐式大开孔单层索网结构，实测数据与模拟分析相比最大差值仅17 mm，精度达到国际领先水平。

图1-13 高精度成型

（4）屋盖钢结构制作安装全过程采用BIM技术和数值模拟分析技术，外压环梁采用工厂拼五留三预拼技术，采用胎架顶部仿形工装、法兰盘连接、临时设缝等索网边界钢结构高精度加工、安装成套技术，实现了关键节点 ± 20 mm以内高精度成型控制，施工精度达到国际领先水平。

图1-14 高精度成型成套技术

图1-15 主体钢结构精度控制

（5）创新直立锁边金属屋面结构，适应柔性单层正交索网大变形，金属屋面使用至今无变形无渗漏。

图1-16 游泳馆屋盖结构

（6）体育馆屋面为管桁架钢结构+刚性直立锁边金属屋面，管桁架由南北向4榀弓形桁架为主桁架，东西向12榀鱼腹式桁架为次桁架组成。管桁架卸载后实测最大挠度为96.2 mm，计算挠度128 mm，精度控制高。

图1-17 体育馆钢结构鸟瞰

图1-18 体育馆金属屋面鸟瞰

（7）清水混凝土一次浇注成型，不做任何外装饰，具有朴实无华、自然沉稳的外观韵味，彰显混凝土原始自然之美。4.5万m^2清水混凝土水平结构，418根清水混凝土柱，27部弧形清水大楼梯，3部清水圆形大楼梯。

图1-19 清水混凝土柱

图1-20 清水圆形楼梯

图1-21 清水混凝土弧形大楼梯

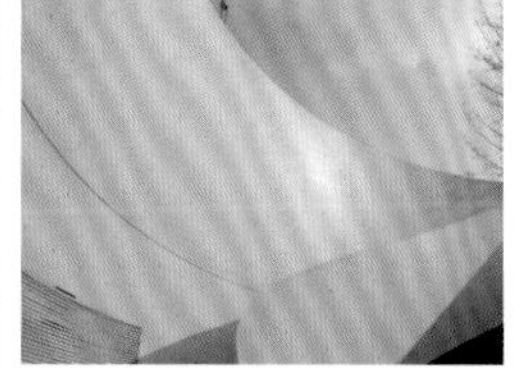

图1-22 清水圆形楼梯节点

(8) 看台弧度自然顺畅、阴阳角分明、分缝一致,面层颜色一致、无空鼓开裂。大环道仿清水墙面弧度顺滑,平整。看台背面倾斜弧形水泥纤维板墙面弧度顺滑自然、平整。体育馆大面积双曲面水泥纤维板仿清水墙面,曲度顺畅,无裂缝。

图1-23 看台无空鼓开裂

图1-24 环道仿清水墙面弧度顺滑

图1-25 倾斜弧形墙面

图1-26 双曲面纤维板仿清水墙面

(9) 标准泳池(25 m×50 m)做工细腻,尺寸精确,满足国际泳联赛事要求。训练池顶部采用黑色铝板网格造型,减少低净高的压迫感,顶部采用反转的斗形,散射自然光,夜间通过暗藏灯二次反射,形成内斗发亮的效果。儿童戏水区马赛克地面铺贴排版合理、美观细腻。

图1-27 比赛池

图1-28 训练池

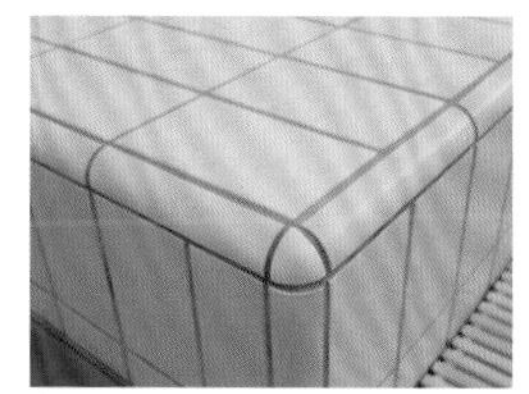

图1-29 泳池瓷砖细部

图1-30 儿童戏水区马赛克

(10) 装修精雕细琢、精益求精。卫生间对缝镶贴,居中安装。车库地坪平整光洁、分缝一致。

图1-31 游泳馆大厅

图1-32 车库固化剂地面

(11) 20.1万m^2异形曲面铝板幕墙、玻璃幕墙、石材幕墙安装牢固、缝隙均匀,开缝幕墙排水顺畅。

图1-33 体育场幕墙

图1-34 体育馆幕墙

(12) 体育馆母架系统运行良好、停位准确,斗屏清晰度高,视觉效果好。

图1-35 体育馆母架系统

图1-36 体育馆斗屏

(13) 机房设备布置合理、安装牢固、减振良好、接地可靠、运行平稳。阀门、仪表排列整齐、标高一致、便于操作。

(14) 配电箱柜盘面整齐,接线正确,压接牢固,标识清晰。

图 1-37 机房布置合理

图 1-38 阀门仪表整齐标高一致

图 1-39 立体分层、弧度自然

图 1-40 接地可靠

图 1-41 配电箱柜盘面整齐

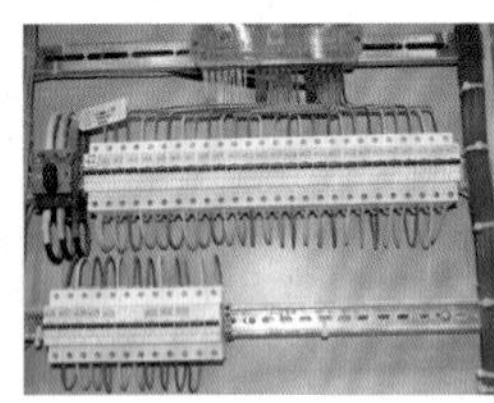
图 1-42 电线排布整齐

（15）室外石材铺装整齐，缝隙一致。屋面平台与景观和谐统一，石材与绿植相辅相成，交相辉映，大台阶石材铺贴整洁美观，缝隙一致美观。

图 1-43 大台阶石材铺贴

图 1-44 室外道路石材

（16）建筑与周边环境和谐统一，匠心独运的园林景观，蜿蜒曲折的透水混凝土小径实现体育公园移步换景的效果。环境优美的亲民型开敞式体育公园，满足市民免费健身休闲活动的需求。设有 3 500 m 跑步道、2 700 m 骑行道、6 000 m^2 儿童娱乐场地以及轮滑场、足球场、篮球场等多种运动场地，免费向公众开放，成为市民喜爱的新城区中心，已迅速成为未来中国大型体育中心建设运营的典范。

图 1-45 室外工程

（17）体育场非渗水型复合型塑胶跑道绿色环保，满足国际田联赛事要求。体育场天然草足球场平整度、球反弹率、球滚动距离、坡度等均符合一级场地要求。

图 1-46 体育场塑胶跑道、天然草足球场

（18）体育馆运动可拆卸地板获得国际运动地面科学联合会（ISSS）认证，可满足篮球、排球、羽毛球、手球、乒乓球等国际比赛要求。

图 1-47 体育馆承办亚洲青年羽毛球锦标赛

图 1-48 训练馆可拆卸地板

（19）体育馆场心自流平，平整度满足 3 mm/3 m，无空鼓开裂，可满足室内冰上运动要求。

图1-49 体育馆自流平地面

图1-50 体育馆承办冰壶世界杯

（20）钉画装饰长廊，整体协调一致，一气呵成，尽显苏州地域文化。

图1-51 体育馆VIP包间钉画长廊

四、工程获得成果

该工程获得鲁班奖、扬子杯、中建杯金奖、中国钢结构金奖、全国建筑工程装饰奖。获得国家级QC成果5项、省市QC成果一等奖7项，获得“全国质量信得过班组”称号。获得江苏省高性能混凝土应用示范工程，承办2016年江苏省建筑施工技术创新与质量管理标准化现场观摩会，承办2021年苏州市“工程质量在行动”现场观摩交流会。

安全生产创造2 000万无伤害工时记录，召开安全晨会1 073次，双周安全大检查156次，创新采用“智慧安全”管理模式。获得全国建设工程项目施工安全生产标准化建设工地、江苏省建筑施工标准化文明示范工地。

采用立体绿化、雨水回用、光导照明等节能技术，获得绿色建筑设计三星标识、绿色建筑三星级运营标识、美国LEED金级认证。推广应用48项绿色施工技术，获得全国建筑业绿色施工示范工程、住建部绿色施工科技示范工程。

推广应用建筑业10项新技术10大项42小项，获得江苏省建筑业新技术应用示范工程、全国建筑业创新技术应用示范工程。

该项目获得詹天佑奖、中国钢结构技术创新奖、建筑防水行业科学技术奖（金禹奖）及其他省部级科学技术奖4项。取得发明专利11项、实用新型专利20项，省部级工法12项，出版专著4部、发表SCI论文4篇、中文核心期刊论文18篇。形成试验报告、研究报告16篇，列入《建筑业10项新技术（2017版）》应用示范工程。BIM技术累计获得国家级BIM大赛奖励8项。工程设计获得上海市优秀设计奖。

以董石麟院士为主任委员、叶可明和肖绪文院士为副主任委员的鉴定委员会评定项目科技成果总体达到国际领先水平。

该项目获得2018年度苏州市十大民心工程之首，体育场荣获2018年度全球最佳体育场，达到最好的体育功能设施和最高施工质量目标。项目投入运营以来，相继承办了冰壶世界杯、中国足协超级杯、国际超级杯、亚洲青年羽毛球锦标赛等众多体育比赛和演艺活动，运营效果良好。作为向市民免费开放的体育公园和颇具吸引力的体育中心，成为当地市民运动健身、休闲娱乐、文化旅游等活动中心，备受市民欢迎，提升了市民居住生活环境品质，实现造福百姓、服务人民的初心和使命。工程投入运营以来，结构安全稳定，各系统运行良好，功能满足设计和使用要求，社会经济效益显著。

（徐　旭　马怀章　程大勇　张晓冰　刘晓龙）

2 扬州智谷科技综合体工程

——江苏邗建集团有限公司

一、工程概况

扬州智谷科技综合体工程，位于扬子江中路186号，造型寓意“智慧之门”，是扬州南区标志性建筑。建筑外立面通过带有强烈金属质感的玻璃幕墙，彰显都市感和现代感。

图2-1 东立面东北面

工程总建筑面积为121 870 m^2，建筑物长197.1 m，宽81.7 m，建筑高度98.60 m（至装饰幕墙顶高度为120 m）。工程由两幢塔楼及裙房组成，框架剪力墙结构，地下二层，地上裙楼四层，塔楼二十四层，工程造价50 825万元。

地下室平时为车库和设备用房，局部为人防。地上1～2层为金融、商务和商业配套服务区，3～4层为会议中心，5层为工会办公室，6层及以上为办公区域。

工程2013年10月10日开工，2016年7月26日完工，2016年11月4日竣工备案并投入使用。

本项目由扬州经济开发区开发总公司投资兴建，上海华都建筑规划设计有限公司设计，上海同建工程建设监理咨询有限责任公司监理，江苏邗建集团有限公司总承包施工。

二、工程创优管理

2.1 工程质量目标及施工管理

2.1.1 质量目标

工程建设伊始，根据施工合同及企业创精品工程的要求，确定了创江苏省“扬子杯”优质工程、争创“国家优质工程”的质量目标。

2.1.2 施工管理措施

（1）开工创优策划方案

编制开工创优策划方案，通过目标分解、工程特点、施工关键问题分析，编制各分部工程的质量预控措施，使质量管理贯穿工程建设的各个阶段，确保策划中的特点得以实施。

（2）创优领导管理小组

成立创优领导管理小组，签订创优责任书，将要达成最终目标所需的各项工作指标进行分解，使施工的质量均处于受控状态，确保创优目标的实现。

（3）工程质量齐抓共管

由建设单位牵头，勘察设计单位指导，总承包单位实施，监理单位监管，政府部门监督，共同构建“五位一体”的质量联控体系，形成了横向到边、纵向到底的质量网格化管理。同时，明确总承包单位作为责任主体，对工程质量终身负责。

（4）开展QC质量小组活动，实行科技攻关

开展QC质量小组活动，实行科技攻关；推广应用工程专利及工法，以技术进步支撑绿色建造等新型建造方式发展。

2.2 精品工程质量过程控制

2.2.1 质量保证管理措施

（1）建立健全质量管理体系

工程开工前建立质量管理体系和质量保证体系，落实各项管理制度，注重细节，施工过程一次成优，打造精品工程。

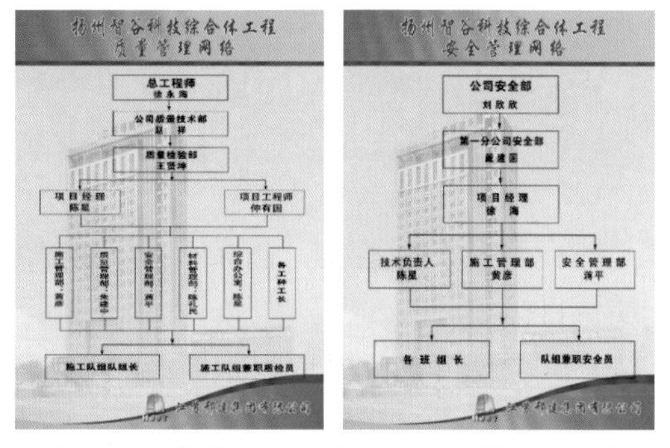

图2-2 质量管理保证体系与安全管理保证体系

（2）严格执行流程验收，推进精细化管理

施工过程中，严格执行“三检制度”，对每道工序认真做好自检、专检、交接检的工作，使过程始终处于受控状态。

（3）加强职工教育

加强质量意识教育，使施工人员意识到质量、效益是企业的生命，创造优质工程，提供优质服务，提高自身的竞争力。

（4）加强工程材料控制

严把材料质量进场关，建立健全进场前检查验收和取样送验制度，所有进场原材料及成品、半成品，均进行严格的检验和按规定要求进行取样复试，达不到质量标准的坚决不使用。施工过程中发现不合格的材料及时清理出场。

2.2.2 质量过程管控标准化

（1）质量展示区设置、样板先行

建立样板集中展示区，将工程中涉及的工艺、节点、构造展示出来，包括卫生间细部、墙体砌筑等，做到事前控制，统一标准，为大规模施工提供验收依据。

图2-3 墙体砌筑展示区与卫生间细部展示

（2）细部节点标准化

公司制定了《建筑工程细部质量控制标准》，实现了个性化、精细化、规范化的特色亮点，为申报项目在众多优秀工程中脱颖而出增添成色。

严格执行对屋面、泵房、机房等细部施工前的事先策划，过程中进行全部检查指导落实。例如：地下室泵房设备基础、排水沟设置、二次结构构造柱设置、屋面的构造等。

2.2.3 创新“互联网+”质量管理平台

江苏邗建集团自主研发的综合信息管理系统，集成“规划组织管理、项目合同管理、成本控制业务、物资综合管理、机械设备、劳务管理、专业分包管理、进度产值管理、质量技术管理、安全环保管理”十大版

块，是一个信息采集基于移动互联网终端，信息处理基于局、公司、事业部、项目部四级管理的工程质量管理平台。

2.3　应用BIM技术，助推质量管理升级

2.3.1　平面布置

采用BIM将整个场地进行3D模拟，实现场地布置可视化，并对塔吊运行空间进行分析，实现施工场地动态布置，确保施工平面布置合理、紧凑。

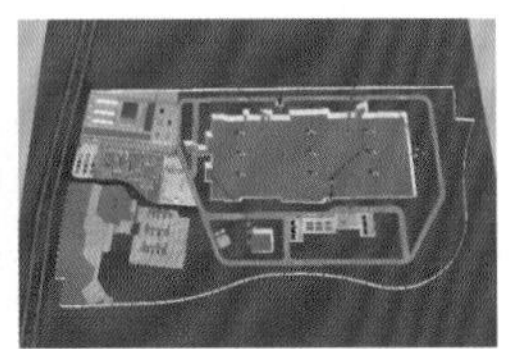

图2-4　平面场地优化

2.3.2　可视化交底

运用4D模块进行施工策划和可视化交底，以及细部节点、模板支撑架等运用BIM建模对班组交底、学习。

图2-5　三维可视化交底

2.3.3　施工深化

通过BIM对墙体、屋面排版建模，做到科学利用、合理布置，充分发挥新技术在工程实际建造过程中的引领作用，实现智慧建造。

通过对各专业的碰撞检测结果来调整管线排布，根据管线剖面图分析各个区域的净高，对净高过低的部位，提前调整管线排布方案，达到美观和净高要求。

2.3.4　模拟施工

在建模过程中加载建造工程、施工工艺等信息，进行施工过程的可视化模拟，对施工方案进行分析和优化，确保工程质量及施工安全。

图2-6　BIM模拟施工

2.4　工程施工难点

难点1：幕墙高度119.4 m，阴阳角线条较多，阴阳角垂直度和线条平顺直的控制。

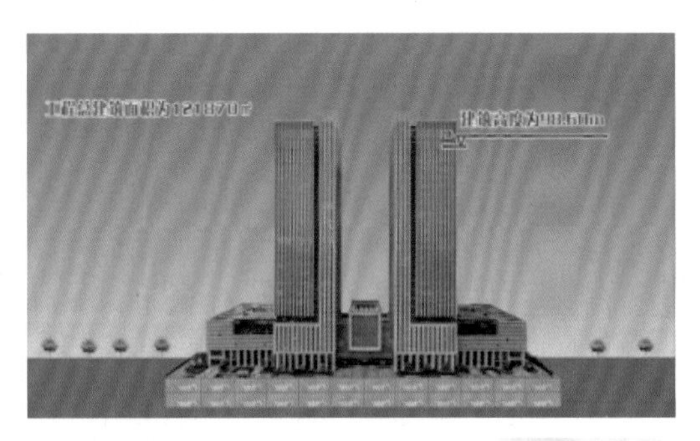

图2-7　立面幕墙

难点2：公共区域过道，1 800 mm×900 mm陶瓷薄板粘贴的平整度、空鼓质量控制。

图2-8　公共区域过道

难点3：彩釉玻璃不同图案的连续拼接。

图2-9 彩釉玻璃

难点4：门厅高度为18.3 m，空间结构高空交叉作业量大，施工管控风险大。

图2-10 大堂门厅

难点5：地下室设备机房、泵房、管道桥架综合平衡和综合布局。

图2-11 设备机房、泵房

图2-12 综合管廊

2.5 技术创新

2.5.1 新技术的应用

本工程共推广应用住建部10项新技术中的9大项16小项，江苏省新技术5大项8小项，创新技术6项，并获得省级工法3项，整体水平达到国内领先。

（1）在施工过程中，采用“多维度复合式自控压力水综合降尘施工工艺”，实现建筑工地的地面、高空、室内立体交叉，多维度全覆盖的全自动降尘体系，提高扬尘控制的效果。

图2-13 自动降尘体系

（2）创新的索固定式井道防护装置极大地减轻了作业人员安装操作时的危险性，避免了剪力墙体扩大开孔导致的结构隐患。

图2-14 索固定式井道防护

（3）创新的二次结构模板夹具式单侧旋紧固定器，有效地保证了固定器质量、构造柱模板的稳定性及混凝土成型质量。

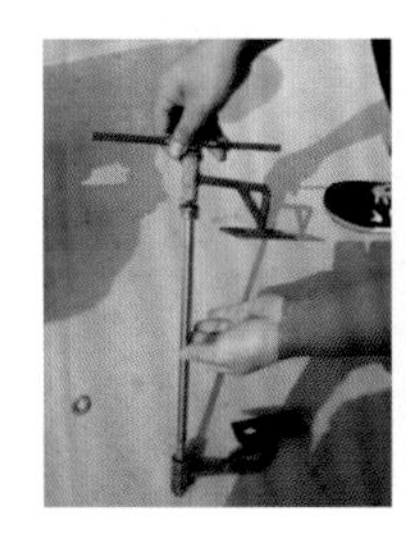

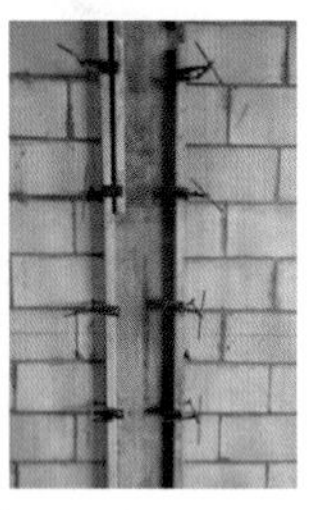

图2-15 模板单侧旋紧固定器

2.5.2 开展QC质量小组活动，实行科技攻关

QC成果《提高绿色施工中扬尘控制的效果》获得2017年度全国工程建设质量管理小组活动成果1等奖。实现建筑工地的地面、高空、室内立体交叉，多维度全覆盖的全自动降尘体系，提高扬尘控制的效果。

2.6 绿色建筑节能减排

玻璃幕墙采用热金属型多腔密封窗框及中空Low-E玻璃。外墙采用60 mm厚岩棉板；屋面采用105 mm厚复合材料保温板，实现最佳的节能、保温效果。

节能灯具、感应冲洗阀、节水器具、雨水回收等节能效果突出，节能专项验收合格。

2.7 绿色施工

工程开工前，结合工程特点，编制绿色施工方案，制定相应的管理制度和目标，按照“四节一环保”五个要素中控制项实施，并建立了相关台账，评价资料齐全。

2.7.1 人员健康

加强对施工人员的住宿、膳食、饮用水等生活与环境卫生等管理，明显改善施工人员的生活条件。

2.7.2 环境保护及扬尘控制

建筑垃圾分类堆放，定期处理，合理回收利用。

现场设噪声监测点，实施动态监测，噪声控制符合《建筑施工场界噪声限值》。

图2-16 垃圾分类与噪声监测

施工现场设置环境监测系统和信息化系统，实时观测现场的扬尘污染情况，达到警戒值时，自动开启喷淋系统，并配合使用雾炮机，实现了扬尘的有效控制。

门口设置自动化冲洗平台，出入车辆均须冲洗，杜绝车辆带泥污染环境。

图2-17 降尘系统与冲洗平台

2.7.3 节材与材料资源利用

工具式安全通道、工具式大门、工具式操作棚，一次投入多次重复利用；有效利用建筑余料；达到节约材料的目的。

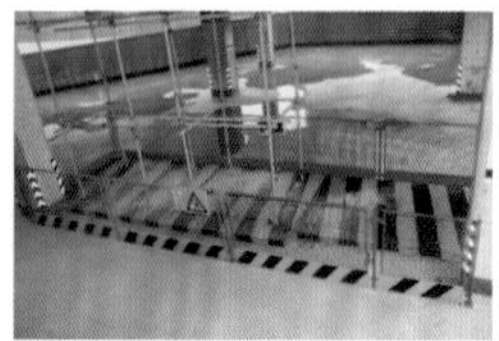

图2-18 工具式防护

2.7.4 节水与水资源利用

冲洗现场机具、车辆用水，设立循环用水装置。现场办公区、生活区节水器具配置率达到100%。

2.7.5 节能与能源利用

办公、生活和施工现场，采用节能照明灯具；生活区热水器采用太阳能热水器，节能效果显著。

2.8 工程质量特色、亮点

2.8.1 地基与基础工程

1 304根钻孔灌注桩，经检测均符合设计要求。低应变受检652根，其中Ⅰ类桩占99.08%，无Ⅲ类桩。

图2-19 基础工程及钻孔灌注桩

32个沉降观测点，共观测27次，累计最大沉降量9.64 mm，最后100 d的最大沉降速率值为0.003 mm/d，沉降已稳定。

2.8.2 主体结构工程

混凝土结构表面平整、截面尺寸正确、棱角方正。填充墙体砂浆饱满、横平竖直、清洁美观。

图2-20 主体结构与砌体工程

2.8.3 建筑装饰工程

73 000 m^{2}玻璃幕墙、石材幕墙安装牢固，表面平整，色系一致，缝隙均匀，胶缝饱满、边角清晰、排版美观、无渗漏。

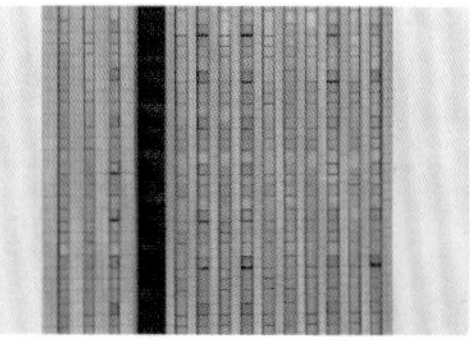

图2-21 石材幕墙与玻璃幕墙

253 000 m^{2}涂料饰面阴阳角顺直，涂刷均匀、无污染、无开裂现象。顶棚平整，线角通顺，无起楞不平等现象。

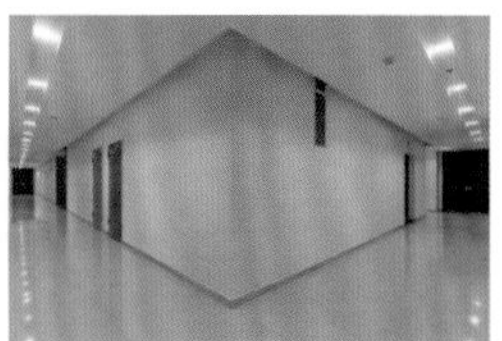

图2-22 涂料墙面

5 317 m^{2}室内石材干挂墙面，安装牢固、缝格准确。

图2-23 石材墙面

硬包、木饰面墙面平整顺直，色泽均匀，线角清晰，无开裂现象。

图2-24 硬包、木饰面

6 200 m^{2}陶瓷薄板地面粘贴牢固，铺贴平整、缝隙均匀、无空鼓、平整、洁净。4 550 m^{2}石材地面粘贴牢固，无空鼓，颜色自然。

图2-25 陶瓷薄板地面　　图2-26 石材地面

32 000 m^{2}地下室环氧地坪、平整光洁、色泽均匀、细部美观、无空鼓裂缝。

图2-27 环氧地坪

卫生间墙、地砖对缝整齐，卫生间洁具排布整齐，居中对缝。

图2-28 卫生间及无障碍设施

1 426樘木门及防火门安装牢固，开启方向正确，开关灵活，五金件安装齐全，位置正确。

图2-29 实木门

93 000 m^{2}吊顶形式多样，造型美观，平整对缝，灯具、烟感、喷淋等排布成行成线。

图 2-30　吊顶 1

图 2-31　吊顶 2

楼梯踏步铺贴平整，高度一致，相邻踏步尺寸一致，滴水线分色清晰、顺直，楼梯栏杆安装牢固。

图 2-32　楼梯踏步 1

图 2-33　楼梯踏步 2

2.8.4　屋面

屋面面砖、花岗岩面层，排布合理，排水沟、落水口设置精美。屋面构架尺寸精确、滴水线顺直、涂饰精美。

图 2-34　屋面

2.8.5　机电设备安装

机房、泵房设备安装稳固，减振装置齐全有效；阀门、仪表排列整齐；墩座、排水沟细部处理统一精美。

图 2-35　机房、泵房设备

共用支架安装牢固，排布间距合理，规范美观。

图 2-36　共用支架

机房管道保温表面采用压花铝板保护，做工精细，咬口搭接，顺水圆弧均匀、平行。

图 2-37　机房管道保温

配电箱（柜）安装位置正确，部件齐全，箱（柜）涂层完好，接线正确、规范、美观，排布整齐，分色正确，接地安全可靠、标识清晰。

图 2-38　配电柜接线美观

屋面避雷带安装平整顺直，焊缝饱满，固定点支撑件间距均匀，高度一致，避雷引下线标识清晰，编号齐全，防雷测试点，施工规范美观。

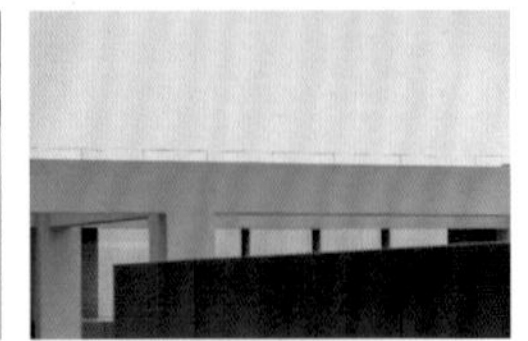

图 2-39　屋面避雷带

2.8.6　智能建筑工程

各智能化系统配置符合图纸设计要

图2-40 智能建筑

求，信号准确，联动良好，运行稳定。

2.8.7 电梯工程

电梯运行平稳，制动可靠，平层准确，信号系统位置正确。

图2-41 电梯厅

三、工程获奖与综合效益

自建成投用以来，扬州智谷已入驻软件与互联网、智能科技等各类创新企业、研发机构和服务平台93家，入驻率达95%，入驻企业实现业务总收入15亿元，形成了以办公室、实验室、工作室为载体，以互联网、科技研发、智能产业为主导的新型城市产业群。

工程先后获得“全国QC小组活动一等奖”“AAA级安全文明标准化工地”“全国建筑业绿色施工示范工程”“中国建筑工程装饰奖”“鲁班奖优质工程”“江苏省建筑业新技术应用示范工程”，以及发明专利5项、省级工法5项。

江苏邗建集团有限公司：
扬州智谷科技综合体项目QC小组
荣获二〇一七年度工程建设优秀质量管理小组一等奖

图2-42 全国QC小组活动一等奖

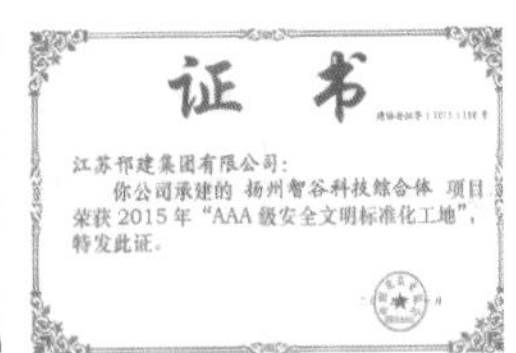

证 书

江苏邗建集团有限公司：
你公司承建的 扬州智谷科技综合体 项目荣获2015年“AAA级安全文明标准化工地”，特发此证。

图2-43 AAA级安全文明标准化工地

全国建筑业绿色施工示范工程荣誉证书

江苏邗建集团有限公司：

图2-44 全国建筑业绿色施工示范工程

中国建筑工程装饰奖
获奖证书

你单位承建的 工程
荣获二〇一七-二〇一八年度中国建筑工程装饰奖。
特发此证

图2-45 中国建筑工程装饰奖

江苏省建筑业新技术应用示范工程证书

项目编号：JSXY2015-12

图2-46 江苏省建筑业新技术应用示范工程

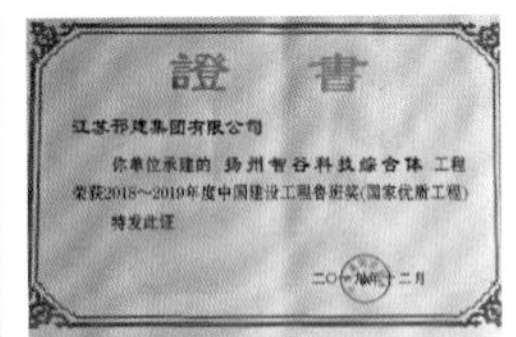

證 書

江苏邗建集团有限公司
你单位承建的 扬州智谷科技综合体 工程
荣获2018～2019年度中国建设工程鲁班奖(国家优质工程)
特发此证

图2-47 中国建设工程鲁班奖

（赵 祥）

3 中国医药城商务中心

——南通四建集团有限公司

一、工程概况

中国医药城商务中心是泰州市政府为中国医药城精心打造的重点工程项目，工程位于泰州国家医药高新技术产业开发区。总建筑面积81 343 m^2，地下2层，地上主楼21层、裙楼6层，主楼高93.35 m，裙楼高30.05 m。

地下负二层主要为车库、设备用房；负一层为非机动车库、员工餐厅、厨房等。

地上首层主要为酒店大堂、餐厅；二层为小宴会厅、会议室等；三层为健身房和办公用房；四层为大宴会厅、行政办公；五层为设备转换层；六层以上为客房和公寓。

工程基础：采用钻孔灌注桩和筏板基础。主楼为现浇钢筋混凝土框架剪力墙结构，裙楼为钢筋混凝土框架结构。工程总投资8.742亿元，是一幢外形优美，功能齐全，设施先进，集餐饮、会务、客房等一体的环保节约型商务中心。

图3-1　中国医药城商务中心立面图

本工程由泰州新恒建设发展有限公司投资兴建，建学建筑与工程设计所有限公司设计，浙江江南工程管理股份有限公司监理，泰州医药高新技术产业开发区建设工程质量安全监督站质量监督，南通四建集团有限公司施工总承包。

二、创优策划和措施

（1）设立创优目标

根据创优目标进行合理的目标分解。本工程开工初就明确了“创建鲁班奖工程”的创优目标，根据设立的创优目标编制创优计划，如工程质量、安全文明、新技术应用、科技创新、绿色施工等方面。创优目标管理贯穿于工程实施全过程，以过程精品来保证“鲁班奖”总体目标的实现。

（2）成立创优小组

为确保创优目标的实现，项目经理部组织成立了以项目经理为组长，项目副经理及项目技术负责人为副组长，项目各职能部门、各专业工程师为组员的创优管理小组。同时建立健全工程管理体系和管理制度，定岗定责，为创精品工程提供重要的组织保证。

（3）质量管理措施

严控分包队伍及材料供应商的选择：选择合格的分包队伍及材料供应商是保证工程质量的关键，把握好源头质量，是保证工程质量的第一关。

严格执行“三检”制度：按照设立的质量创优计划及方案进行检查，若上道工序施工质量未达到创优质量标准，则严禁下道工序施工，从而保证对施工质量全过程的控制。

坚持落实“样板引路”制度：统一操作程序、施工做法和验收标准，对关键工序、关键部位推行工艺展示、实物样板引路，确保施工过程质量受控，做到一次成型、一次成优。

（4）技术管理措施

项目经理部组织项目技术人员和施工人员成立项目科技创新小组、QC攻关小组、BIM深化设计小组，针对本工程的重点、难点和关键点，全面开展技术创新和QC质量攻关活动。

积极推广应用住建部、江苏省建筑业新技术，新技术的应用提高了工程的技术含量，也带来了良好的经济效益和社会效益。

三、工程主要特点及难点

（1）工程基坑深度深（开挖深度达13.25 m），地下室底板面积大（11 119.17 m^2），筏板厚度600 mm，地下室外墙周长400 m，且地下水位高，达–2.7 m，混凝土防渗、抗裂要求高，难度大。

图3-2　地下室深基坑

（2）一层大堂、四层宴会厅采用高支模技术，最高达到10.6 m，给支撑系统增加了难度；四层宴会厅跨度27 m，13根大梁采用预应力张拉，支撑系统要求高，施工难度大。

图3-3　一层大堂、四层宴会厅

（3）内装饰设计理念超前，深化设计难度大，细部处理要求高。大量凹凸相间的装饰材料品种多、组合量大，订货、进货要求高，精心选材，精心施工，成品保护及施工协调是本工程的一大难点。

图3-4　行政酒廊

（4）组合式幕墙形式多样，下料精度要求高，安装难度大；裙房和主楼圆弧形玻璃幕墙加工、安装难度大；外墙长寿黑石材色差控制难度大。

图3-5　组合式幕墙、石材幕墙

（5）内装饰工程工作量大，装饰细部收口多，要求高，施工难度大。纸面石膏板吊顶装饰量大，裂缝控制是本工程的质量难点。装饰档次高，地面、墙面、顶面均精心策划，吊顶分项施工中，灯孔、喷淋部位预留孔洞的位置，顶面与墙面交接处理，顶面与灯带的交接处理，不同材料间的搭接、收口、伸缩缝处的饰面等细部处理，质量控制难度大。

图3-6 不同材料间的收口处理

(6) 本工程共有313套客房、330个卫生间且屋面面积大，防水防渗漏要求高，难度大。

图3-7 卫生间、屋面

(7) 大楼选用低噪声型设备，设备基础采用隔声减振以及限制管道流速，降低气流二次噪声等措施，所有设备用房均采用穿孔吸音板墙面，工程机电设备及管线噪声控制要求高，管控难度大。

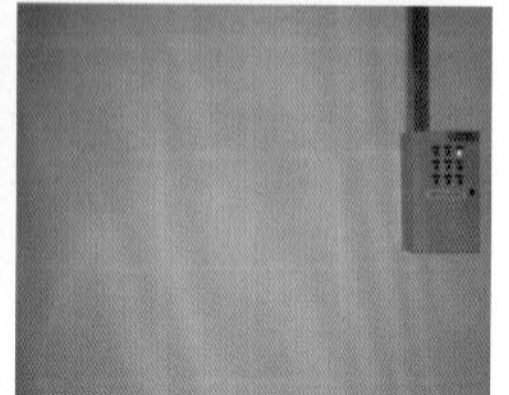

图3-8 设备机房

(8) 屋面设备多、基础多，排风井多，设备安装及设备基础细部处理要求高，难度大。

图3-9 屋面设备

(9) 安装工程专业众多，专业设计及施工协调量大，施工安装要求高，管线敷设复杂，智能化程度高，系统调试难度大。

图3-10 管道敷设安装

(10) 工程内、外装饰材料如石材、木饰面板以及不锈钢条、板等90%以上采用工厂化加工生产，成品化装配式施工，规格多样，累计面积大，安装终端多。因此现场深化设计工作量大，难度大；现场放线、安装精度、安装质量要求高。

图3-11 休息大堂、走廊装饰效果

四、工程主要质量特色

（1）地下室11 119.17 m²混凝土地坪一次成型，无空鼓、开裂现象，环氧地坪平整、光洁亮丽、标识醒目。

图3-12　地下室环氧地坪

（2）工程内装饰针对不同功能区域进行专业设计，风格高雅，精致和谐。主要以木饰面板、不锈钢条、板、墙布、石材等凹凸相间的造型设计为主，线条顺直美观，充满立体感、层次感强，简洁明快，令人眼前一亮，充满时尚气息。

图3-13　工程内装饰

（3）28 203 m²幕墙顺直挺拔，由玻璃幕墙、石材幕墙组成，均采用BIM设计排版，石材幕墙表面平整，无色差；玻璃幕墙构造合理，线条顺直流畅。所有幕墙胶缝顺直、宽窄一致。伸缩缝设置合理，不锈钢盖板覆面、美观实用。

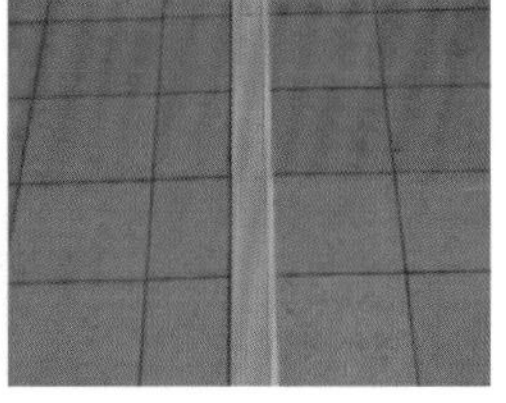

图3-14　玻璃、石材幕墙

（4）3 952 m²屋面工程清爽亮丽，屋面广场砖整洁平整，分缝合理，分色清晰，排水坡度正确，排水沟设置规范，排水通畅无渗漏，屋面弧形泛水，弧度一致。水簸箕做工考究；落水口处理到位；屋面构架结构尺寸准确，饰面砖套框铺贴。真实漆饰面喷涂均匀、平整，无色差。

图3-15　屋面工程

（5）楼梯踏步宽、高度差均在2 mm内，平台处的踏步砖与平台砖整砖制作，观感效果好。不锈钢扶手安装牢固，转角平顺，护栏美观。楼梯梁、板粉刷平整，棱角分明，粉刷滴水线槽上下贯通、精细施工、分色清晰。

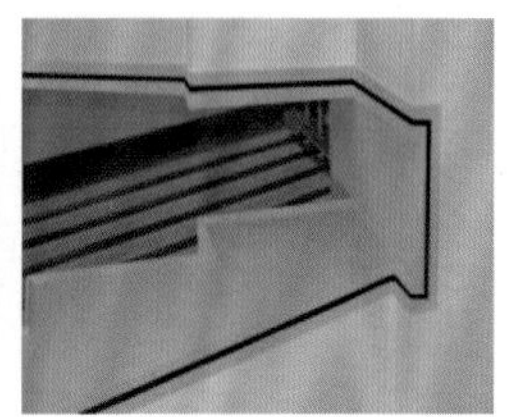

图3-16　楼梯间

（6）6～21层客房共享大厅、1～4层裙房采用的木纹转印铝板格栅吊顶，格栅间距均匀、对接精细、端部整齐，设备末端排列合理、成排成线。

图3-17 木纹转印铝板格栅吊顶

（7）室内装饰收口处理讲究，精致、细腻、美观，所有不同材料交界面处均打胶处理，胶缝饱满均匀、平滑一致、清晰美观，是本工程装饰细部处理的精到之处。

图3-18 收口打胶处理

（8）一层大堂及公共走廊纸面石膏板等吊顶，表面平整，无裂缝。不锈钢包边或套框清晰顺直。灯具、烟感、喷淋等成行成线，与吊顶接口严密。木纹转印铝板造型吊顶新颖别致，层次分明，错落有致。线条顺直、清晰，细部处理到位。

图3-19 吊顶工程

（9）室内装饰地面、墙面、顶面用材深化设计、厂家生产、现场安装，均精挑细选，排布设计合理、独具匠心。所有不锈钢装饰门套、装饰边框加工精准，安装严密，美观精致，细部处理到位。

图3-20 室内墙、地、顶面装饰效果

（10）1～4层裙房4 780 m^2阿曼米黄石材地面，BIM设计排版；分格合理、平整光洁、无色差，整个地面板材平整度最大误差不超过1 mm，地面接缝高低差最大不超过0.3 mm。1～4层裙房及客房走廊5 200 m^2阻燃地毯铺贴接头平整、粘贴牢固、脚感舒适。

图3-21 石材地面、阻燃地毯地面

（11）异型石材地面拼接精准、无误差。波浪形石材墙面加工精确，拼花连贯，观感舒适。

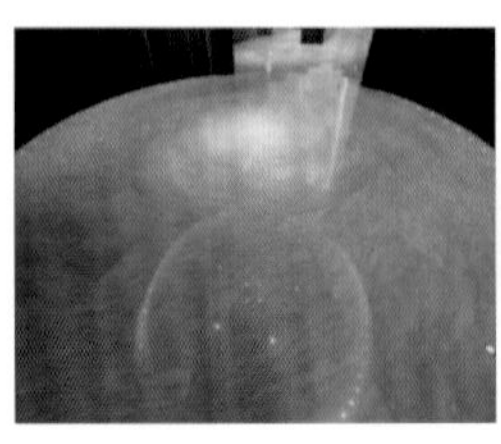

图3-22 异形石材地面、墙面

（12）宴会厅、会议厅、餐厅、行政酒廊等部位装饰形式各异，设计考究，做工精细，做到了施工材料与艺术效果的完美结合。

图3-23 各类装饰形式效果

（13）一层大厅小规格、尺寸超高不锈钢装饰条框及木饰面板墙面施工质量精良，观感效果好。

图3-24 超高不锈钢装饰条框及木饰面板墙面

（14）电梯厅纸面石膏板吊顶留设的凹槽装饰工艺缝，定制工具，专人施工，工艺缝宽深一致，分缝清晰，新颖美观。

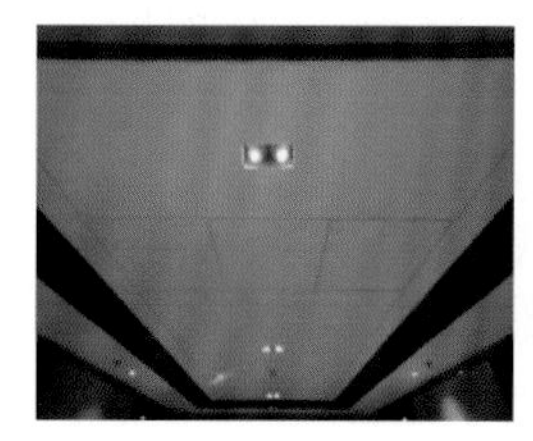

图3-25 电梯厅吊顶凹槽装饰工艺缝

（15）电动扶梯侧边富有创意的海洋磷光木纹转印铝板组合墙面和时尚魅力造型吊顶，施工精致、细腻，营造出美丽的斑驳效果，给人以轻松、愉快的舒适感。

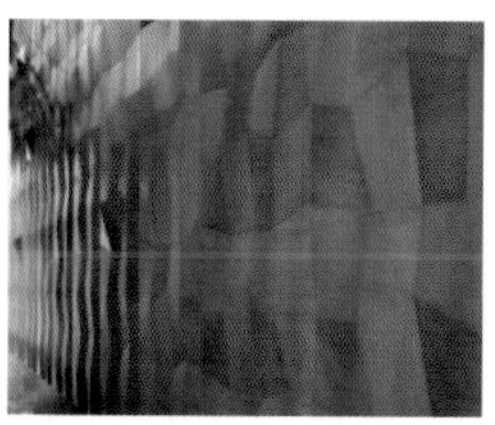

图3-26 海洋磷光木纹转印铝板组合墙面、吊顶

（16）客房纸面石膏板吊顶与墙面相交处设置凹槽，有效地解决了吊顶与墙面裂缝通病以及影响美观等问题。

图3-27 吊顶与墙面设置凹槽防裂缝

（17）18个可拆卸式沉降观测点与8个防雷接地测试点，做工考究，编号清晰，箱体统一定制，美观大方。

图3-28 沉降观测点、防雷接地测试点

（18）卫生间墙、地石材对缝铺贴，地漏处石材定制加工，卫生器具、洁具居中布置，打胶细致、均匀、顺直。墙、地石材拼缝均衡，整体做到对缝、对中、对称、交圈。

图3-29 卫生间对缝、对中、对称、交圈

（19）运用BIM管线碰撞排布优化技术，所有管道、桥架走向合理、排布整齐、标

识清晰。管道支吊架安装牢固、吊杆顺直、位置正确。管道、桥架穿墙、穿楼板周边防火封堵严密、套框精致，观感效果好。

图3-30 管道、桥架安装

（20）蒸汽锅炉房、换热机房、消防泵房等BIM策划，设备安装牢固、排列整齐，管道、桥架安装整齐、标识清晰、观感效果好，基座四周排水沟分色清晰、布置合理。保温管道外包绝热层铝皮护壳亮丽美观，多节弯处顺水搭接、制作讲究。水泵、风机、冷冻机房等转动设备避震措施到位，运转平稳。

图3-31 设备机房

五、绿色施工应用情况

工程自开工项目部就成立了以项目经理为第一责任人的创“全国绿色施工示范工程”管理小组，将责任落实到项目部相应部门和责任方。

在施工中推行“四节一环保”的措施：采用基坑降水，雨水收集利用，施工及生活用水分别计量管理。现场建筑垃圾分类回收利用，最大限度节约建筑材料。采用太阳能、节能设备与器具，达到降低能源消耗效果。在绿色施工技术与创新上取得很好成绩。工程被评为全国建筑业绿色施工示范工程。

图3-32 绿色施工

六、综合效果及获奖情况

中国医药城商务中心工程通过实行“重目标管理，抓过程控制，铸精品工程”的管理思路，特别是创新传统工艺和精工细作，把施工难点和装饰细部做到极致，成为工程亮点，使建筑工匠作品在项目上处处体现和闪光。特别是业主对客房设置了电动遮光帘、USB插座、节水型卫生洁具、恒温阀控制9 s内出热水等人性化设施，处处体现了建设者的独特理念和对创优工程的孜孜追求。

工程质量始终处于行业领先水平，安全、文明、信息化施工及综合管理始终处于省市领先水平，经济效益和社会效益显著。

质量成果：

（1）荣获2016年度泰州市优质结构工程。

（2）荣获2016年度江苏省优质结构工程。

（3）荣获2019年度泰州市优质工程奖“梅兰杯”。

（4）荣获2019年度江苏省优质工程奖“扬子杯”。

（5）荣获2018—2019年度中国建设工程鲁班奖。

技术成果：

（1）设计获奖：荣获江苏省勘察设计行业协会优秀设计奖。

（2）新技术应用示范工程：被评为2017年度江苏省建筑业新技术应用示范工程，应用水平国内领先。

（3）QC小组成果：荣获2016、2017年度江苏省优秀质量管理小组，2016年度全国工程建设优秀QC小组活动成果三等奖，2017年度全国优秀质量管理小组。

（4）工法撰写：工法《蒸压轻质砂加气砼（ALC）砌块砌筑施工工法》《金属风管简易吊装与固定装置施工工法》《超深基坑开挖期间基坑监测施工工法》《专用腻子基混合料节能墙体施工工法》均获得江苏省省级工法。

（5）专利：《一种用于提高建筑工程混凝土接缝质量的方法》《一种装修用脚手架》荣获国家发明专利；《一种悬挑脚手架的锚固装置》、《一种电梯井口临时防护门》、《一种高层建筑施工挑架》、《一种外墙钢管脚手架拉结点结构》荣获国家实用新型专利。

（6）科技成果：《腻子基混合料及施工方法关键技术研究》通过江苏省土木学会科技成果鉴定，整体达到国际先进水平。

管理和安全成果：

施工期间未发生质量、安全事故，未发生拖欠农民工工资现象。建设资金使用合理，结算审查合法真实，与实际相符。

（1）荣获2016年度泰州市建筑施工标准化文明示范工地。

（2）荣获2016年度江苏省建筑施工标准化文明示范工地。

（3）荣获2017年度全国建筑业绿色施工示范工程。

社会和经济效果：

工程的交付使用，大大改善了中国医药城的商务办公环境，推动了泰州城市经济发展，社会效益显著，得到100%用户推荐。

工程竣工交付使用至今，结构安全稳定，系统运行正常，未发现质量问题与隐患，符合设计和规范要求，满足使用功能，使用各方非常满意。

（钱　俊　曹　益）

4　七二三所新区二期科研楼（01#楼）

——江苏扬建集团有限公司

一、工程概况

七二三所新区二期科研楼（01#楼）位于扬州市经济技术开发区，是中船重工集团响应“军民融合”国家战略，积极打造科研产业基地而建设的高层公共建筑，由江苏扬建集团有限公司施工总承包。2014年11月28日开工，2017年6月28日竣工。建筑面积50 210 m^2，框架剪力墙结构。地下1层为停车库及设备用房；地上主楼12层，辅楼2层，主要功能为科研、会议、报告、档案、国家重点实验室等。建成后承载军工及民用设备的科学研究任务，构建了电子信息系统及设备研制、医疗电子设备研制、新能源和环保工程四大军民融合科技产业板块。

图4-1　南立面

二、主要创优做法

2.1 工程管理

项目承接之后，该工程就确立了创“鲁班奖”的总体质量目标，着重每一个细部，确保全过程一次成优的整体基调。完善创优管理架构，构建以项目经理为核心，由项目总工程师、项目专业副经理、商务经理协同管理，专业工程师、质检员、施工员、班组长等组成的质量管理、监督控制网络。创“鲁班奖”领导小组通过整合工程技术部、质量保证部、安全监督部、创优办等集中资源对项目部创优进行检查、指导。

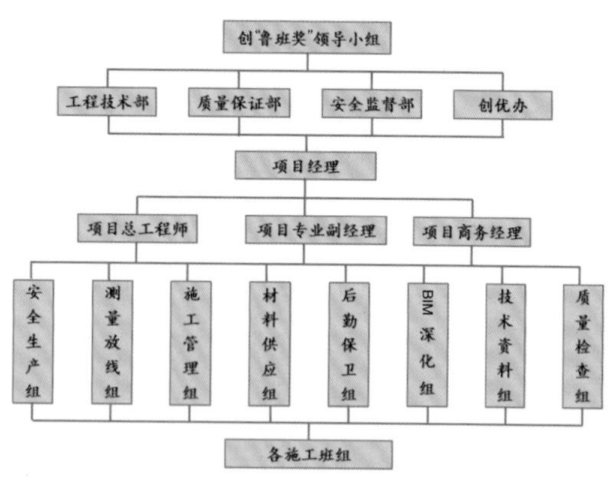

图4-2　组织构架图

2.2　策划实施

本工程的业主是军工保密单位，竣工之后将严格管控。因此，开工伊始便严格贯彻“策划先行”的施工理念，严格执行鲁班奖的规范标准，真正做到了全程精品、层层把关、一次成优。结合企业《管理制度汇编》《管理手册》《程序文件》，编制完善的《创优策划书》《施工组织设计》《专项方案》，做到提前策划，过程管控。

在施工过程中，从材料进场检验、工序

工艺、细部节点、专业交接、检查验收等全过程，全部实施制度性过程管理评估检查，强调管理制度的全程落实与无死角管控。为确保每一个细节把握到位，项目部对各个专业施工节点的创优做法均进行了目标分解和专题交底；并强化二次深化设计，提升了项目管理绩效。

2.3　样板先行打磨细节，BIM辅助精准控制

在工程的内外装及安装施工中，项目部严格要求各专业班组贯彻执行样板先行制度，做到标准、工艺、效果“三统一”，确保工程质量均衡。应用BIM技术，对外立面、屋面、地下室、设备房、门厅、走廊、天棚及卫生间等进行深化设计，实施过程控制，保证一次成优。

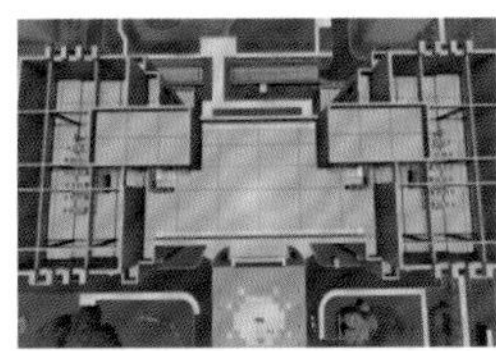

图4-3　BIM屋面排布

图4-4　BIM地下室管线深化

图4-5　BIM卫生间墙顶地排砖

图4-6　BIM东大厅墙顶地排版

2.4　工程重难点

（1）筏板基础底板长154.8 m，宽74.7 m，主楼区域底板厚度1.4 m，混凝土裂缝控制难度大。基坑面积13 958 m^2，最大开挖深度5.2 m，紧邻测试楼和综合保障楼，地下水位较高，支护可靠性和地下控水要求高。

图4-7　门厅

图4-8　报告厅

（2）超8 m高的首层门厅、报告厅，质量和安全控制要求高。

（3）石材幕墙与玻璃幕墙组合关系复杂，阴阳角众多，精度及大面积石材色差控制难度大。

图4-9　组合幕墙

图4-10　廊道

（4）93 m超长走廊，墙顶地装饰质量控制难度大。

（5）屋面、卫生间、门厅、走道等大面积块材排布难度大。

（6）地下室面积11 735 m^2，环氧地坪一次成优，无裂缝，保证平整度难度大。

图4-11　大面积块材

图4-12　环氧地坪

（7）各类安装复杂、设备末端量大面广，综合布置难度大。

2.5　科技创新与技术攻关

（1）工程应用住建部建筑业10项新技术8大项，23小项，应用江苏省建筑业新技术7大项，8小项。

① 应用住建部建筑业10项新技术8大项，23小项。

序号	项目名称	分项名称
1	2. 混凝土技术	（1）2.4轻骨料混凝土 （2）2.6混凝土裂缝控制技术
2	3. 高效钢筋与预应力技术	（3）3.1高强钢筋应用技术 （4）3.3大直径钢筋直螺纹连接技术 （5）3.7建筑用成型钢筋制品加工与配送
3	4. 模板及脚手架技术	（6）4.10盘销式钢管脚手架及支撑架技术
4	6. 机电安装工程应用技术	（7）6.1管线综合布置技术 （8）6.2金属矩形风管薄壁钢板法兰连接技术 （9）6.3变风量空调系统技术 （10）6.5大管道闭式循环冲洗技术 （11）6.7管道工厂化预制技术
5	7. 绿色施工技术	（12）7.2施工过程水回收利用技术 （13）7.3预拌砂浆技术 （14）7.4外墙体自保温体系施工技术 （15）7.5粘贴保温板外保温系统施工技术 （16）7.8工业废渣及（空心）砌块应用技术 （17）7.9铝合金窗断桥技术
6	8. 防水技术	（18）8.7聚氨酯防水涂料施工技术
7	9. 抗震加固与监测技术	（19）9.7深基坑施工监测技术
8	10. 信息化应用技术	（20）10.1虚拟仿真施工技术 （21）10.4工程量自动计算技术 （22）10.5工程项目管理信息化实施集成应用及基础信息规范分类编码技术 （23）10.8塔式起重机安全监控管理系统应用技术

② 应用江苏省建筑业新技术7大项，8小项。

序号	项目名称	分项名称
1	1. 地基基础与地下空间工程技术	（1）1.3地下水控制技术
2	3. 建筑幕墙应用新技术	（2）3.5后切式背栓连接干挂石材幕墙应用技术
3	4. 建筑新机具应用技术	（3）4.1后切式（背栓式）板材磨孔机械施工技术
4	5. 建筑施工成型控制技术	（4）5.1混凝土结构用钢筋间隔件应用技术 （5）5.6原浆机械抹光技术
5	6. 建筑涂料与高性能砂浆新技术	（6）6.3高性能砂浆技术
6	9. 废弃物资源化利用技术	（7）9.2工地木方接木应用技术
7	10. 建筑新设备应用技术	（8）10.4砂浆输送泵

（2）地下室墙板最长154.8 m、厚度350 mm，通过优化施工方案，制定专项措施，解决了混凝土墙体抗裂和渗漏难题，形成了“采用钢塑抗裂格栅网浇筑混凝土墙板的施工方法”发明专利和“用于钢筋混凝土墙板结构中固定钢塑复合抗裂网的定

位卡”实用新型专利。

（3）超8 m高的首层门厅、报告厅大厅，采用“轨道式高大移动操作平台”进行高大空间机电设备安装、装饰等施工，总结形成省级工法“轨道式高大移动操作平台施工工法”。

（4）研发并应用实用新型专利“一种施工现场非传统水源的收集与利用装置”，节约水资源；使用立体式喷淋降尘系统与环绕式道路喷淋降尘系统，获得省级工法“建筑施工现场绿色施工降尘系统”。

（5）QC质量小组活动成果显著，积极开展QC质量小组活动，其中“建筑施工现场绿色施工降尘系统研制与应用”获得全国工程建设优秀QC小组活动成果二等奖，江苏省一等奖。

针对工程特点、重点及难点，大力推广应用新技术，开展技术攻关与创新，为创精品工程提供了有力的技术保障。技术攻关与创新技术5项，获江苏省新技术应用示范工程，发明专利1项，实用新型专利2项，省级工法2项，全国建筑装饰行业科技创新成果奖1项。

2.6 绿色与安全文明标准化施工

（1）绿色施工，施工中贯彻“四节一环保”理念，采用20余项绿色施工技术，荣获“全国建筑业绿色施工示范工程”。

（2）安全文明、标化施工，承办了省、市级观摩工地，荣获“全国AAA级安全文明标准化工地”“江苏省建筑施工标准化文明示范工地”称号。

三、工程质量特点

（1）基础结构无裂缝、无倾斜、无变形，地下室无渗漏，地基基础周围回填密实。7根抗压、3根抗拔静载测试，测试全部合格。885根预应力管桩低应变检测，Ⅰ类桩864根，占总数的97.6%；Ⅱ类桩21根，占总数的2.4%；无Ⅲ类桩。地下室建筑面积11 735 m^2，防水等级一级，不渗不漏。环氧地坪表面平整无裂缝。踢脚线出墙厚度一致，线条平整、美观顺直。

图4-13　地下室

（2）屋面构架真石漆色泽自然，分缝科学，过程控制严格，一次成优；构架梁滴水线线条一致，减少挂污。使用至今，无色差。

图4-14　屋面构架

图4-15　构架滴水线

（3）屋面主要为地砖屋面，面积5 800 m^2，防水等级Ⅰ级。屋面地砖排版应用BIM技术，科学合理，铺贴平整，缝隙均匀一致，分割缝分色美观。屋面坡向正确，成型美观，处处体现精雕细琢，经数次大暴雨检验，无积水、渗漏现象。屋面透气管、铝板泛水、避雷带、各类支墩等细部构造精良。

图4-16　屋面排砖

图4-17　铝板泛水

(4) 外立面采用6 mm Low-E(均质)+12A(结)+6 mm中空钢化玻璃和30 mm厚樱花红花岗石板材组合幕墙29 526 m^2。施工精细,后置埋件现场抗拔及幕墙性能检测结果等均符合设计及规范要求,经淋水试验及数次风雨考验无渗漏。建筑外立面幕墙排布合理、细部美观;天然石材色泽均匀,无色差、无污染。

图4-18 外立面

(5) 主入口大厅恢弘大气,浮雕文化多元、底蕴深厚;石材亮如明镜,节点处理细腻。

图4-19 浮雕文化

图4-20 大厅

(6) 次入口门厅及过道墙、地砖接缝严密,对缝整齐;地面砖与灯带上下呼应,通过墙面砖凹凸衔接自然。

图4-21 砖对缝

(7) 室内地面、墙面、顶面平整,阴阳角方正,无交叉污染。饰面排版合理、对缝精准、接缝平整、嵌缝美观。各类型内装饰材料处理细腻、过渡自然。

图4-22 装饰细节过渡自然

(8) 各类型科研会议室20余间及200人报告厅1间,设备先进,功能齐全,终端设备排布合理有序,造型流畅、构造合理,古典与现代交相辉映。

图4-23 科研会议室

图4-24 报告厅

(9) 工程设置6台电梯,其中3台客梯、2台消防电梯,以及无障碍电梯1台,电梯启动、运行、停止平稳,制动可靠,平层准确。经单机试运转、联动调试,均一次性合格,电梯质量保证资料齐全,验收合格。电梯厅简洁素雅,墙面及地面做工精致。

图4-25 电梯厅

(10) 楼梯踏步宽高均匀一致,栏杆安装牢固,踢脚线出墙厚度一致,滴水线美观通顺。

图 4-26 楼梯间

图 4-27 踢脚线

（11）各类消防设施安装位置合规、适当，功能完善，楼层消火栓箱与装饰统一设计，成型美观，消火栓安装高度、门开启角度均满足要求，内配齐全，暗装消防箱标识清晰、醒目。

图 4-28 消火栓

（12）1.05万套灯具、开关、插座，配合装饰造型，集合消防、弱电、空调安装点位，进行综合排布，各类点位安装合理，排列整齐，间距合适，高度一致，使用功能满足要求。

图 4-29 廊道灯具成行成列

（13）48个卫生间墙地砖对缝铺贴，地漏处定制加工、套割居中，地面坡向正确、排水畅通、无积水。台阶地砖倒角处理，卫生洁具居中布置，与墙地砖交接自然。

图 4-30 卫生间

图 4-31 台阶倒角

（14）消防泵房内配电柜排布整齐；地面洁净，排水组织有序；消防警铃布置科学、美观。

图 4-32 消防泵房内配电柜

（15）给排水管道 8 069 m，消防管道 20 152 m，各类管道排布科学，分层优化，标识齐全，支托架定点准确，使用合理，稳固美观。

图 4-33 给排水管道

（16）配电柜安装整齐，操作灵活可靠，接线规范、牢固，盘面清洁、标识清晰、排列美观，相线及零、地线颜色正确；柜体接地可靠。

图4-34　配电柜

（17）管道井和强弱电间，施工精细，标识清晰。

图4-35　管道井

图4-36　强电井

（18）设备安装端正、牢固，运行平稳，接地可靠，隔震装置齐全有效。

图4-37　设备支座

四、综合评价与工程获奖

（1）综合评价

工程质量创优目标明确，创优策划细致，过程控制严格，有严格的质量管理措施，实现了科技创新、质量创优、绿色创建、安全文明等方面的目标。基础及主体结构工程安全可靠，装饰工程美观，屋面、外立面幕墙、室内装饰、机房、大厅、卫生间等部位策划细致，过程控制严格，做到了一次成优。各系统运行正常、功能良好；资料完整、齐全，可追溯性强。工程施工质量均衡，亮点突出，建设、设计、监理、使用等单位对工程质量“非常满意”。扬建集团继续以“扬帆五洲，建业千秋”为共同愿景，践行“拼搏奉献、诚信履约、持续创新、合作共赢”的核心价值观，全力满足客户需求，准确把握行业方向，稳中求进、创新应变，不断为提升省市建筑业整体品牌、探索建筑业转型升级再立新功。

（2）工程获奖

获 奖 名 称
工程质量
中国建设工程鲁班奖（国家优质工程）
江苏省优质工程奖“扬子杯”
中国安装工程优质奖“中国安装之星”
中国建筑工程装饰奖（幕墙工程、装饰工程）
江苏省建筑行业协会“上好”评价
中国长三角优秀石材建设工程建筑外装饰奖
扬州市“琼花杯”优质工程奖
扬州市市级优质结构工程
管理及技术效果
全国QC成果二等奖、江苏省QC成果一等奖
扬州市建设工程优秀项目经理部
发明专利成果1项，实用新型专利2项
江苏省建筑业新技术应用示范工程
江苏省省级工法2项
全国建筑装饰行业科技创新成果奖
江苏省建筑施工专业委员会优秀论文一等奖
安全文明施工及绿色施工效果
全国“AAA级安全文明标准化工地”
全国建筑业绿色施工示范工程
江苏省建筑施工标准化文明示范工地
扬州市建筑施工文明工地
扬州市“平安工地”
扬州市建筑施工扬尘治理先进建筑工地
设计成果
江苏省勘察设计行业“优秀设计”

（华　江　任德宇　董红平）

5 百年大计 质量第一 苏州雅戈尔太阳城超高层20#楼工程

——江苏南通二建集团有限公司

一、工程概况

苏州雅戈尔太阳城超高层20#楼工程，位于苏州工业园区湖东板块区域内，周边环境优雅宜人。工程依傍着东沙湖生态公园，是苏州城东的标志性建筑。由苏州雅戈尔置业有限公司投资建设，中衡设计集团股份有限公司设计，江苏南通二建集团有限公司承建。本工程建筑面积50 453.95 m^2，地上48层、地下2层，总建筑高度193.05 m，总造价4.20亿元；整板筏板桩基基础，框架剪力墙结构，地下室为车库及设备用房；地上1层为架空层，2层以上为精装修房。

图5-1 项目整体外立面

二、工程策划

2.1 工程特点

(1)“以人为本”的设计原则：强调“人与自然的和谐”，充分考虑居民的生理及心理需求，丰富、适宜的活动空间，配置齐全的公共设施、生活配套设施及市政公用设施满足多样性的需求。

图5-2 居住环境生态自然

(2)“均好性”的地理优势：优良的景观视野融入每幢建筑物，每户都能最大限度地享受到东沙湖景观视野。每户不仅日照充足，而且具有良好的朝向和通风。

图5-3 地理优势显著

图5-4 视野景观优美

(3)绿化及景观的灵动性：入户大堂的中央景观体系，动感空间组织和竖向高度变化，户外环境雅致、舒适，令人赏心悦目。

图5-5 中央水景景观

图5-6 居住氛围舒适

2.2 工程难点

(1)工程地处苏州市城东中心，属于典型的软土地基，地质复杂、水位高，基坑支护与地下施工安全风险高。

图 5-7　深基坑支撑施工　图 5-8　深基坑基础施工

(2) 地下室结构变形控制难度大，通过纵横向设置3条后浇带，外聘国内知名专家共同商议优化混凝土配比及施工工艺，确保地下室无变形开裂渗漏。

图 5-9　优化混凝土配合比

(3) 总防水面积达18 766 m²，质量要求高，攻克住宅工程渗漏隐患，施工难度大。

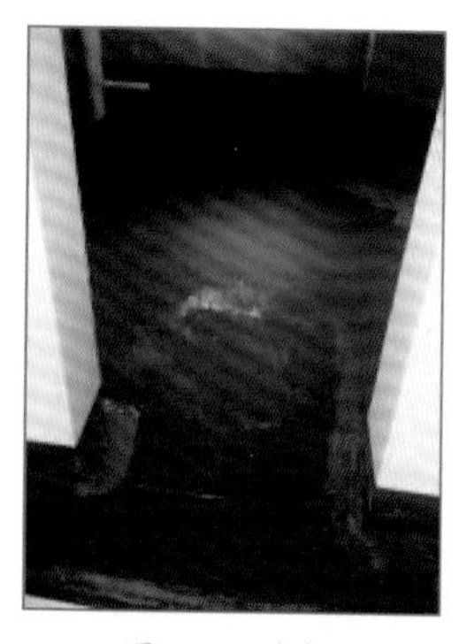

图 5-10　屋面防水　　图 5-11　卫生间防水

(4) 工程为超高层住宅，193.30 m高混凝土结构与外装饰垂直度控制难度大。

图 5-12　外墙垂直度精度高　图 5-13　外檐大角挺拔

(5) 10 300 m³砌体、185 000 m²内外墙抹灰，量大面广。

图 5-14　墙体砌筑　　图 5-15　内墙抹灰

(6) 26 850 m²外墙外立面线条纵横交错，保证线条的垂直度、平整度及防裂控制施工难度高。

图 5-16　纵向线条　　图 5-17　横向线条

(7) 如何控制外窗安装质量及避免窗边窗角渗漏水也是工程技术难点之一。

图 5-18　窗框预埋　　图 5-19　外窗无渗漏

(8) 室内精装修要求高，涉及85种材料、59种工艺做法。装饰造型复杂，节点构造多，如何在装饰工程中实现优化设计也是本工程的重大难点之一。

图 5-20　室内精装

(9) 地下室各专业管道相互交叉，各种管线纵横交错，施工配合、成品保护难度大。

图5-21 地下室管线复杂

（10）智能化程度高、功能齐全，火灾自动报警及消防联动、安全防范系统、物业管理系统、公共广播系统等弱电系统多，施工复杂，保证使用功能是本工程的重点。

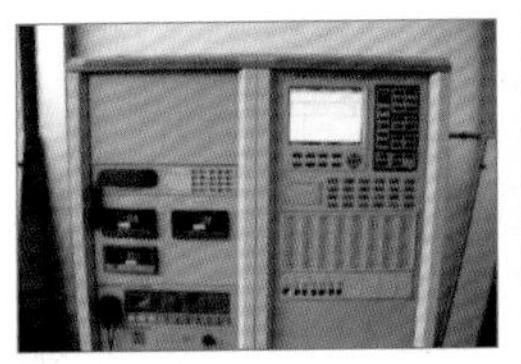

图5-22 火灾自动报警

图5-23 架空层智能充电桩

2.3 组织策划

工程开工伊始，就确立了誓夺“鲁班奖”的质量目标，并紧紧围绕目标，采取了四大保障措施：

（1）建立有效的创优组织保证体系

工程开工时，成立了以董事长为首的创“鲁班奖”工作组，全程参与决策和控制，建立了以总承包为中心，融建设、设计、监理等相关方为一体的组织体系。

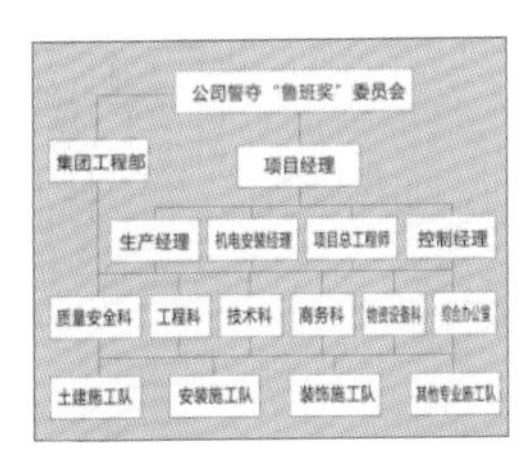

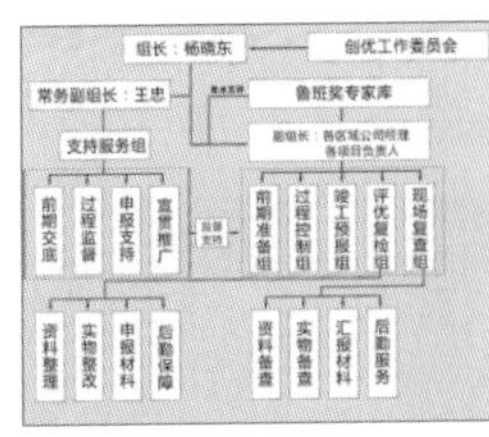

图5-24 组织体系保障图

（2）明确创优流程和标准

明确创优流程和标准，围绕目标组织考核，确保创优目标不偏移。

（3）推广实施创优、创新做法

在严格按照国家施工质量验收规范和创“鲁班奖”指导书等基础上，严格按照集

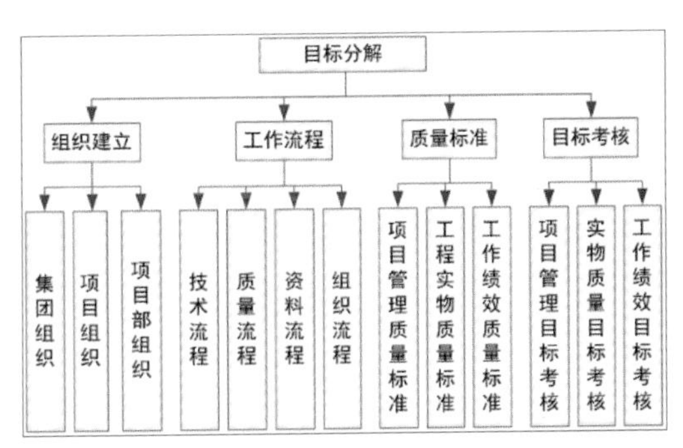

图5-25 目标分解图

团公司《工程创优创新施工标准》图集及《创优作业指导书》指导现场施工。

（4）坚持“方案先行、样板引路”的施工原则

推行实物样板区，编制创优策划等预控文件，对关键部位和特殊做法采用施工工艺展示、实物样板引路，严格过程控制，做到一次成优，并以实实在在的样板对操作班组进行交底。

图5-26 样板引路

三、工程质量管控及特点

3.1 工程实体质量情况

3.1.1 地基与基础工程

（1）结构使用至今无裂缝、无倾斜变形；地下防水工程为SBS改性沥青防水卷材、聚氨酯防水涂料，防水效果显著。整个地下室底板、顶板、墙板均无渗漏。

图5-27　地下室顶板防水效果好

图5-28　整个地下室无渗漏

（2）155根钻孔灌注桩经检测全部合格，Ⅰ类桩占100%，无Ⅲ、Ⅳ类桩。

（3）工程共设置8个沉降观测点，观测60次，8号点累计沉降量最大为38.35 mm；2号点沉降量最小为–37.61 mm；相邻观测点最大沉降差为0.74 mm；最后百日沉降速率为0.002 mm/d，沉降均匀且已稳定。

图5-29　沉降观测点

3.1.2　主体结构工程

（1）模板工程采用了集团自主研发的定型方钢龙骨三道螺杆加固体系、剪力墙外墙防错台工艺、高低差型钢吊模、可调夹具、模板免开洞等技术；模板拼缝严密，无胀模、漏浆等现象，使得混凝土成型质量表面平整、光滑，截面尺寸准确，无明显色差，达到清水混凝土效果。

图5-30　定型方钢龙骨三道螺杆加固体系

图5-31　剪力墙外墙防错台工艺

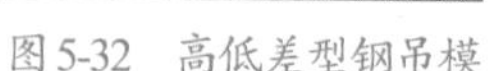
图5-32　高低差型钢吊模

图5-33　可调夹具

（2）主体结构外光内实，无贯穿性裂缝，达到清水混凝土标准；434组标养混凝土试块经检测全部合格，钢筋保护层厚度经检测全部符合规范要求；测量4个大角垂直度，层间偏差最大2.5 mm，小于允许值8 mm，全高偏差最大11 mm，小于允许值30 mm。

图5-34　清水混凝土剪力墙

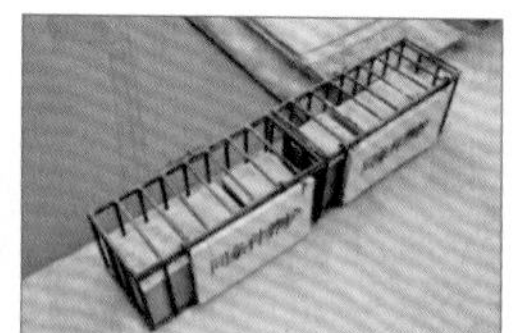
图5-35　同条件试块养护

（3）10 300 m^3 ALC砌块砌筑规范，采用免开槽施工工艺，使得各类实测实量数据均符合规范要求。构造柱按规范及图纸要求设置，马牙槎先退后进，上下顺直。构造柱封模时，模板面设专用嵌条，墙面贴双面止水胶带，避免漏浆，采用对拉螺栓进行加固。

图5-36　砌体砌筑规范

图5-37　砌体免开槽施工工艺

3.1.3　屋面工程

屋面防水等级为一级，采用刚柔结合多层防水；防滑地砖饰面，经蓄水试验和一年多来的风雨考验，无任何渗漏。防滑面砖表面洁净，设备基座周边施工精细。整个屋面整洁美观，细部处理得当，装饰效果俱佳。

图5-38 屋面聚氨酯防水

图5-39 屋面防滑砖饰面

3.1.4 装饰工程

（1）外装饰工程：外墙面弹性涂饰色泽一致，无刷痕、透底、流坠现象；底部五层石材安装牢固平整。胶缝饱满顺直，四性检测合格。四个大角挺拔顺直，经雨季考验，无渗漏。

图5-40 外墙面弹性涂饰色泽一致

图5-41 外立面大角挺拔顺直

（2）户内：户内精装饰未出现破坏结构与建筑使用功能的现象，未出现住户装修纠纷与投诉。

图5-42 室内精装

（3）公共部位：地砖楼面、石材地面表面平整、棱形铺贴、缝隙均匀。楼梯间环氧地坪漆平整亮丽。电梯厅墙面砖铺贴平整、缝隙均匀；石膏板吊顶采用电脑预排，灯具、风口、喷淋、烟感等末端装置布置合理、成排成线，与吊顶整体协调美观。

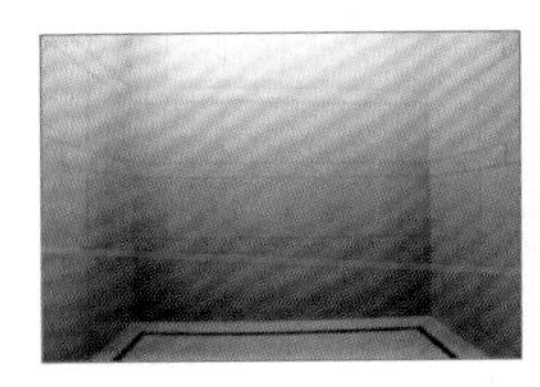

图5-43 公共部位墙地面石材

图5-44 公共部位吊灯

3.1.5 建筑给排水工程

给排水管道布置合理，排列整齐，接口严密，水压试验合格，输水流畅，无渗漏。生活给水经冲洗、消毒和检测，符合国家生活饮用水标准。机房设备固定牢靠、运行平稳，各种阀、部件排列整齐，压力稳定，管道安装顺直，固定牢靠，坡度准确，排水通畅，色标醒目，穿墙管道周边封堵严密，运行中无“跑冒滴漏”现象。消防系统管道安装顺直，运行可靠，消防、喷淋各系统联合调试一次成功。

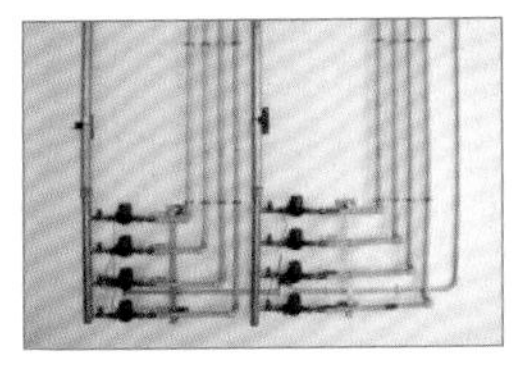

图5-45 给排水管道

图5-46 生活水泵房

图5-47 消防水泵房

3.1.6 建筑电气工程

高低压配电室成列，配电柜排列整齐，布置合理，安装稳固。桥架安装牢固，跨接规范、无遗漏，柔性防火封堵严密。

图5-48 高压配电柜

图5-49 地下室桥架

3.1.7 通风与空调工程

地下室风机安装端正，隔振装置齐全有效；防排烟系统联动调试合格。地下室风管安装严密，厚度符合设计要求，运行时无振动、无噪声。

图5-50 地下室排烟风管

图5-51 地下室排风口

3.1.8 智能化工程

智能建筑工程共包括8个系统，各系统经严格调试信号灵敏，功能完善，使用效果良好。

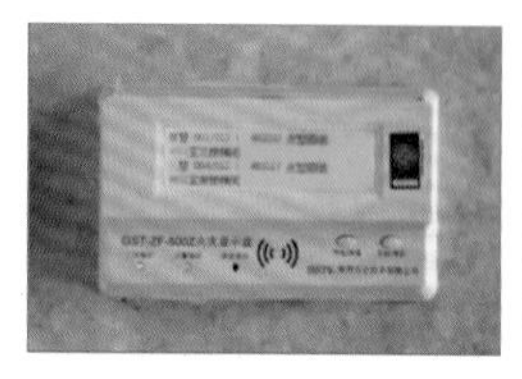

图5-52 火灾显示盘

图5-53 火灾报警系统

3.1.9 电梯工程

工程共设有4部曳引式电梯，电梯导轨间距、支架水平度和垂直度均符合规范要求。电梯运行平稳，平层准确。

图5-54 电梯厅

图5-55 电梯平层准确

3.1.10 节能工程

工程按照综合节能50%设计，系统节能性能检测合格，节能专项验收合格。

3.2 工程特点

（1）102户住宅，观感统一，无渗漏、空鼓、开裂、起砂等住宅通病，返修率和投诉率为零。精装房南北通透、宽敞舒适。

图5-56 精装房宽敞舒适

（2）架空底层入口门厅石材墙面做工精细、地面石材45°角对缝精准、精雕细琢。电梯厅配以石材门套，墙面砖燕尾缝均匀对齐，石膏板吊顶无一开裂。

图5-57 石材墙面

图5-58 地面石材45°角对缝

（3）408个卫生间采用同层排水设计，卫生洁具安装牢固整齐，墙地面石材深化设计，对缝粘贴牢固、无空鼓。

图5-59 精装房卫生间

图5-60 卫生洁具安装牢固整齐

（4）屋面采用防滑面砖饰面，分格合理。马赛克泛水工艺精湛、弧度圆润，不锈钢压条顺直通畅。出屋面透气管包边美

图5-61 屋面防滑地砖

图5-62 排气管细部处理

观、接地良好，落水口水篦箕做工精细。设备基座周边施工细腻。设备栈桥设置合理美观。整个屋面整洁美观，细部处理得当，装饰效果俱佳。

（5）地下室环氧地坪，分隔缝设置合理，色泽一致，平整如镜，无裂缝、空鼓、渗漏、积水现象。

图5-63　地下室环氧地坪色泽一致

图5-64　地下室环氧地坪平整如镜

（6）楼梯踏步高宽一致，扶手安装细腻，高度满足功能要求。

图5-65　楼梯踏步高宽一致

图5-66　楼梯扶手安装细腻

（7）管道井排列有序、防火封堵严密、明暗一致。

图5-67　管道排列整齐

图5-68　防火封堵一致

（8）管道支、吊架设置通过受力计算，制作、安装均通过策划，成型后横成线、竖成行、斜成列；所有的末端装置均在一直线上。

图5-69　消防管、桥架支吊架

图5-70　消防管、风管支吊架

（9）桥架内电缆敷设整齐、绑扎牢固、分色清晰、接线规范；桥架吊筋丝扣一致。

图5-71　桥架内电缆敷设整齐

（10）给水、消防、暖通等管道所有吊筋外包PVC套管，新颖独特，防污染。

图5-72　吊筋外包PVC套管

结束语

在充分研究该工程特点、难点的基础上，正确识别工程的管理重点和难点，以技术和管理创新并重，以过程管理与创优精神结合，进而全面实现项目管理目标，为企业今后类似项目的建设积累了丰富经验。

目前项目已获“中国建设工程鲁班奖”“江苏省扬子杯优质工程奖”“江苏省文明工地”“江苏省优秀勘察设计奖”“江苏省建筑业新技术应用示范工程”“全国建设工程项目管理成果奖”等多项荣誉。

交付使用至今，未发生任何质量投诉，并以出色的工程质量、先进的科技理念和舒适的居住环境，赢得了建设各方和广大业主的一致好评。

（王　帆　张津铨）

6　南通滨江洲际酒店4#楼工程创优实践

——南通鑫金建设集团有限公司

一、工程简介

1.1　工程概况

南通滨江洲际酒店4#楼工程位于被列为全国佛教八小名山之首的国家4A级狼山旅游风景区内，南通市崇川区跃龙南路508号。南望狼山、俯临长江，周边环境优美，是一座集住宿、餐饮、会议、健身为一体的多功能、高智能、绿色生态、园林式、高端宾馆建筑。（见图6-1）

工程建筑总面积78 020 m²，地下1层、地上11层，最大建筑高度52 m。地下1层为停车（人防）、后勤和设备房；1层为车库、宴会厅、会议室及中餐厅；2层为餐厅、会议室、大堂等；3层为游泳池、健身房；4层至11层为酒店客房。

图6-1　南立面

1.2　工程建设各方的名称

建设单位：南通滨江投资有限公司

监理单位：南通市建设监理有限责任公司（土建、幕墙）

南通市东大建设监理有限公司（装饰、机电、智能、电梯）

设计单位：北京中建恒基工程设计有限公司

观光设计（深圳）有限公司

南通市规划设计院有限公司（人防）

深圳市洪涛装饰股份有限公司（装饰1～2层）

上海康业建筑装饰工程有限公司（装饰3～11层）

和兴玻璃铝业（上海）有限公司（幕墙）

信息产业电子第十一设计研究院科技工程股份有限公司（智能）

勘察单位：江苏省地质工程勘察院

总承包单位：南通鑫金建设集团有限公司

参建单位：南通安装集团股份有限公司（机电安装）

温州市亚飞铝窗有限公司（幕墙）

上海康业建筑装饰工程有限公司（装饰地下1层至地上3层）

深圳市建艺装饰集团股份有限公司（装饰4至7层）

苏州金螳螂装饰股份有限公司（装饰8至11层）

中国江苏国际经济技术合作集团有限公司(智能)

二、工程难点和特点

2.1 高支模

B、D区大厅走廊支模高度达11 m,施工前组织专家进行方案论证,施工过程中严格按照方案进行,并加强检查验收,确保了主体结构的施工质量。(见图6-2、图6-3)

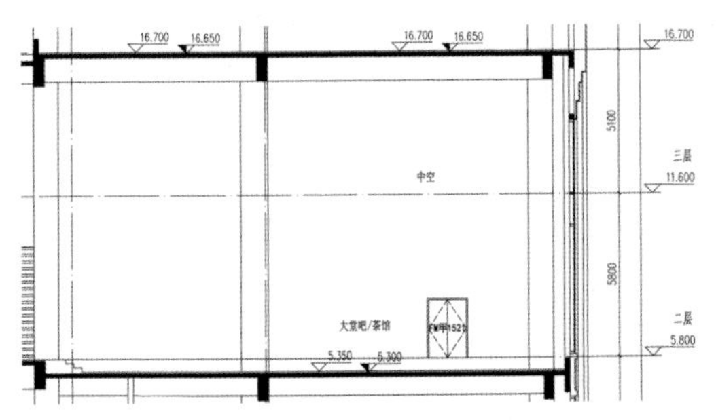

图6-2 剖面图

图6-3 高支模成型后的混凝土

2.2 深基坑

基坑底标高为-7.1 m,开挖深度达到6.8 m,属于超过一定规模的危险性较大的深基坑工程。编制专项施工方案,组织专家进行方案论证。按规范要求施工,确保基坑施工安全。

2.3 管线多

机电系统齐全,设备多,各种管道交叉,机房布局不规则。运用BIM技术进行空间规划、管线综合平衡,使得各种设备布局合理,阀门等附件标高一致,管道立体分层,排布有序,呈现简洁、有序、美观的立面效果。(见图6-4、图6-5)

图6-4 机电管线

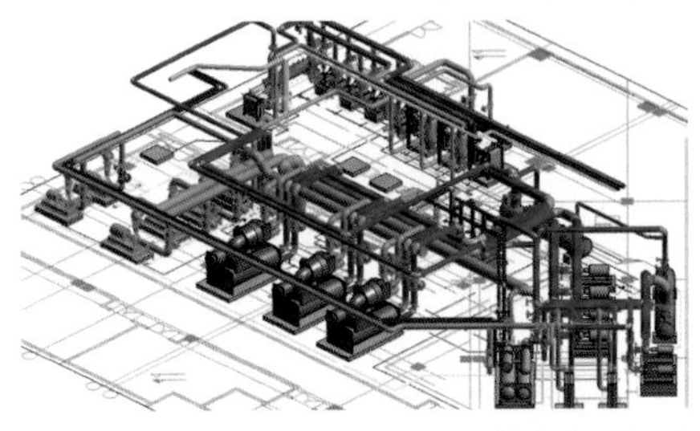
图6-5 BIM技术空间规划

2.4 装饰材料品种多、风格各异

有347间客房、餐厅、健身房、室内游泳池、宴会厅、会议室等,各区域装饰设计风格多样,施工中通过二次深化设计,各专业相互协调、配合,做到整体协调、装饰美观。(见图6-6、图6-7)

图6-6 客房

图6-7 餐厅

三、实体质量情况

3.1 地基与基础工程基础采用挤扩支盘灌注桩,桩基总数1 019根,静载试验11根,单桩承载力符合设计要求,桩身完整性检测1 019根,Ⅰ类桩达99.7 %,Ⅱ类桩占0.3%,无Ⅲ、Ⅳ类桩。

3.2 主体结构

钢筋用量4 669 t,进场109批,复试120组。混凝土用量40 351 m^3,标养试块377组,同条件试块178组。钢结构焊缝设计等级一级、二级,超声波探伤检测比例分别为100%、20%。单面搭接焊接头20 760个,试验92组,闪光对焊接头355个,试验3组,电渣压力焊接头35 695个,试验121组,直螺纹接头19 950个,试验40组。混凝土保护层检测503处。楼板厚度检测125处。以上检测全部一次性合格。

钢筋绑扎、连接规范,尺寸准确、观感优良。混凝土结构内坚外美,棱角分明、柱梁节点清晰、尺寸方正。(见图6-8、图6-9)

图6-8 钢筋绑扎

图6-9 成型后的混凝土

模板采用木胶合板,安装位置、轴线、标高、垂直度均符合设计要求和标准,构件尺寸准确。(见图6-10)

图6-10 模板

3.3 屋面工程

屋面使用防水卷材约39 500 m^2,抽检复试共为4组,全部合格。屋面坡度正确,排水通畅,蓄水试验合格,无渗漏。各种突出屋面结构及基座排列整齐美观,屋面构架安装牢固。(见图6-11、图6-12)

图6-11 防水卷材

图6-12 屋面

3.4 装饰工程

地下室车库地面采用环氧地坪,地面平整、光洁,无裂缝、空鼓现象。(见图6-13)

图6-13 环氧地坪

石材幕墙安装牢固平整,胶缝饱满顺直,玻璃幕墙检测符合规范和设计要求,幕墙结构胶相容性试验、石材物理性能试验合格,封堵良好,使用至今不渗不漏。(见图6-14)

图6-14 石材幕墙

客房卫生间地面、墙面采用大理石，浴缸、钢化玻璃等与石材接缝处打胶圆润、简洁、美观，客房地毯铺贴平整。（见图6-15）

图6-15　客房

各类装修材料检测合格。各类材料的游离甲醛、VOC含量等满足规范规定，室内环境检测合格。（见图6-16）

图6-16　前台

3.5　给排水及采暖工程

设备排列整齐，高度一致，基础坚固、棱角方正。管道安装牢固，横平竖直。（见图6-17）

图6-17　消防水泵房

3.6　通风与空调工程

设备安装牢固，支架设置合理，管道排列整齐规范，运行平稳。管道保温密实、美观、制作精良，管道标识清晰，细部处理顺畅。（见图6-18）

图6-18　空调机房

3.7　建筑电气工程

配电柜安装牢固，排列整齐，盘线走向合理，导线顺直，元器件动作灵敏，开关、插座安装平直、标高一致。桥架、线管、电缆排布整齐。箱柜内配线整齐、接线正确、电缆头制作精良。接地可靠，标识清楚。（见图6-19）

图6-19　配电间

3.8　电梯工程

14部电梯、3部自动扶梯整洁有序，设备安装规范，运行平衡、安全可靠、平层准确。（见图6-20）

图6-20　自动扶梯

3.9　节能工程

屋面采用挤塑板，外墙采用岩棉板，玻璃幕墙采用隔热型铝合金框料，Low-E中空玻璃，高效节能型灯具。室内分组设置照明开关，人工控制。楼梯等公共部位采用人体感应结合照度自动控制。（见图6-21）

图6-21　室内节能灯具

3.10　智能化工程

控制柜安装端正、牢固。火灾报警及消防联动系统运行正常、动作准确可靠。其他智能化系统均测试合格、运行稳定。（见图6-22）

图6-22　智能监控

四、质量特色与亮点

（1）酒店入口二楼接待厅让人视眼野阔、豁然开朗、舒适美观。柱、地面采用天然索菲特金大理石，由手艺高超的能工巧匠精心施工，质量管理全过程跟踪监督验收，达到拼缝精致、自然细腻、整体统一的装饰效果。（见图6-23）

图6-23　酒店入口二楼接待厅

（2）大宴会厅的天花造型由54个圆形组成，每个圆内再连套4个不同标高面的1/4双弧线圆弧，相邻的圆弧组成圆中圆。采用“化整为零”施工，先在地面组装完成整圆基层，然后依次吊装进行临时固定，最后按预先定好的十字线进行正确就位，调平，缝间内立副龙骨，喷淋烟感等准确定位。内外双弧线的处理上选用了GRG定制线条，经过试样调整，一次成型，解决了双弧线批嵌成型的难度。完工后的天花，

图6-24　大宴会厅

在灯光的映射下，寓意了在这天圆地方之间，圆满、圆融的美好愿景，突出了中国文化中“天人合一”的哲学境界。(见图6-24)

(3) 宴会厅地面采用1500 m^{2}阿克明机织地毯，采用簇绒、割绒、圈绒、平绒等多种工艺，地毯平整丰满、图案连续、拼缝自然美观。(见图6-25)

图6-25　大宴会厅地毯

(4) 大宴会厅屋面钢结构桁架跨度有31 m，单榀桁架重15 t，施工前准确定位，预埋螺栓穿在模板上，螺母压紧，钢筋焊接固定，校对尺寸，确保预埋安装精确。浇筑混凝土前抹黄油包裹保护。工厂按图纸精密加工，同时考虑起拱度、温度等因素。派专人驻工厂进行过程检查、验收。采用2台吊机，一次成功吊装。(见图6-26、图6-27)

图6-26　钢结构桁架安装前

图6-27　钢结构桁架安装后

(5) 餐厅密码墙采用红樱桃木，随机编程、电脑雕刻成无规则图案，加工工艺复杂，硬物划过表面，产生不同音律，给人以图形与音律完美结合的新奇感受。每个小块造型如同密码，大小、高度、形状均不相同。(见图6-28、图6-29)

图6-28　餐厅密码墙

图6-29　小块造型

(6) 餐厅热转印仿木纹铝格栅吊顶形式多样，结构精巧，线条整齐，立体感强。(见图6-30)

图6-30　餐厅热转印仿木纹铝格栅吊顶

(7) 多功能会议室，其石膏板及金属吊顶、墙布硬包及金属漆艺术墙面、地毯地面，空调通风口、灯具、烟感、喷淋头、投影仪与装修装饰风格互相协调融合，为会议参加者创造难忘的体验。(见图6-31)

图6-31　多功能会议室

(8) 湿式报警阀间，其报警阀、信号蝶阀、水力警铃标高、朝向一致，成行成线，分区标识清晰；不锈钢可弯曲电导管接口处理独到，弧度一致美观。(见图6-32)

图6-32 湿式报警阀间

（9）防火阀工艺凹槽及执行机构保护罩、阀门保护罩、自动排气阀集流排水管等细部处理巧妙，独具匠心。（见图6-33）

图6-33 屋面管道

（10）所有机房、泵房、设备用房内深化设计合理，管道综合布置合理、牢固，分层安装、联合支架，排列有序，标识清楚、合理美观，机电设备接地安全可靠。（见图6-34）

图6-34 消防泵房

（11）保温制作工艺精细、严密，管道共用支架固定，排列整齐、标识清晰。（见图6-35）

图6-35 通风保温

（12）管道井内管道等布置整齐有序、安装牢固、标识清晰。穿墙风管、桥架、管道等嵌防火胶泥，成品美观。（见图6-36）

图6-36 管道井内管道

（13）采用智能车辆管理系统，探测器、指示灯，具有智能化、自动化控制的特点。（见图6-37）

图6-37 智能车辆管理系统

（14）客房采用节能控制总开关，酒店公共区域采用集中或集散的多功能或单一功能的智能化控制系统，实现节能控制。（见图6-38）

图6-38 节能智能化控制系统

（15）防雷接地系统安全可靠，测试点标识实用、美观。（见图6-39）

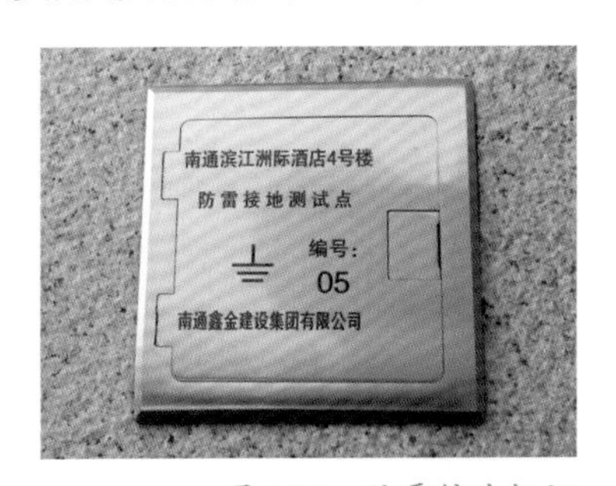

图6-39 防雷接地标识

（16）外幕墙石材饰面牢固，排列整齐，分格缝上下一致，密封胶嵌填密实。（见图6-40）

图6-40 石材幕墙

（17）地下室汽车止滑坡道，采用彩色防滑骨料和改良性树脂，美观、耐用。（见图6-41）

图6-41 汽车止滑坡道

（18）酒店餐厅、泳池走廊墙柱面装饰采用红砖、青砖，被切割成500多万块的小块造型，经过排列组合，塑造出独特、亮丽的装饰艺术效果，使宾客获得全新的审美感。（见图6-42、图6-43）

图6-42 餐厅红砖饰面 图6-43 泳池青砖饰面

（19）酒店公共部位设置独立的无障碍卫生间，安装位置醒目易辨认，方便了残疾人及行动不便的宾客。（见图6-44）

图6-44 无障碍卫生间

（20）公共卫生间采用感应式水龙头和感应式小便器节水器具。（见图6-45、图6-46）

图6-45 感应式水龙头

图6-46 感应式小便器

（21）使用广联达钢筋抽样软件，具有直观、快速、准确的优点，自动生成，降低了钢筋算量的难度，大大提高了工作效率。（见图6-47）

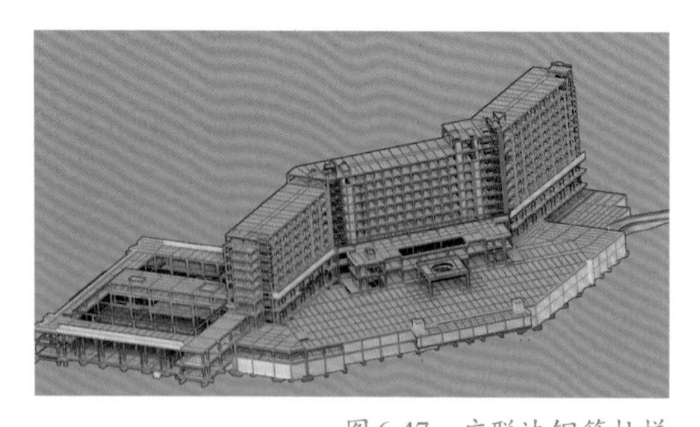

图6-47 广联达钢筋抽样

五、节能环保及绿色施工

在施工过程中围绕“四节一环保”，始终坚持绿色施工。

节能：优先选用节能、高效、环保的施工机械，节约施工现场、生活区、办公区的用电，充分利用可再生资源。

节地：尽可能利用场内现有设施或空地，多种绿化，节约和保护土地资源。现场沥青、混凝土路面，种植绿化营造出公园式工地。

节水：现场临时给排水管理设计。使用节水设备，采取循环水冲洗车辆、雨水回收再利用等措施，来节约用水。

节材：临时设施采用定型组件、工具式防护设施重复利用。

环保：采取洒水车定时对场地洒水降尘、控制扬尘，减少噪声、光污染、垃圾等措施，达到环保要求。

六、工程获得成果和效果

工程获得的各类成果和效果汇总

奖项名称	评奖单位	颁奖时间
2018—2019年度国优质工程奖	中国施工企业管理协会	2019年12月
2018年度全国优秀设计成果奖三等奖	中国施工企业管理协会	2018年7月30日
2017年度江苏省优质工程奖“扬子杯”	江苏省住房和城乡建设厅	2018年4月8日
2016年度江苏省建筑业新技术应用示范工程	江苏省住房和城乡建设厅	2016年12月16日
2014年度江苏省级工法	江苏省住房和城乡建设厅	2015年1月15日
2014年度全国工程建设优秀质量管理小组三等奖	国家工程建设质量奖审定委员会	2014年7月
实用新型专利：防滑高强钢筋网脚手板	中华人民共和国国家知识产权局	2014年6月25日
实用新型专利：新型螺栓工具式悬挑脚手架	中华人民共和国国家知识产权局	2014年4月16日
实用新型专利：施工电梯安全门机构	中华人民共和国国家知识产权局	2014年12月31日
实用新型专利：整体移动式凉茶亭	中华人民共和国国家知识产权局	2014年12月10日
2014年江苏省建筑施工标准化文明示范工地	江苏省住房和城乡建设厅、江苏省建设工会工作委员会	2014年10月

（冯新林　张欢欢　顾利兵）

7 谷物加工成套设备制造项目

——江苏正方园建设集团有限公司

一、项目简介

1.1 工程概况

工程地址：工程位于溧阳市天目湖工业园区地块，云眉路西侧，盛庄路北侧。总建筑面积167 663 m^2，门式刚架结构、框架结构，联合厂房为地上1层，办公楼为地下1层，地上3层，建筑高度：联合厂房高度12.45 m，办公楼高度19.7 m。

该工程厂房建筑采用锯齿形屋面，立面采用彩钢板，充满现代气息的外立面材质、独特的建筑色彩将成为企业建筑群落从众多繁杂的城市建筑中突显特色，宣传企业的形象；办公楼建筑采用简约时尚的风格，具有强烈的现代感而不失技术的精美。建筑空间完整连续，内部设置庭院、交流空间等，调节微气候，提升品质。

1.2 主要功能

本工程由生产区和厂前区组成，联合厂房设置三个车间，功能分区主要为下料区、钣焊区、表面处理线、装配区以及成品库。建成后可实现年产33 605台套各类饲料机械的生产能力。厂前区办公楼周围设有绿化和水景，功能分区主要有办公、会议、技术培训、体育健身以及职工食堂等。总平面布置充分体现了生产专业化，经营、管理独立化，公共服务统一化的规划理念，为职工创造了舒适、宽松空间。

图7-1 工程鸟瞰图

1.3 各责任方主体

建设单位：布勒（常州）机械有限公司

设计单位：中机第一设计研究院有限公司

勘察单位：南京南大岩土工程技术有限公司

监理单位：江苏建协建设管理有限公司

施工总承包：江苏正方园建设集团有限公司

参建单位：江苏鹏程钢结构有限公司

质量监督：溧阳市建设工程质量安全监督站

二、工程施工的特点、难点

2.1 大面积耐磨楼地面平整度及裂缝控制

联合厂房和办公楼地下室地坪为耐磨固化及环氧地坪，面积约136 000 m^2，确保地坪平整、分隔缝顺直、表面无裂纹，是施工的难点。边模采用金属缝，采用大分仓整体浇注，大型激光整平机一次整平成型，实现了地面无裂缝、平整度极高的质量效果。

2.2　型钢混凝土结构

办公楼大厅和羽毛球馆等有净高要求的33 m大跨度区域采用型钢混凝土结构。型钢混凝土梁柱节点位置钢筋较密，施工时如何合理处理钢筋与型钢梁柱的关系是本结构施工的难点。按照梁柱节点建立BIM模型进行钢筋排布，确定钢筋连接方式，采用自密实混凝土浇筑，确保节点部位。

2.3　高支模施工

办公楼排架搭设高度为9.05 ～ 16.45 m，最大梁截面尺寸为550 mm × 1 500 mm，支模高度高、施工荷载重，高大空间模板支撑的施工难度大。

2.4　厂房钢结构施工

厂房屋面为锯齿形屋面，“7” 字形屋面梁共计916榀，“7” 字形屋面梁保证高强螺栓空中穿孔率是难点。高强螺栓开孔采用数控机床套钻，钢构件利用BIM技术实现二维码物料跟踪管理，确保“7” 字形梁空中对接一次成功。

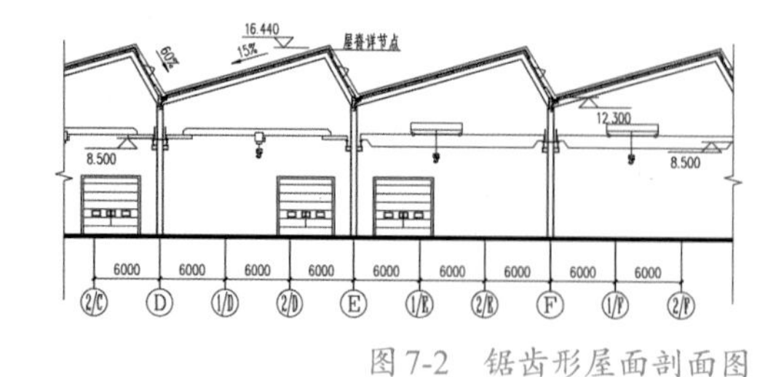

图7-2　锯齿形屋面剖面图

2.5　屋面防水

联合厂房14万 m^2 镀铝锌彩板屋面，施工节点多，屋面防渗漏是一项十分关键的工作。对钢结构细部节点进行深化设计，制定维护系统防水施工专项方案，各个专业相互协调配合，精心施工，加强过程检查和监督，确保钢结构不渗漏。

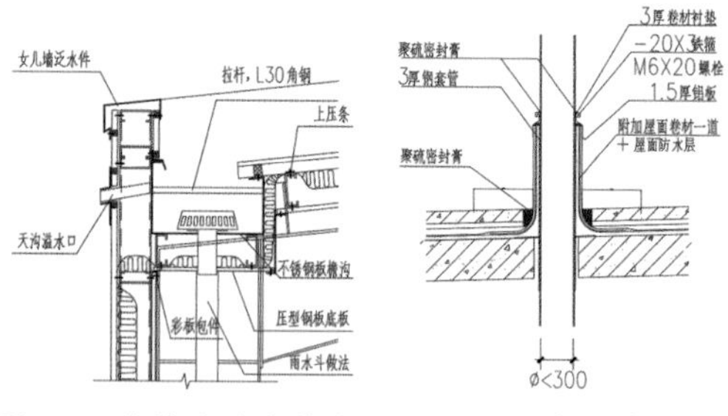

图7-3　内檐沟防水节点

图7-4　管道穿屋面防水节点

2.6　机电安装

机电安装体量大、接口复杂、工艺管线众多，对管线排布、施工精度等要求高；利用BIM技术事先策划，使得各类管线安装层次分明。

三、工程实体质量情况

3.1　地基与基础工程

（1）基础结构无倾斜、无裂缝，地下室无渗漏。

（2）联合厂房设62个检测点，观测次数5次，办公楼设20个检测点，观测次数6次，各点的沉降平均速率为0.003 mm/d，已满足《建筑变形测量规范》(JGJ 8—2016）中要求，沉降已稳定。

3.2　主体结构工程

（1）混凝土结构棱角清晰，线条顺直，节点方正；梁、板、柱结构尺寸准确，表面平整，无结构裂缝。全高垂直度偏差最大值5 mm，满足规范要求；现浇结构尺寸准确，偏差 ± 5 mm以内，轴线位置偏差4 mm以内。

（2）主体结构所用钢筋1 583 t，钢筋原材料复试85组，直螺纹机械接连接检测93组，电渣压力焊连接检测29组，钢筋保护层实体检测90点位。混凝土4.35万 m^3，混凝土强度实体检测24点位，标养试块544组、同养35组，抗渗试块16组，楼板厚度实体检测36点位，全部合格。

（3）7 280 t钢结构原材料复试40组全部合格，336.54 m一级焊缝、8 954.9 m二级焊缝连续、饱满、均匀，经超声波探伤检测合格率达100%，55 708个高强螺栓孔一次穿孔成功率达100%，扭矩检测满足规范要求。

3.3 建筑装饰装修工程

（1）幕墙“四性试验”符合GB/T 21086—2007标准和工程设计要求，符合设计要求。经一年多自然风雨的考验，不渗不漏。

（2）室内装饰原材料进行复试合格，放射性试验、甲醛释放量等检测均符合规范要求，室内环境检测合格。

3.4 防水工程

地下室防水设计为二级，防水设计为“混凝土自防水+1.5 mm厚三元乙丙防水卷材”，防水混凝土采用“双掺”技术，使用至今地下室无裂缝、渗漏现象。

卫生间采用聚氨酯防水涂料；地面坡度合理无倒坡积水现象。厕浴经淋水、蓄水试验无渗漏。

屋面工程防水设计为二级，采用1.5 mm厚三元乙丙橡胶防水卷材。

金属屋面采用0.6 mm厚镀铝锌彩板，360°直立缝锁边滑动型屋面。

屋面排水组织明晰，坡度符合设计要求，无倒坡积水现象，经蓄水试验、大雨观察与使用检验无渗漏。

3.5 给排水及采暖工程

（1）24 500 m管道安装顺直、固定牢靠，水压试验合格；办公楼吊顶内喷淋头布置合理，间距设置均匀。

（2）车间虹吸雨水系统采用HDPE管，支架设置规范、悬吊管坡向正确，通球试验记录齐全、排水通畅。

（3）泵房设备布置合理，阀门附件安装规范，水泵及设备单机试运转记录齐全，设备运行平稳，各项数值均满足使用要求。

3.6 建筑电气工程

母线槽、桥架安装顺直，跨接齐全规范，接地可靠。电线电缆敷设整齐，线路绝缘测试记录、电缆、电线均通过第三方检测复试合格。

照明灯具、电气器具经24 h不间断测试运行正常，灯具照度满足设计要求。

避雷接地安装规范，经溧阳市气象局检测，建筑防雷接地电阻测试值符合要求。

3.7 通风空调

防排烟、通风空调风管安装表面平整、支吊架设置准确，经漏光检测、漏风检测合格。

地源热泵机组设备安装牢固、运行平稳，系统经试运转检测合格，空调水管保温密实，安装规范。

3.8 智能建筑

建筑智能化系统共包含6个子系统，分别为通信网络系统、信息网络系统、火灾自动报警及消防联动系统、安全防范系统、综合布线系统、电源与接地系统。验收记录齐全，检测调试合格，系统运行良好。

3.9 电梯工程

3部电梯安装规范，安全钳、限位器、限速器等安全装置齐全有效，经江苏省特种设备监督检验所一梯一验全部检测合格。电梯机房设备安装、接地、等电位连接符合要求。

四、工程特色与亮点

（1）7 300 m^2幕墙分格均匀、表面平整，胶缝饱满，安装牢固，铝板吊顶与幕墙龙骨对缝。

图 7-5　幕墙分格均匀

（2）石膏板吊顶分块均匀、灯具排布整齐划一；过道铝合金格栅吊顶造型别致、间距一致。

图 7-6　石膏板吊顶

（3）4 000 m^2 地砖地面排列整齐、光洁平整，勾缝均匀。

图 7-7　地砖地面光洁平整

（4）2 500 m^2 毛毯面活动地板铺设平整，接缝严密，脚感舒适。

图 7-8　毛毯面活动地板铺设平整

（5）136 000 m^2 多种类型耐磨地面表面平整，色泽一致，分界清晰。金属缝顺直美观。

图 7-9　车间耐磨地面　图 7-10　车间聚氨酯地坪

（6）楼梯踏步高宽一致，栏杆安装规范。

图 7-11　楼梯踏步高宽　图 7-12　栏杆安装规范

（7）卫生间墙地砖对缝铺贴，接缝顺直，洁具安装统一协调。

图 7-13　卫生间接缝顺直洁具安装协调

（8）140 000 m^2 镀铝锌彩板屋面，坡向正确，无积水现象。

图 7-14　铝锌彩板屋面坡向正确无积水

（9）6 800 m^2 混凝土屋面分格合理，排水通畅，排气孔成行成线，接水斗造型别致，栈桥美观实用。

图7-15 屋面分格合理排水通畅

图7-16 栈桥美观实用

（10）7 758 m钢吊车梁安装精密无错位、50台吊车行车平稳。

图7-17 吊车梁安装精密无错位

（11）工业线缆排列整齐顺直，整体布线有序、层次分明。

图7-18 工业线缆排列整齐层次分明

（12）变电所成排高低压柜柜面平整、安装牢固、接线准确，二次元器件动作灵敏，系统运行可靠。

图7-19 成排高低压柜布局合理

（13）车间采用共管支架，管道布置有序，支架间距合理。

图7-20 支架间距合理，管线层次分明

（14）太阳能热水屋面集热器安装成行成线，系统运行良好。

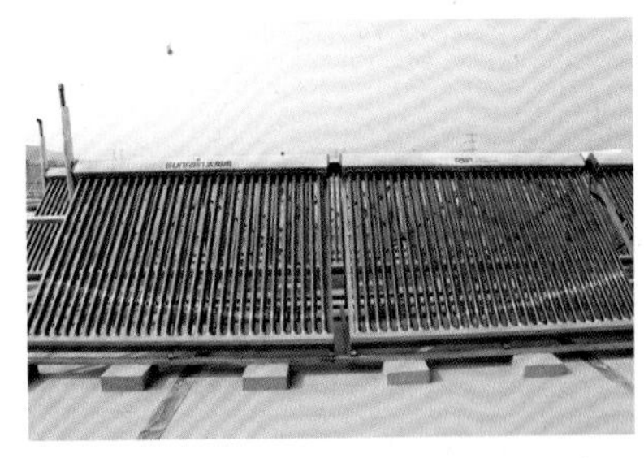

图7-21 太阳能热水系统

（15）车间生产工艺设备先进，粉喷线自动高效、AGV小车智能程度高，大型工业风扇、除尘设备等节能环保。

图7-22 粉喷线自动高效

图7-23 AGV小车智能程度高

（16）229个钣焊工位全面覆盖烟尘净化器，有效收集焊接废气，提高空气环境质量，保证人员身体健康

图7-24 烟尘净化

(17) 3部电梯运行平稳,平层准确。

图7-25　电梯运行平稳

五、节能环保与绿色施工

5.1　工程节能环保

(1) 太阳能光伏发电技术:利用厂房屋面设置2.2 MW装机容量的光伏太阳能板,获得优质环保、价格低廉的电能,年节电220万kW·h。

(2) 屋面采光技术:厂房锯齿型屋面设置采光窗,为厂房提供自然光,年节电达到50万kW·h以上。

(3) 车间通风技术:车间屋面采用可开启天窗+负压风机。平时利用可开启天窗自然排风,夏季或焊接量大时采用屋顶风机机械排风,保持室内空气清新。

(4) 雨水收集回用技术:利用厂房屋面,配合虹吸雨水系统,实现雨水有组织排放和收集,用于浇洒绿化、道路、冲厕、洗车,有效节约水资源,蓄水池采用PP模块蓄水池。降低安装成本约6万元,年节水80 000 t以上。

(5) 地源热泵空调技术:利用浅层地能对办公楼供热制冷,与传统供暖空调系统相比,能耗和运营费用降低40% ~ 50%左右,污染物排放减少40%。

(6) 涂装硅烷工艺技术:无毒无害化的涂装工艺,涂装过程中无有害成分,材料利用率高、工艺流程短、能源消耗低。

(7) 蒸发式废水处理技术:涂装废水采用蒸发式废水处理机组,蒸发水循环使用,废渣送专业公司回收处理,确保本项目废水零排放。年有效节约水资源500 t以上。

(8) 太阳能热水系统:办公楼及车间辅助用房采用太阳能热水系统,经与热水箱循环加热,供给员工淋浴用水。年节用电37 800 kW·h。

图7-26　太阳能光伏发电技术

图7-27　屋面采光技术

图7-28　涂装硅烷工艺技术

图7-29　蒸发式废水处理技术

5.2　绿色施工情况

工程广泛推行绿色施工技术和措施,共计28项,绿色施工效果明显,经济和社会效益显著。

(1) 环境保护措施9项:施工现场采用道路硬化、种植绿化;设置自动洗车机和封闭仓库控制扬尘;混凝土输送泵、木工圆盘锯等设置隔音棚;扬尘、噪声动态监测;实现雨污分流,污水排放定期检测,等等。

(2) 节材措施7项:工程优先使用绿色环保的材料;废旧材料合理利用;采用预拌混凝土,优化配合比;采用BIM技术进行碰撞检查,等等。

(3) 节水措施4项:现场用水分区计

量，定期考核；混凝土柱包裹塑料薄膜；洗车池循环水系统，设置雨水回收再利用系统，等等。

（4）节能措施5项：大型机械单独设置电表计量考核；配置电流保护器灯节能型器具；应用太阳能新型能源，等等。

（5）节地措施3项：临设用房采用双层彩钢板房；优化基坑施工方案，等等。

六、工程获奖与综合效益

6.1 获奖情况

（1）2016年度常州市优质结构工程；

（2）2016年度江苏省建筑施工标准化文明示范工地；

（3）2017年江苏省建筑业新技术应用示范工程；

（4）2016年江苏省省级工法“大面积多独立基础厂房GPS定位施工工法”；

（5）2017年江苏省省级工法“模块式雨水收集利用系统施工工法”；

（6）2018年实用新型专利“用于地坪施工中的成品施工缝”；

（7）2017年江苏省省级QC“厂房大面积地坪施工质量控制”；

（8）2018年江苏省省级QC“提高地坪成品金属缝施工质量”；

（9）2017年获建筑工程金属结构（优质工程）金钢奖；

（10）2019年常州市“金龙杯”优质工程奖；

（11）2019年江苏省优秀设计奖；

（12）2019年江苏省“扬子杯”优质工程奖。

6.2 综合效益

谷物加工成套设备制造项目是集研发、生产、试验、展示为一体的世界一流的大型环保、绿色、节能产业中心。项目建成后成为布勒集团在中国的最大生产基地和亚太地区枢纽，并为当地提供了2000余个就业岗位。

通过先进的设计、事前的预控、管理的严控，使得工程质量满足合同要求。施工中各参建方多方监控，工程施工过程未发生质量、安全事故。

通过本工程创优过程，为公司创优积累了宝贵经验，工程质量受到社会各界的一致好评，获得了良好的社会声誉，使用单位对工程质量非常满意！

（张军阳　江方文　杨　飞）

8　能达大厦建设工程

——江苏南通六建建设集团有限公司

一、工程概况

能达大厦建设工程位于南通市开发区宏兴路与长圆路交叉口，为南通能达建设投资有限公司对外招商办公及自用办公组成的甲级办公楼。桩筏基础，框架剪力墙结构。工程总建筑面积12 0742 m^2，地下2层，地上32层，总建筑高度159 m，其中裙房5层，建筑高度24 m。

建筑物总体布局分为南北中三区，北区为弧形裙楼，地下1层，为车库，地上5层，主要功能为人才服务中心、政务服务中心、报告厅、多功能厅等；南区为主楼，地下2层，为设备用房，地上32层，主要功能为办公、会议中心及避难层；中区为一个5层通高的四季大厅，作为主楼和裙楼的共享大厅，起到联系主楼和裙楼的作用。另外，裙楼在东西两侧底层各设有一条4 m×4 m穿过建筑的车道，供平时车辆及消防车使用。

图8-1　正立面

本工程于2011年2月28日开工，2017年9月30日竣工，竣工决算造价9.711亿元。

工程以“南通之门”为建筑造型，寓意“城市之门、绿色之门、未来之门”，以“张开怀抱，拥抱未来”为设计理念，通过简洁、现代、活泼的设计手法，创造一个具有时代感、地域性、高效节能的5A级招商办公大楼，建筑外立面简洁大方，立面线条完美，充分体现现代建筑气息。

本工程是南通开发区市区级商务办公中心的旗舰项目，项目建成后成为南通开发区新城中心区的城市功能核心体，进一步提升了南通开发区商务配套水准，改善了投资环境，确立了开发区能达商务区作为新经济、商务港的核心定位。

图8-2　全景图

二、工程的特点、难点及技术创新

2.1　工程的特点、难点及措施

（1）主楼与裙楼之间设5层通高四季大厅，作为本项目绿色的交流共享大厅，自然采光、通风，同时也起到联系主楼与裙楼的作用，采用钢结构支撑，玻璃幕墙围护。

四季大厅屋面由东西两端坡向中部与南北向倾斜形成双曲面，屋面玻璃每块尺寸均不同，且5层通高，高度达24 m，施工难度大。运用BIM技术，进行模拟吊装，并制作每块玻璃的全尺寸模型，根据模型数据精确下料，编号安装，做到精准无误。

（2）主楼与裙楼之间大跨度连廊采用锥式张弦梁结构，施工难度大。采用滑动支座，分体式套管，夹持式分级张拉，中部设调谐阻尼器，沉降差、变形协调控制好。

图8-3 大跨度连廊

（3）主楼从8层开始每四层在南北两侧交错设置通高室内中庭，形成位于建筑内部的“室外空间”，营造一种与外部空间既隔离又融合的特有形式，既增加了室内自然采光、通风，节能环保，同时也是平时休闲区、紧急情况下的高层避难区。通高室内中庭脚手架搭设难度大。创新运用中空立面滑轮导座式附着升降脚手架技术，在中空部位采用施工电梯标准节作为立柱，将水平附着钢梁固定在立柱上或混凝土楼面上，形成中空立面外侧附着升降脚手架的支承体，实现中空立面附着升降脚手架的提升作业及使用。

（4）裙楼报告厅钢结构为弧形框架多层次复杂结构体系，其中HJ4跨度33.9 m，高9.9 m，单榀重约75 t，且呈弧形，吊装及质量控制难度大。创新运用弧形框架内多层次钢桁架分片逆向吊装施工方法，先利用两端牛腿和中间龙门架作为弧形主桁架的提升点，吊装弧形主桁架，后利用主桁架，安装屋面层分片桁架，接着往下依次逆向提升多层分片次桁架，并利用BIM技术进行模拟交底，解决了稳定吊装及变形难题。

（5）裙楼南北侧弧形走廊设置细长方钢立柱，共计146根，高度24.5 m，安装高度高，垂直度及变形控制难。运用全站仪精确定位，经纬仪90°双方向垂直度控制，保证安装精度；吊装采用双拼安装，严格控制变形。

图8-4 钢立柱吊装

（6）中空立面拉索幕墙：主楼南北两侧交错通高室内中庭外玻璃幕墙由横向两榀张弦梁和竖向两根稳定索支撑，每幅宽14.4 m，高18 m，施工难度大。张弦梁在地面胎架上拼装后吊装至设计位置，采用控制索力和变形的双控原则分阶段张拉，保证施工过程结构安全。

图8-5 钢立柱吊装

（7）本工程设备转换层消防泵房空间有限，设备、管线错综复杂，排列协调难度大。各类设备用房及地下室运用BIM技术进行综合布线，碰撞检查，确保管道排列整齐，安装规范，末端设备与装修协调。

图8-6　消防泵房

2.2　技术创新

施工中积极推广新技术应用和技术创新。

（1）共应用了全国“建筑业10项新技术”10大项20小项，获经济效益709万元，社会效益显著。

（2）自主创新技术4项

① 弧形框架内多层次钢桁架分片逆向吊装施工方法，获国家发明专利、省级工法；

② 中空立面滑轮导座式附着升降脚手架，获国家发明专利、省级工法；

③ 高层、超高层中空立面柔性幕墙施工方法，获省级工法；

④ 砌块梯形马牙槎构造柱施工方法，获省级工法。

三、工程管理

本工程开工伊始就确定了誓夺“国家优质工程奖”的质量目标。为确保质量目标的实现，通过建立以建设单位牵头、勘察设计单位指导、总承包单位实施、监理单位监理、主管部门监督，共同构成“五位一体”的质量联控体系，确定工程总体和分阶段的创优目标。

在工程开工之初施工总承包单位编制了《创国优奖策划书》《质量管理制度》等一系列质量管理措施，强调工程质量的预控和过程控制，杜绝发生质量问题。

建设单位编制了《工程精细化管理指引》，勘察设计单位制定了《工程质量管理措施》，监理单位细化了《监理工作管理细则》及《工程实体质量监督要点》。

施工过程始终坚持“过程精品”的管理理念，加强策划、抓预控、重样板、优化工艺。制定了具有战略指导意义的施工组织设计和详细的施工方案，力求技术交底具有可操作性，保证施工质量一次成优。

整个施工过程中，参建各方科学管理，积极协调，各个环节运转正常，工程质量、进度、成本得到了有效控制。

工程自交付使用以来，各项使用功能正常，设备运转情况良好，工程质量受到了用户和社会各界的好评。

四、工程质量情况

（1）地基与基础工程

本工程管桩1 093根；钻孔灌注桩654根，各项资料报告齐全，桩基承载力检测符合设计要求，桩身完整性检测：裙楼检测单桩610根，Ⅰ类桩占比95.2%，Ⅱ类桩占比4.8%，无Ⅲ类及以下桩；主楼检测单桩383根，Ⅰ类桩占比97.4%，Ⅱ类桩占比2.6%，无Ⅲ类及以下桩，桩身结构完整。

本工程沉降监测从2011年8月8日开始至2019年3月25日结束，历时2 855天。监测结束之前半年间平均沉降速率0.001 mm/d，趋于稳定。工程竣工交付使用至今未出现裂缝、倾斜及变形等现象，建筑物沉降均匀、稳定，结构安全可靠。

（2）主体结构工程

钢筋绑扎前排点划线，保证钢筋间距满足图纸设计要求。混凝土构件拆模后观感质量较好，高强混凝土柱、墙表面密实，无麻面、无气孔，结构梁柱节点清晰，线面顺直，内坚外美。

砌体结构组砌合理，砂浆饱满，强度达标，灰缝横平竖直，洞口尺寸一致，墙面垂直度、平整度均满足规范要求。不同材料交接处设钢丝网片，防止开裂。

钢结构三维定位精准，安装质量高，结构安全稳定。

（3）装饰装修工程

① 室外装修

本工程陶板幕墙面积35 000 m^2，玻璃幕墙面积55 000 m^2，天窗面积2 400 m^2。构造合理、安装牢固精确、弧形流畅、打胶饱满、无色差、整体观感效果好，幕墙门窗开启灵活、无变形，“四性”等检测合格。经淋水试验及大风、暴雨考验，不渗不漏。

图8-7 陶板幕墙

幕墙缝隙的耐候胶表面平顺、饱满，无明显接头、气泡、开裂现象。

图8-8 细部缝隙

② 室内装修

地砖、墙砖粘贴牢固、缝隙均匀、铺贴整洁、美观、面砖色泽均匀，接缝平整，周边顺直，表面洁净。平整度最大偏差≤1 mm，接缝高低差≤0.3 mm。

图8-9 门厅大堂

墙面装饰平整一致、接缝严密、做工精致。

（4）屋面及防水工程

地下室防水等级为一级，地下室底板、外墙及顶板防水做法均为1.5 mm厚单组分聚氨酯防水涂料+3 mm厚SBS弹性体改性沥青防水卷材，防水卷材性能可靠，抽检合格。

屋面防水等级为一级，采用1.5 mm厚单组分聚氨酯防水涂料+3 mm厚SBS弹性体改性沥青防水卷材，落水斗、女儿墙根部、突出屋面的风井根部、设备基础根部防水加强处理，防水粘贴牢固，屋面无渗漏。

卫生间防水采用1.5 mm厚聚氨酯防水层表面喷砂，卫生间防水施工和装修完成后分别进行了48 h蓄水试验，未发现渗漏现象。

（5）建筑电气工程

配电柜安装端正、排列整齐、操作灵活可靠，内部接线牢固，标识齐全，相线及零、地线颜色正确，配电柜体接地可靠，柜体封闭严密。

（6）建筑给排水工程

生活给排水、消防管道畅通无渗漏，设备运转正常，系统工作可靠。管道安装经

BIM专业深化设计，排列合理美观、标识清晰明确、工艺精细。设备安装规范、布置合理、接地可靠、运行平稳。

(7) 通风与空调工程

暖通系统设备安装牢固，减震可靠，运行正常，支吊架设置规范、美观，管道安装位置正确，排列整齐。

(8) 电梯分部工程

工程共安装电梯22台，扶梯2台。电梯、扶梯安装规范、运行平稳、无噪声、平层准确。

(9) 智能建筑分部工程

智能化系统接入智能建筑综合管理平台，统一进行系统管理。系统运行可靠平稳，操作方便，信息传输准确、流畅。

(10) 建筑节能工程

工程采用绿色节能设计，材料选用节能环保产品，节能验收合格。

建筑节能率≥65%，可再生能源利用率达20%，非传统水源利用率达7.50%，可再循环建筑材料用量占比11.60%，绿色环保品质卓越。

(11) 工程技术资料

工程施工资料21卷，共278册，监理资料1卷，共24册，资料编目完整齐全，立卷编目分类清晰，装订规范，便于查找。各项资料完整，真实有效，可追溯性强。

五、工程实施效果

根据工程特点、难度，借助BIM技术对工程进行精心策划，结合工程重点、难点，有意识地因势利导，制造一些令人耳目一新，眼睛为之一亮的亮点，做到“人无我有、人有我优、人优我精、人精我特”。在科学性，趣味性，人性化，舒适性上下功夫。

亮点一：地下室面积20 276.47 m^2，地坪无空鼓、无裂缝，环氧树脂地面平整光洁。

图8-10 地下室

亮点二：大厅石材地面拼花弧线优美、表面平整光洁、拼缝严密。

图8-11 石材地面

亮点三：超高圆柱石材，选材细致，加工精确，编号组装，拼缝平滑。

图8-12 圆柱石材

亮点四：走道吊顶与两侧墙面凹缝处理，美观无裂缝。

图8-13 楼层走道

亮点五：吊顶装饰多样，美观大气，简约时尚，线条流畅。灯具、烟感、喷淋、风口等末端装置成排成线、居中对称。

图 8-14　大堂吊顶

亮点六：真石漆喷涂均匀，无空鼓、无裂缝。分缝与陶板一致，色泽相近，浑然一体。

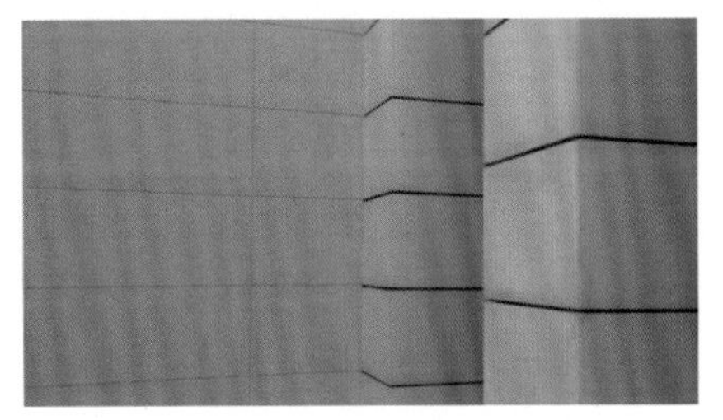

图 8-15　外墙真石漆

亮点七：方柱饰面陶板，色泽匀称、间距一致、弧形流畅、拼缝整齐。

图 8-16　饰面陶板

亮点八：采光通风陶板百叶旋转角度安装一致，上下一线。

图 8-17　陶板百叶

亮点九：中空立面柔性幕墙拉索设置合理、张拉力度符合设计及规范要求，结构安全稳定。

图 8-18　柔性幕墙拉索

亮点十：设备基础方正牢固，动设备减振齐全有效。

图 8-19　设备基础

亮点十一：电气桥架跨接规范。

图 8-20　亮化桥架

亮点十二：管道排布合理，走向整齐、标识清晰。支吊架安装牢固，设备管道保温考究，过墙板管道封堵严密。

图 8-21　管道排布

亮点十三：弧形结构管道、桥架安装圆顺，立体分层紧凑、有序。

图 8-22　弧形桥架

亮点十四：闸阀阀杆套管保护，高度警示提醒。

图 8-23　闸阀阀杆套管保护

亮点十五：不锈钢管外套UPVC管隔离，桥架槽盒内电气线缆信息标识醒目、明确。

图 8-24　不锈钢管外套UPVC管隔离

图 8-25　桥架线缆信息标识醒目

亮点十六：设备用房地面标识导引，各类设备粘贴维修卡。

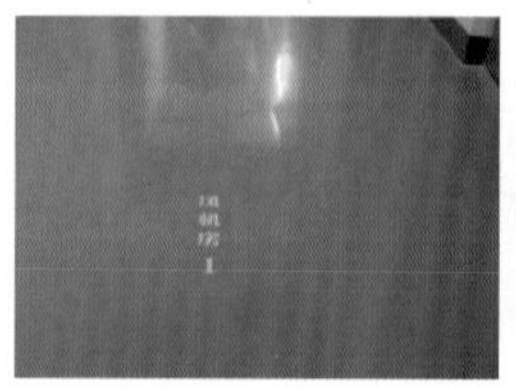

图 8-26　导引标识

图 8-27　设备状态管理标识

六、工程获奖情况及综合效益

本工程获得工程建设项目绿色建造（设计）水平三等成果、中国建筑工程装饰奖、二星级绿色建筑设计标识证书、江苏省建筑业新技术应用示范工程、江苏省建筑施工文明工地、2019年度江苏省“扬子杯”、2019年度国家优质工程奖。

本工程以创造绿色环保健康舒适的办公环境，打造精品工程为目标，运用多项新技术，打造最切合实际的绿色建筑，在实现节约资源的同时，节省建筑的运营费用。

本工程建成后成为南通开发区的城市功能核心体，进一步提升了南通开发区商务配套水准，改善了投资环境，确立了开发区能达商务区作为新经济、商务港的核心定位。

（汤新泉　黄　明　刘晓波）

9 南徐新城商务办公A区A2、A5楼

——江苏润祥建设集团有限公司

一、工程概况

1.1 工程简介

镇江南徐新城商务办公A区A2、A5楼位于南徐新城核心区，西临政府行政中心和市民公园，南临南山风景区。两栋楼均为商务办公楼，A2楼建筑面积29 806 m^2，A5楼建筑面积31 998 m^2，总建筑面积61 804 m^2。A2、A5楼地下一层（局部二层）为一整体，A2楼地上21层，建筑高度94.2 m。A5楼地上23层，建筑高度102 m。

地下一层为车库、设备用房；一至二层为门厅、办事大厅、档案室及报告厅；三层以上为办公用房，顶层设活动用房及阅览室。

1.2 工程建设责任主体

本工程建设单位为镇江城市建设产业集团有限公司。项目由镇江市规划设计研究院和上海中森建筑与工程设计顾问有限公司联合设计。勘察单位为江苏中森建筑设计有限公司，监理单位为江苏中源工程管理股份有限公司，施工总承包单位为江苏润祥建设集团有限公司。工程于2010年6月18日开工，于2015年9月21日竣工交付，工程造价为33 456.19万元。

二、工程特点及难点

（1）地下室长246.2 m，宽74.0 m，基坑局部开挖深度达14.1 m，场地局部有6.6 m厚的素填土，水位埋深2 m左右。

（2）地下车库设11条后浇带，地库顶板上的室外广场设计有景观水池，渗漏控制难度大。

图9-1 室外广场景观水池

（3）两栋楼之间通过二层连廊相连。两层连廊16根单跨预应力梁跨度23.35 m，梁断面800 mm × 1 400 mm、800 mm × 1 200 mm。

（4）建筑高度高，测量要求高。本工程主体结构的轴线、标高和垂直度控制事关主体结构施工质量。

图9-2 建筑高度

三、建设过程质量管控措施

工程开工伊始，即明确誓夺“国家优质工程奖”的质量目标，并成立了贯穿施工全过程的创优领导小组，建立健全质量保证体系，认真贯彻各项技术管理制度和岗位责任制度，分工明确，职责到人，实行样板引路制度，严格执行自检、互检和专检制度，过程严格控制，保证质量全面、全过程受控。

方案策划：针对地下室、主体结构、屋面、设备安装、卫生间、底层大厅等重难点部位，在施工前进行创优特色策划，制定细部处理措施，保证材料、工艺的合理性、先进性和经济性。

强化技术交底：严格执行三级安全技术交底制度，交清技术要点、操作方法、质量标准及安全注意事项等，保证每道工序施工安全顺利地实施。

二次深化设计：对屋面、外墙幕墙排块、底层大厅、电梯厅、室内吊顶、管线综合布置进行二次深化设计，事前精心策划，保证施工质量全面、全过程受控。

四、创优工作的实施效果

4.1　地基与基础工程

基础类型为桩筏基础，A2楼人工挖孔灌注桩43根，机械钻孔灌注桩59根。A5楼人工挖孔灌注桩43根，机械钻孔灌注桩195根。

A2楼桩基静载共检测7根桩，其中钻孔灌注桩抗压检测3根，人工挖孔灌注桩抗压检测4根，单桩竖向承载力符合设计要求。低应变检测102根，Ⅰ类桩98根，占96.1%，无Ⅲ、Ⅳ类桩。

A5楼桩基静载共检测8根桩，其中钻孔灌注桩抗压检测4根，人工挖孔灌注桩抗压检测4根，单桩竖向承载力符合设计要求。低应变检测238根，Ⅰ类桩230根，占96.6%，无Ⅲ、Ⅳ类桩。

图9-3　沉降观测点

A2楼设12个沉降观测点，共观测15次，观测期间建筑物沉降已稳定。A5楼设10个沉降观测点，共观测16次，观测期间建筑物沉降已稳定。

图9-4　沉降观测点

4.2　主体工程

模板工程是混凝土成型质量的关键，直接影响混凝土的外观质量和后期的装修施工，精心制定配模方案，制定创国优质量验收标准，控制偏差低于国家施工验收允

图9-5　混凝土实体外观

许偏差1～2 mm，做到接缝严密，边角方正，轴线顺直，表面平整。

本工程基础主体结构柱、梁、板采用商品混凝土共计17 564 m^3，结构内实外光，截面尺寸控制准确，混凝土达清水效果，未出现影响结构安全的受力裂缝。

通过CAD结合全站仪测量放线，建筑物全高垂直度最大偏差8 mm，建筑物的全高、净高、垂直度均得到了有效控制。

4.3 装饰工程

11 000 m^2铝合金单元式玻璃幕墙、5 000 m^2铝合金隐框玻璃幕墙及4 700 m^2铝板幕墙、22 800 m^2石材幕墙排版合理、固定牢固、缝格宽窄一致、胶缝饱满顺滑。

图9-6 石材幕墙立面图

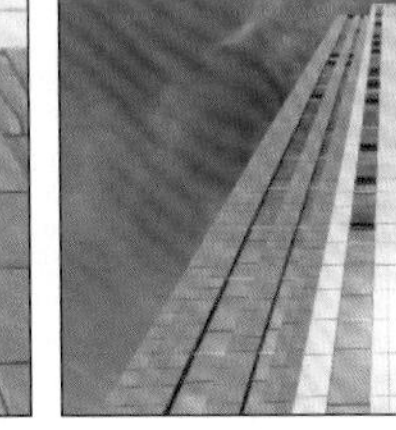

图9-7 铝板幕墙立面图

图9-8 单元式幕墙立面图

16 800 m^2环氧自流平地坪表面平整、色泽均匀，车位标识清晰醒目。

图9-9 环氧自流平地坪

3 300 m^2石材楼地面铺贴平整，对缝顺直；套房、包厢3 800 m^2地毯铺贴平整；卫生间4 482 m^2防滑地砖铺贴密实，套割方正，拼缝顺直。

图9-10 大厅石材铺贴

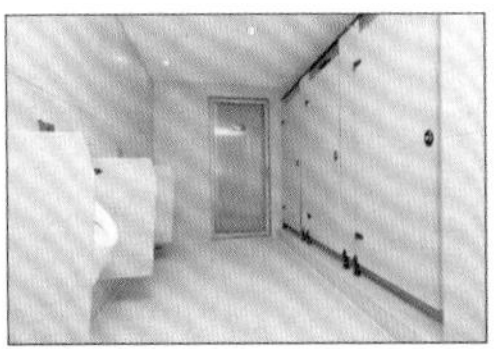

图9-11 卫生间地砖铺贴

132 200 m^2粉刷粗粮细做，阴阳角方正顺直，立面垂直度和表面平整度最大偏差3 mm。

图9-12 阴阳角方正

楼梯踏步步高一致，滴水线顺直交圈。

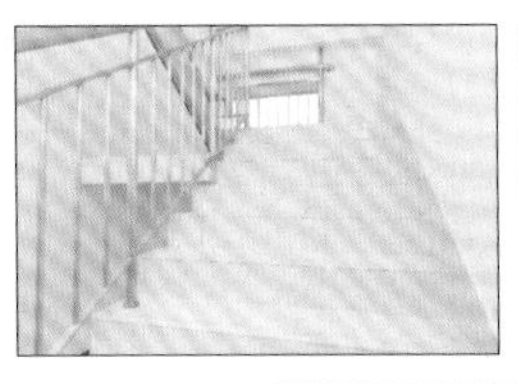

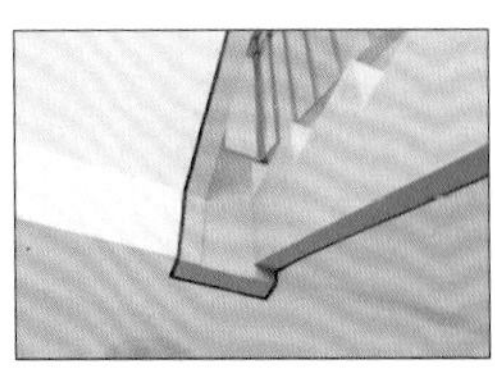

图9-13 楼梯踏步及滴水线

4.4 防水工程

屋面采用SBS高聚物改性沥青卷材和聚氨酯涂膜两道防水层，54 100块200 mm×200 mm防滑地砖排版均匀、勾缝密实、排水通畅，无渗漏。

图 9-14　屋面防滑地砖铺贴

女儿墙根部卷材泛水坡度均匀一致，铝合金“几”字形盖板的设置保证了卷材的收口严密。

图 9-15　屋面卷材收口

出屋面构件根部的葫芦形混凝土墩尺寸统一、细部美观，卷材收口卡箍固定牢固。

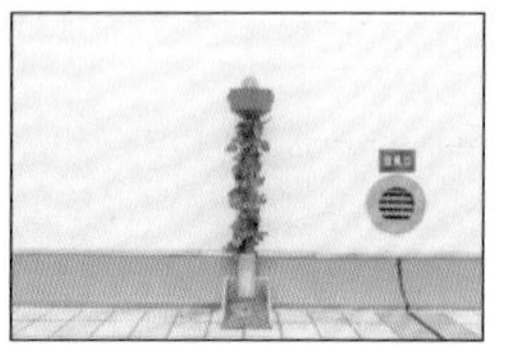

图 9-16　出屋面构件

4.5　设备安装工程

给排水、暖通及电气设备布置合理、排列有序、安装牢固、运行平稳、接地可靠、标识清楚。

图 9-17　管道排列有序，安装牢固

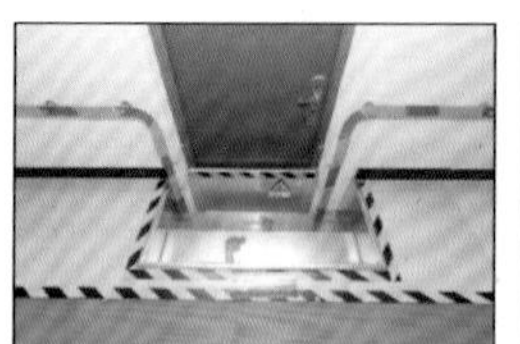

图 9-18　设备布置合理

管道坡向正确，连接严密；支吊架设置规范美观；阀门仪表安装整齐，朝向合理；管道保温严密、厚度均匀、防火封堵密实；管道油漆色泽均匀，标识清晰。风管连接严密牢固，风口安装位置正确、平整，系统运行正常。

图 9-19　管道细部处理

卫生器具安装位置准确、排列整齐。

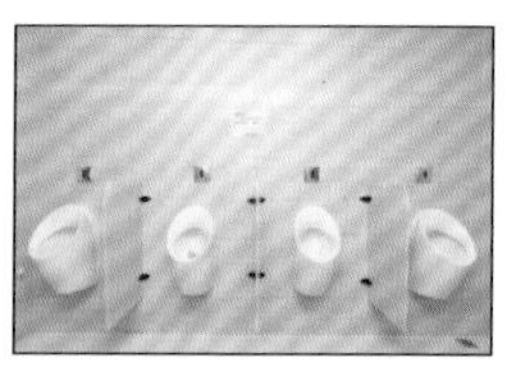

图 9-20　卫生洁具安装

图 9-21　屋面透气管

屋面排污透气管安装垂直、排列整齐划一、固定支架牢固、标识清晰、接地可靠。

电线电缆敷设整齐、导线分色正确、绑扎牢固、标识清楚。室内插座、开关、接线盒排列整齐、标高一致、配线正确、尺寸统一。

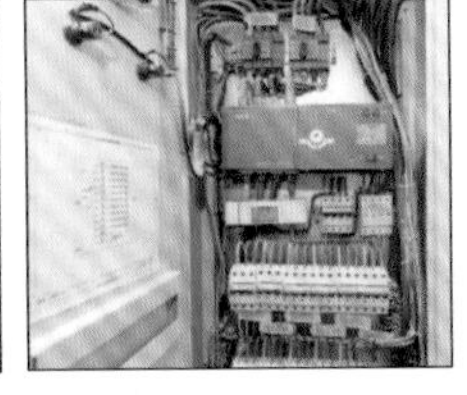

图 9-22 电箱排列整齐

室内顶棚风口、灯具、喷淋头、烟感、消防广播排列合理、整齐美观。

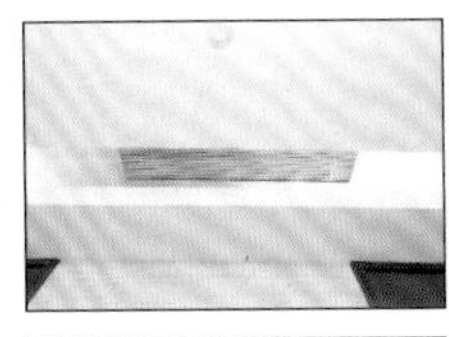
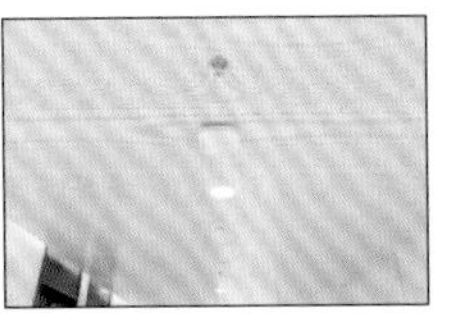
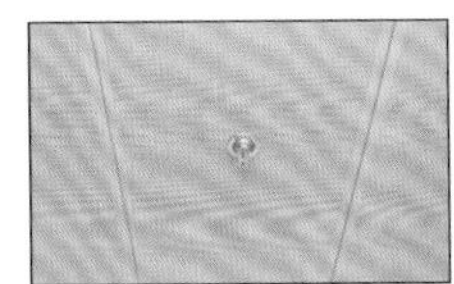
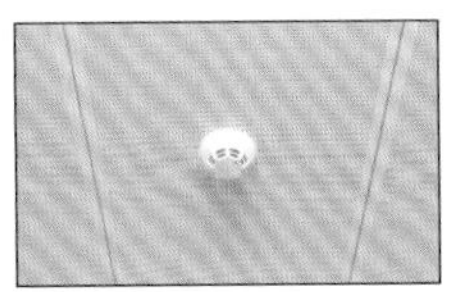

图 9-23 风口、喷淋头、烟感整齐美观

屋顶避雷带焊接牢固、支架间距均匀、引下线明显；测试点布置合理、标识清晰。

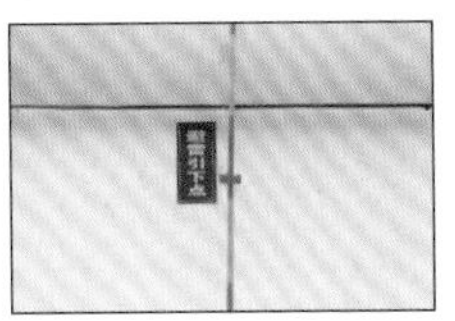

图 9-24 屋顶避雷带

线路绝缘电阻、接地装置电阻、管道强度、严密性、排污管道通球试验合格，工程防雷装置检测合格。

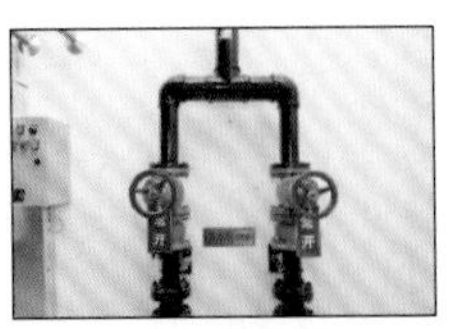
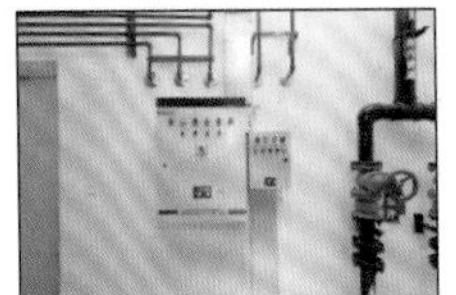

图 9-25 细部节点

智能化系统安装良好，运行正常，信号清晰准确。

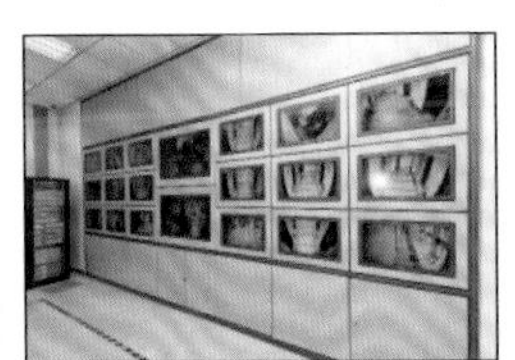

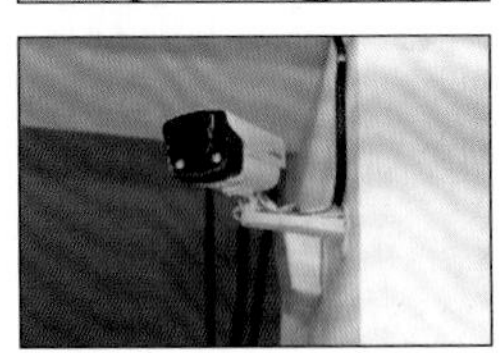

图 9-26 智能化监控系统

2部消防梯、8部客梯开启灵活、运行平稳、平层准确，检验合格。

图 9-27 电梯运行平稳

4.6 工程资料控制

施工中严格执行资料的规范化管理，工程施工、技术管理资料、材料质量控制资料和试验资料共115册，编制了总目录、分目录和卷内目录，资料编目齐全完整，立卷编目分类清晰，装订规范，便于检索，各项资料具有可追溯性。

图 9-28 工程资料

五、关键技术及科技进步

本工程在施工过程中共应用住建部建筑

业10项新技术(2010版)9项14个子项,应用江苏省建筑业10项新技术(2011版)3项6个子项,工程被评为2014年度"江苏省新技术应用示范工程",应用水平达到省内领先水平。

序号	项目名称	应用部位	社会经济效益
一	住建部建筑业10项新技术		
1	复合土钉墙支护技术	基坑	取得经济效益28.37万元
2	轻骨料混凝土	地下室、屋面	降低施工荷载,提高结构保温性能
3	混凝土裂缝控制技术	地下室、主体	杜绝结构性裂缝的产生
4	高强钢筋应用技术	地下室、主体	取得经济效益373.48万元
5	大直径钢筋直螺纹连接技术	地下室、主体	取得经济效益0.7万元
6	有粘结预应力技术	主体结构	杜绝结构性裂缝的产生
7	附着升降脚手架技术	主体结构	取得经济效益65.33万元
8	金属矩形风管薄钢板法兰连接技术	室内通风空调系统水电安装	取得经济效益6.1万元
9	给水管道卡压连接技术	给水管道	取得经济效益7.5万元
10	外墙自保温体系施工技术	围护墙体	取得经济效益5.0万元
11	粘贴岩棉板外保温系统	外墙	提高墙体热惰性,改善室内热环境
12	聚氨酯防水涂料施工技术	地下室、屋面	提高地下室、屋面防水效果
13	深基坑施工监测技术	基坑	减小对周围建筑物的影响
14	高精度自动测量控制技术	工程测量放线	提高测量精度及效率
二	江苏省建筑业10项新技术		
1	金属幕墙施工技术	外装修	施工工艺简单,易于加工,环境污染小
2	单元式幕墙应用技术	外装修	工厂化组装生产,施工快捷
3	后切式背栓连接干挂石材幕墙	外装修	安装简便,施工快
4	模板固定工具化配件应用技术	基础、主体	取得经济效益9.3万元
5	自流平树脂地面处理技术	地下室地坪	具有良好的物理、化学特性
6	工地木方接木应用技术	基础、主体	取得经济效益27.6万元

六、绿色建筑与成效

工程广泛采用岩棉板保温、Low-E玻璃、节能型变压器、LED灯具、感应式冲洗阀等经济适用的绿色建材及BAS楼宇自动控制、带热回收系统新风机组、智能灯光、能耗监测等节能环保设备,采用了土钉墙支护等多项绿色施工技术。

室内环境检测合格,一次性通过节能、环保专项验收。

图9-29　外墙岩棉板保温

图9-30　屋面太阳能系统

图 9-31 BAS楼宇自动控制系统

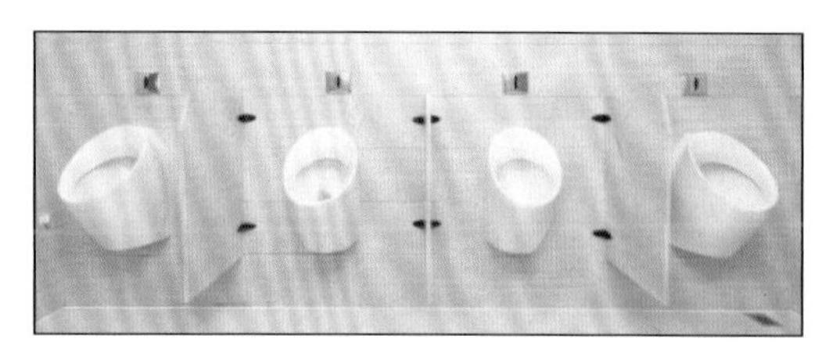

图 9-32 感应式冲洗阀

七、工程获奖情况

工程设计	2016年度全国工程建设项目优秀设计成果二等奖
工程质量	2018—2019年度“国家优质工程奖” A2、A5楼分获2017年度、2018年度江苏省“扬子杯”奖
新技术应用	2014年度“江苏省新技术应用示范工程”
工法	《组合式拉杆紧固模板施工工法》和《石材幕墙饰面外墙ALC板安装施工工法》两项工法被评为2012年度江苏省省级工法
QC成果	《杜绝大跨度后张法预应力连廊的结构性裂缝》QC成果获2012年度全国QC成果一等奖
论文	《大跨度后张法预应力连廊施工技术》《带连廊地下室平面布置图的设计》《幕墙装饰饰面ALC板施工技术》和《组合拉杆紧固模板施工技术》论文参加2012年江苏省施工学术论文交流，分别获一等奖1项，二等奖2项，三等奖1项
安全文明施工	2011年度“江苏省建筑施工文明工地”

镇江市规划设计研究院：

镇江南徐新城商务办公A区 荣获2016年度

工程建设项目优秀设计成果二等奖。

特发此证。

图 9-33 2016年度全国工程建设项目优秀设计成果二等奖

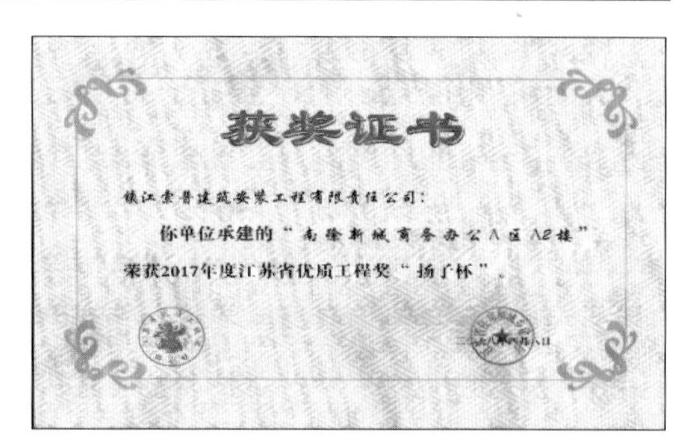

获奖证书

镇江索普建筑安装工程有限责任公司：

你单位承建的“南徐新城商务办公A区A2楼”

荣获2017年度江苏省优质工程奖“扬子杯”。

图 9-34 2017年度江苏省优质工程奖“扬子杯”

江苏润祥建设集团有限公司

你单位施工总承包的南徐新城商务办公A区A2、A5楼 荣获

2018—2019年度国家优质工程奖。

特发此证。

图 9-35 2018—2019年度“国家优质工程奖”

获奖证书

江苏润祥建设集团有限公司：

你单位承建的“南徐新城商务办公A区A5国土局办公楼”

荣获2018年度江苏省优质工程奖“扬子杯”。

图 9-36 2018年度江苏省优质工程奖“扬子杯”

证书

建协质证字第185号

镇江索普建筑安装工程有限责任公司镇江南徐新城商务办公A区A1～A5楼QC小组

荣获二〇一二年全国工程建设优秀QC小组活动成果一等奖

特发此证

图9-37　全国QC成果一等奖

证书

建协质证字第252号

镇江索普建筑安装工程有限责任公司

镇江南徐新城商务办公A区QC小组

荣获二〇一四年全国工程建设优秀QC小组活动成果二等奖

特发此证

图9-38　全国QC成果二等奖

证书

论文题目：超长多层多跨现浇连廊后张法预应力施工技术

论文作者：潘珉、陈国兴、李昌军

经二零一一年度省建筑施工专业委员会年会评选，荣获优秀论文 壹 等奖。

江苏省土木建筑学会

建筑施工专业委员会

图9-39　江苏省施工学术论文交流一等奖

论文题目：组合式拉杆背固模板施工技术

论文作者：李昌军、陈国兴、虞炳忠

经二零一一年度省建筑施工专业委员会年会评选，荣获优秀论文 叁 等奖。

论文题目：幕墙饰面外墙ALC板施工技术

论文作者：陈国兴、徐连芳

经二零一一年度省建筑施工专业委员会年会评选，荣获优秀论文 贰 等奖。

图9-40　江苏省施工学术论文交流二、三等奖

证书

镇江索普建筑安装工程有限责任公司施工的南徐新城商务办公A区A1-A5楼（含地下室）土建及安装工程

被评为二〇一一年度第一批江苏省建筑施工文明工地。

特发此证，以资鼓励。

项目经理：徐连芳

图9-41　省级文明工地

八、总结体会

该工程位于南徐新城核心区，是南徐新城的地标性建筑，建成后已成为南徐大道一道亮丽的城市风景线。项目建成后有效地增加了南徐新城商务、办公用房供应，提升了南徐新城城市建筑景观，改善镇江主城功能布局，并能够展示“新世纪、新名城、新镇江”的现代化城市形象。

图9-42　建筑外立面实景

工程竣工交付使用后，各项系统功能运转正常，未发现质量问题和隐患，达到了设计和使用要求。该工程得到了政府主管部门及各参建单位的一致好评，使用单位非常满意，取得了较好的社会效益和经济效益。

通过践行先进的管理理念，使工程在管理流程、技术应用、质量措施、成品保护等各个环节均达到了较高的水准，工程质量始终处于行业领先水平，安全文明、信息化施工及综合管理始终处于省内先进水平。

通过本次“国优”创建活动，使得我公司在质量管理理念、质量管理水平、质量管理程序和操作水平等方面都有了实质性的提升，也锻炼了一批质量管理队伍，为公司树立了品牌，赢得了声誉。

（李昌军　徐连芳　虞炳忠）

10 盐城市城南新区医院南区新建工程——门急诊医技楼

——江苏中南建筑产业集团有限责任公司

一、工程概况

1.1 工程基本情况

盐城市城南新区医院南区新建工程门急诊医技楼工程位于盐城市城南新区，地处戴庄路以西、跃马路东侧，南临园林大道、北靠纬十三路。本工程由北京联华建筑事务有限公司设计，设计先进、独特，具有先进的水平和现代化气息。

盐城市城南医院项目是盐城市政府投资的三级甲等医院，门急诊医技楼地下二层，地上四层，总建筑面积95 076 m^2，其中地下室非人防面积40 134 m^2，建筑高度为23.00 m，长145 m，宽126 m。

项目开工时间为2010年03月25日，竣工验收时间为2015年12月15日。

1.2 工程建设责任主体

建设单位：盐城市城南新区开发建设投资有限公司

监理单位：上海建通工程建设有限公司

设计单位：北京联华建筑事务有限公司

施工单位：江苏中南建筑产业集团有限责任公司

参建单位：南通市中南建工设备安装有限公司

金丰环球装饰工程（天津）有限公司

山东锦城钢结构有限责任公司

质量监督单位：盐城市建设工程质量监督站

图10-1 外立面全景图

图10-2 鸟瞰图

二、工程施工难点、技术创新

2.1 工程施工难点

（1）技术要求高

本工程门诊大厅、天井等部位采用大跨度超大玻璃采光顶，技术要求高，施工难度大，控制工艺要求高。

本工程防辐射区域墙面均采用砼浇筑一次性成型且不得预留任何孔洞，地面采用硫酸钡地面以达到防辐射的要求。

（2）特殊结构、特殊要求

本工程地下室面积较大，均为环氧树脂耐磨地坪，控制其浇筑收光质量和平整度，确保表面强度及耐磨性能尤为关键，同时大面积地坪预防开裂同样关键。

（3）机房设备多，管线复杂，36台变配电室配电柜，163台强弱电配电柜，24套机房设备；桥架8 444 m，各类管道57 877 m。机房设备集中布置，系统多，管道排列分布复杂，如何利用有限的空间，对各类系统、管道的布置进行综合协调，是机电安装工程施工的重点与难点。

2.2 技术创新情况

项目积极创新，获得一体式移动脚手

架等国家专利2项，机械喷涂抹灰省级工法1项。

应用住建部建筑业10项新技术（2010）9大项13小项，江苏省建筑业10项新技术推广项（2011）4大项8小项，经济效益显著。经建设单位认可，工程新技术创效368.6万元。

2.3 绿色施工

本工程北侧为主干道，同时也是场外项目的运输道路，南侧为住宅小区，加上项目是盐城市地标性建筑，整个项目对于绿色施工的要求更为严格。从设计到施工的各个环节都遵循了“四节一环保”的要求，通过设计、施工中各项绿色节能、环保措施的应用，努力打造绿色施工示范工程。

（1）利用BIM技术对施工总平面及管线进行布置设计，更加生动、直观。保证平面布置合理、紧凑，临时设施占地面积有效利用率大于90%。

（2）施工场地硬化与绿化相结合，扬尘检测仪、喷雾炮等技术应用，空气中PM2.5低于标准值。

（3）通过雨水回收利用系统、三级沉淀池、喷淋等节水措施，有效节约了水资源的应用，现场扬尘控制有效。

（4）现场防护采用工具化、定型化产品，废旧材料二次利用及成品保护。

（5）塔吊、现场强光作业设置挡光措施，有效避免了光污染。

整个项目“四节一环保”效果显著，是盐城市观摩项目，并且获得了江苏省建筑业安全文明工地。

图10-3 雨水回收系统

图10-4 抑尘喷淋系统

三、工程质量特色与亮点

（1）主体结构模板使用大钢模，混凝土成型及观感质量好。

图10-5 主体结构成型效果

图10-6 大钢模应用

（2）砖砌体灰缝饱满，横平竖直。构造柱马牙槎整齐一致，设置浇筑簸箕口，成型质量良好。

图10-7 砌体效果

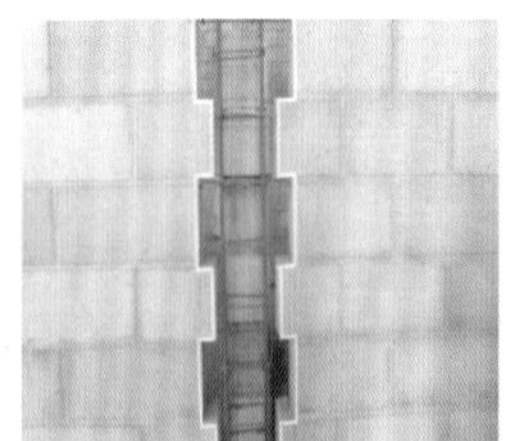

图10-8 砌体构造柱马牙槎留置

（3）5 340 m^2屋面分隔规范，勾缝饱满，屋面细部节点处理精美。

图10-9 屋面整体分隔

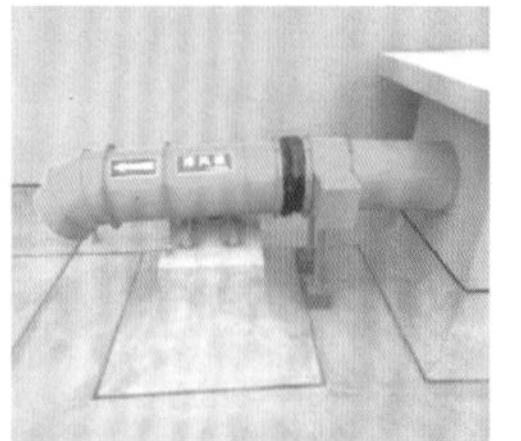

图10-10 屋面细部

（4）外幕墙简洁气派，竖向分隔层次分明。

图10-11 外幕墙整体效果

图10-12 幕墙分隔细部

（5）11 230 m²地下室环氧地坪平整光洁，无起砂渗漏等现象。

图10-13 地下车库地面1

图10-14 地下车库地面2

（6）电梯、卫生间、走道、地面指示标记等无障碍设施齐全。

图10-15 电梯轿厢

图10-16 引导标识

（7）2 635 m²地砖地面、大理石地面铺贴平整，色泽一致，无打磨现象。3 246 m² PVC地面整洁、平整无起皱，拼缝严密。

图10-17 大理石地面

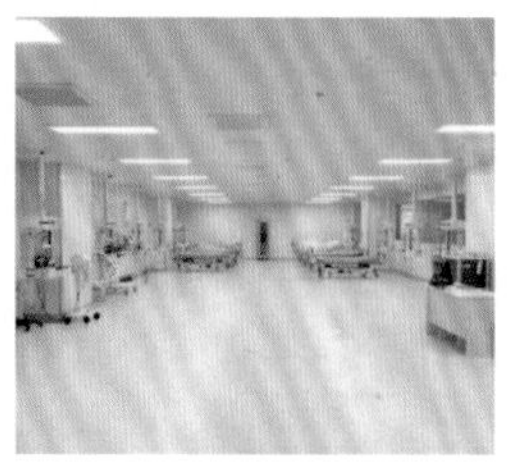
图10-18 PVC地胶地面

（8）4 820 m²乳胶漆墙面，14 790 m²玻化砖墙面，2 560 m²木饰面，做工精细，表面平整，阴阳角顺直。

图10-19 乳胶漆墙面

图10-20 玻化砖墙面

图10-21 木饰面墙面1

图10-22 木饰面墙面2

（9）31 600 m²室内吊顶造型各异，线条顺直，做工精细。灯具、烟感、喷淋等居中布置，成排成线。

图10-23 石膏板吊顶

图10-24 铝扣板吊顶

（10）44个卫生间墙地面对缝铺贴，地漏、洁具居中对称，整齐美观；洁具周边套割精细、合缝严密。

图10-25 卫生间墙地砖对缝

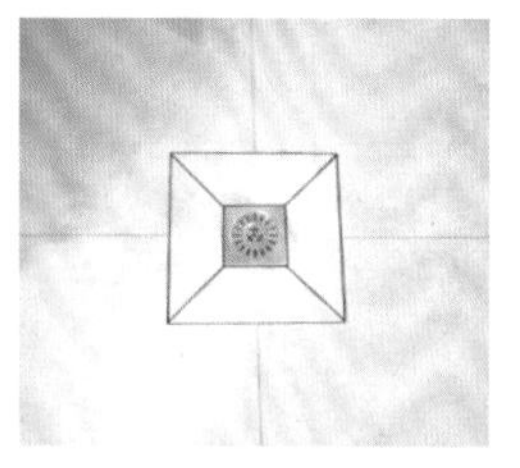
图10-26 卫生间地漏套割

（11）楼梯踏步高度一致，扶手安装牢固，高度符合设计要求；滴水线顺直交圈，简洁实用。

图10-27　楼梯间

图10-28　梯段滴水线

（12）14部扶梯运行稳定，9部电梯呼叫按钮灵敏，平层准确。

图10-29　大厅扶梯

图10-30　门诊大厅电梯厅

（13）57 877 m成排管道综合排列，错落有致，间距均衡，安装牢固，标识清晰齐全。24套机房设备排列整齐，管道布局合理，标识清晰，设备阀门标高一致，排水沟、导流槽做工精细，无跑冒滴漏现象。

图10-31　水泵房

图10-32　冷冻机房

（14）36台变配电室电柜安装成排成列，整齐划一。163台强、弱电间配电柜安装规范，接地可靠；配电柜内配线整齐，绑扎牢固，标识齐全。8 744 m桥架布置合理，标高正确；管线安装规范，间距合理。防雷接地装置设施齐全，安全有效。

图10-33　变配电室

图10-34　接地测试点

（15）净化区域、手术室流线合理，室内空气高效处理，洁净度最高满足百级要求。

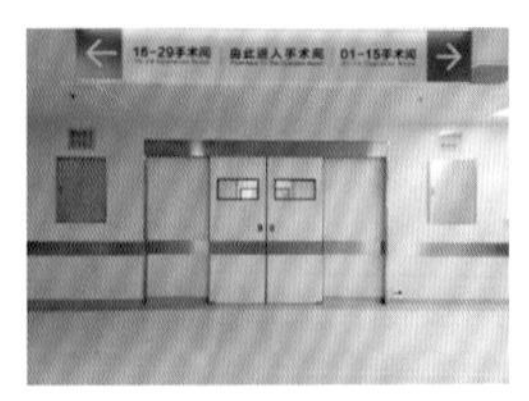

图10-35　净化手术区

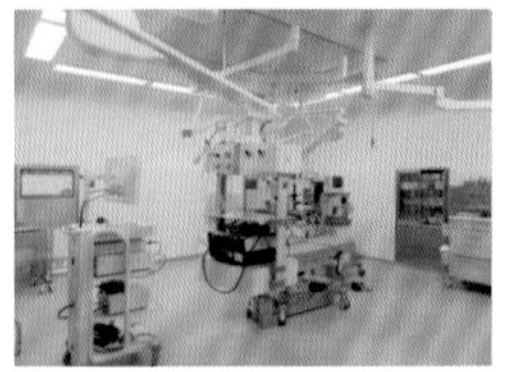

图10-36　手术室

（16）消防报警、监控、网络、LED大屏显示、手术示教、轨道物流系统等智能化系统功能齐全，运行可靠。

图10-37　轨道物流系统

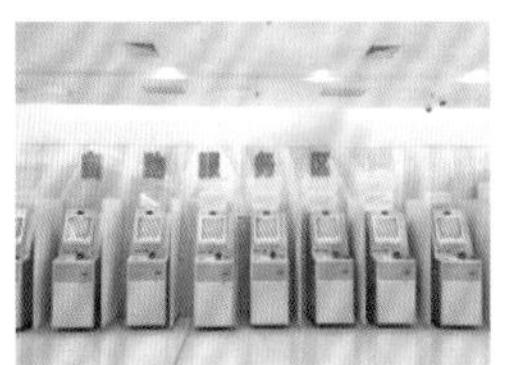

图10-38　自助服务区

四、工程获奖

2011年获得盐城市优质结构工程、2016年获得盐城市优质工程奖，2017年获得江苏省安装扬子杯，2018年获得中国建筑工程装饰奖。

2012年获得江苏省住房和城乡建设厅颁发的江苏省建筑施工文明工地奖。2016年获得南通市土木建筑学会论文三等奖。

2013年获得南通市工程建设优秀QC小组活动成果三等奖；2014年度获得工程建设优秀质量管理小组三等奖；2015年机械喷涂抹灰技术获得省级工法；2017年获得全国工程建设质量管理小组活动优秀成果三等奖。

2015年获得国家实用新型专利：楼梯、楼板临边防护栏、一种移动式脚手架。

（张　雷）

11　宜兴农村商业银行新大楼工程创优实践

——江苏宜安建设有限公司

一、工程概况

1.1　工程概况

宜兴农村商业银行新大楼工程位于宜兴市城东新区，北临东氿湖，东侧为沿河景观带，拥有得天独厚的区位优势，地段繁华，交通便利。

图 11-1　东南立面图

图 11-2　南立面图

本工程由23层办公大楼和4层裙房组成，建筑功能包括银行办公和营业厅等。建筑总面积为61 768.72 m^2，其中19 850.34 m^2地下面积，地上面积41 918.38 m^2；占地面积13 759.67 m^2；建筑总高度主楼为98.40 m，裙楼22.2 m；地下2层，地上主楼23层，裙房4层；结构形式基础为桩筏基础，主体为框架-核心筒；总投资额为43 006万元；开工日期为2013年1月1日，竣工日期为2017年12月14日。

1.2　工程建设各单位

建设单位：江苏宜兴农村商业银行股份有限公司

勘察单位：江苏圣源岩土工程勘测设计有限公司

设计单位：同济大学建筑设计研究院（集团）有限公司

监理单位：江苏恒鸿建设咨询有限公司

监督单位：宜兴市建设工程质量监督站、宜兴市建设工程安全监督站

施工单位：江苏宜安建设有限公司

二、创优策划与管理创新

（1）工程开工前，就明确创建“国家优质工程奖”的质量目标。建立了以建设单位为核心，依托总承包单位实现过程管理的“四方”质量管理和保证体系，制定各项管理制度，逐级签订责任书，分解创优目标。

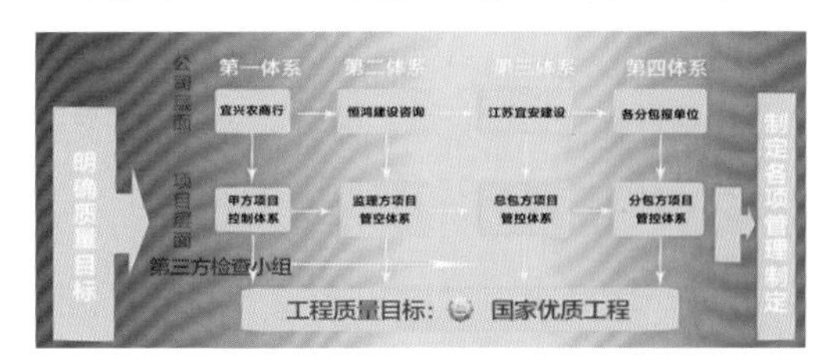

图 11-3　质量管理体系

（2）为了确保项目创优目标的实现，公司成立了创“国家优质工程奖”领导小组，选派有“国家优质工程奖”工程施工经验的项目经理，组建了专业齐全、创优施工经验丰富的项目管理团队。项目管理团队依据公司的质量管理制度、体系，在主要分部分项工程的质量保证措施上进行了精心的策划。根据日常“三控制二管理一协调”的管理手段，现场建立项目部质量管理保证体系，以保证质量管理工作的系统性、规范性、安全性。

图11-4　地下室综合管线样板

图11-5　楼梯样板

(3)精心策划,从对国优的认识、创优组织、各分部分项工程细部做法、验收标准等方面阐述,抓住重点、难点、突出亮点。推行细部节点标准化,坚持“样板引路、过程控制、统一做法、精工细做、一次成优”的创优目标。

图11-6　主体结构样板

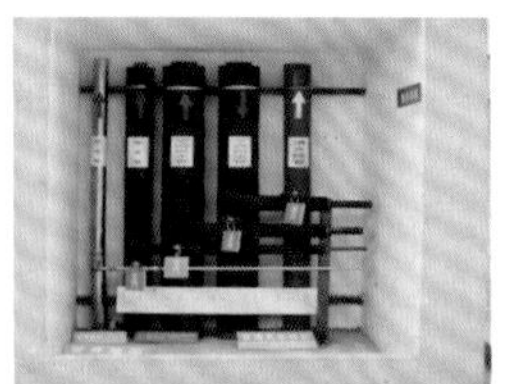

图11-7　管道井样板

(4)强化施工质量过程控制,严格执行“三检制度”,坚持“联合会审、专业隐蔽、综合验收”工作制度,实现过程精品。注重对各专业队伍的管理和协调。工程开工前,做好安全、质量技术交底工作,使建筑产品形成过程中的各个环节都处于受控状态。

图11-8　监理验收1

图11-9　监理验收2

三、工程难点及新技术的应用

3.1　工程难点和特点

3.1.1　高支模

本工程一层大厅设计为大空间,跨度为40 m,高度为15 m,主体施工难度大。模板支撑体系是超过一定规模的危险性较大的分部分项工程。在工程开工后不久,就编制了详细的专项施工方案,并通过了专家论证。方案实施前,项目技术负责人对现场管理人员和施工班组进行了安全、质量技术交底。项目经理、项目技术负责人和安全员定期巡视排架搭设过程。搭设完成后,混凝土浇筑前项目部报请监理单位组织验收,验收合格后,按照方案的浇筑顺序进行施工。

图11-10　大空间混凝土结构

3.1.2　大面积防水施工

工程总防水面积22 318 m^2,质量要求高,施工难度大。

3.1.3　多品种材料幕墙施工

本工程组合幕墙由石材、玻璃幕墙构成,不同幕墙接缝处的处理、分格轴线的准确测量与校核高空施工中收口收边处的防水密封质量都是施工控制的难点。

图11-11　组合式幕墙

图11-12　屋面设备多

3.1.4　装饰材料品种繁多、风格各异

各楼层部位有其不用的功能,因此对装饰材料的材质有不同要求,内装饰材料品种繁多,121种材料、49种做法涉及专业工种多、交叉密,精工细雕,风格各异。

图11-13 装修风格迥异1

图11-14 装修风格迥异2

3.2 新技术应用

本工程应用住房和城乡建设部发布的《建筑业10项新技术》(2010版)中的8个大项中的20个小项，应用江苏省住房和城乡建设厅发布的《江苏省建筑业10项新技术》(2011版)中的4个大项中的5个小项。本工程荣获江苏省新技术应用示范工程，经济效益显著，新技术应用水平达省内领先。

3.3 技术创新

在本工程中，创新技术5项，获得2项国家实用新型专利。

1	一种混凝土防撒装置技术
2	扁铁歪弧装置技术
3	大跨度混凝土屋面施工技术
4	现浇生态保温墙施工技术
5	人防通风管道穿墙施工技术

四、工程建设亮点和特色

4.1 地基与基础工程

本工程共611根灌注桩，根据设计要求及规范要求，静载检测9根，承载力满足设计要求，低应变检测611根，其中Ⅰ类桩611根，占检测总桩数的100%。

工程共设置27个沉降观测点，观测25次，主体4号点累计沉降量最大，为11.48 mm；主楼23号点沉降量最小，为9.63 mm；相邻观测点最大沉降差为1.85 mm；最后百日沉降速率为0.001 mm/d，沉降均匀且稳定。

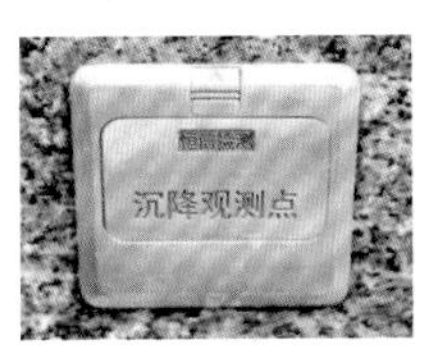

图11-15 沉降观测点

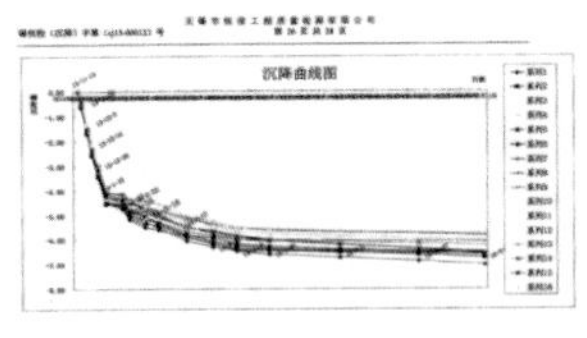

图11-16 沉降曲线图

4.2 主体工程

钢筋原材料复试全部合格，钢筋直螺纹机械连接复试全部合格，主体结构工程钢筋保护层实体检验合格。模板从定位、设计、选型、支撑体系入手，对模板、电梯井模板制作定型模板，对楼板模板采用硬拼缝法保证模板拼缝严密、不漏浆。这保证了轴线位置，几何尺寸准确，梁柱节点方正。

图11-17 梁柱节点钢筋绑扎

图11-18 直螺纹端头打磨

图11-19 模板安装后效果1

图11-20 模板安装后效果2

混凝土表面平整、光滑，截面尺寸准确。主体检验合格，混凝土强度符合设计要求。加气块混凝土复试合格，砌筑每层垂直度偏差3 mm，表面平整度偏差5 mm，

图11-21 清水混凝土柱

图11-22 异形梁、柱节点

图11-23 二次结构支模

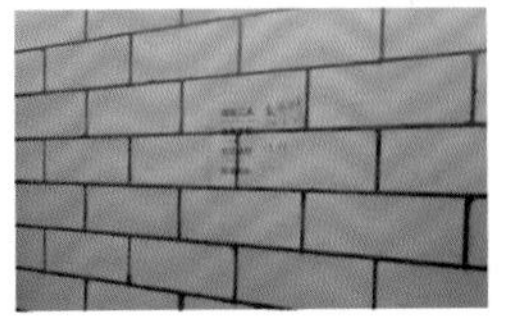

图11-24 墙体砌筑实景图

线管、线盒开槽整齐，符合规范要求。

4.3 建筑装饰装修工程

1 500 m^2大跨度营业大厅美观大气，宽敞明亮，层次感强，装修新颖别致。

图11-25 营业大厅装饰效果图1

图11-26 营业大厅装饰效果图2

850 m^2大会议室策划在先，顶、地、墙相互对应，装饰一次成优。

图11-27 大会议室实景图1

图11-28 大会议室实景图2

公共区域吊顶造型新颖，所有的末端设备均居中布置，成行成线，挡烟垂壁设置规范。

1.5万m^2地面石材表面平整，排版合理，色泽一致，无变形、无打磨痕迹。

图11-29 吊顶末端设备成行成线

图11-30 挡烟垂壁设置规范

图11-31 地面石材1

图11-32 地面石材2

55间卫生间经精心策划，阴阳角方正、套割精细，整体排布美观。墙地对缝，小便斗、坐便器居中，地漏套割合理。

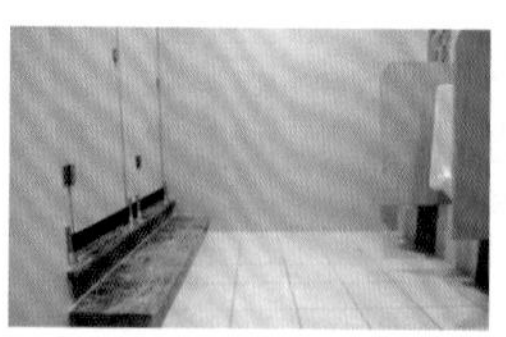
图11-33 墙地对缝

图11-34 小便斗居中，地漏套割合理

18 000 m^2车库环氧地面色泽一致，平整美观，停车库粉色清晰。

4.4 屋面工程

3 780 m^2屋面采用反光漆饰面，分隔缝间距布置合理，出屋面设备基座细部处理精细，整个屋面坡度正确，排水通畅，无积水，无渗漏。

图11-35 环氧地坪

图11-36 屋面分割缝设置

图11-37 屋面设备基座整齐划一

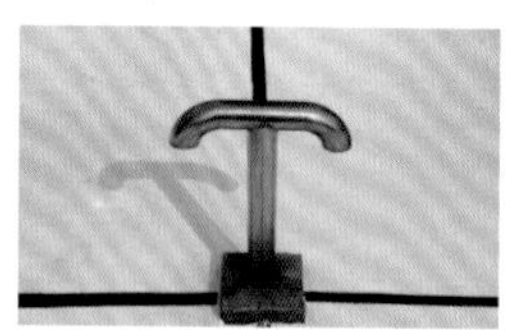
图11-38 屋面透气孔

4.5 建筑给水排水及采暖工程

25 900 m管道排列有序、封堵严密、保温严密、标识正确、管道层次分明。消防系统设备安装布置紧凑，运行正常，油漆色泽均匀，标识清晰完整。仪表阀门标高准确、朝向一致。机房整洁，设备排布合理，安装稳固，阀门、仪表排布成线。

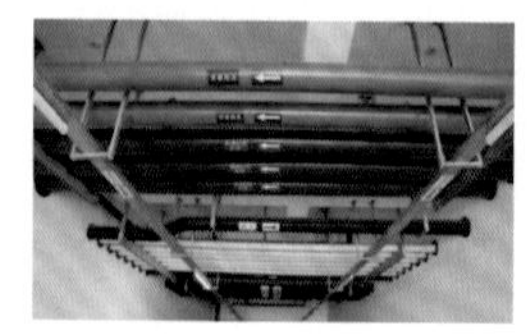
图11-39 管道排列有序

图11-40 管道封堵严密

4.6 通风与空调工程

6 100 m风管安装牢固、平稳、断面平行。人防通风标识醒目、战时人力车设置规范。

图 11-41 管道层次分明

图 11-42 管道保温严密

图 11-43 消防设备布置紧凑、美观

图 11-44 消防水泵房整齐划一

图 11-45 消防管道抱箍牢固、封堵严密

图 11-46 风管穿墙封堵严密

图 11-47 风管吊装平直

4.7 建筑电气工程

高低压配电室成列配电柜排列整齐，布置合理，安装稳固，主接地干线顺直牢固，支架间距均匀，接地条纹标识宽度均为120 mm。配电柜内配线整齐、标识清晰。

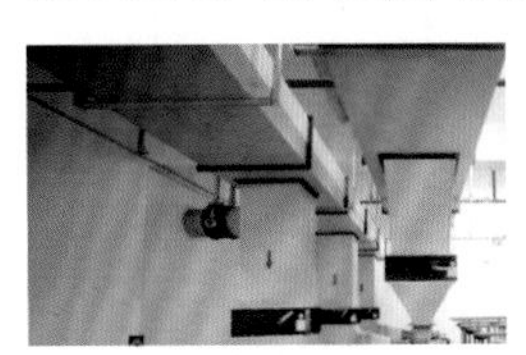

图 11-48 战时通风风管

图 11-49 人力通风

图 11-50 高压配电间

图 11-51 接地实景图

图 11-52 配电柜

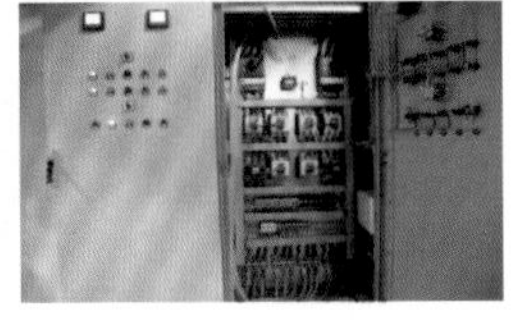

图 11-53 配电柜内接线图

4.8 智能建筑工程

智能化设备整齐美观，线路规整，系统运行良好，视频监控图像清晰。

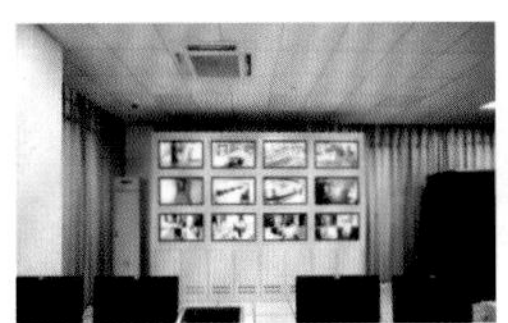

图 11-54 视频监控图像1

图 11-55 视频监控图像2

4.9 电梯

电梯运行平稳，平层准确，无冲击，无振动。

图 11-56 电梯厅整齐划一

图 11-57 电梯平层准确

五、节能环保与绿色施工

5.1 节能环保

工程秉承绿色环保节能理念，设计了“采光天窗、太阳能光伏发电、风机变频控制、LED节能灯”等多项节能环保绿色建筑技术，节能和环境检测合格，实现了工程整体节能。

图 11-58　采光天窗

图 11-59　光伏发电

图 11-60　变频空调

图 11-61　LED 节能灯

5.2　绿色施工

5.2.1　节材

本工程采用标准化、工具化、定型化防护设施，实现了多次周转利用节约材料的目的。

钢筋余料利用：钢筋工程优化下料，采用直螺纹机械连接减少搭接损耗，短小废料作为地沟盖板、工具式夹具、楼梯踏步、地板撑铁等综合再利用措施，提高材料利用率。

木材余料利用：利用废旧模板制作安全通道踏步挡脚板、临边防护挡脚板、防护棚封闭挡板、脚手架板等。引进木方接长技术。

5.2.2　节水

现场设雨水收集系统，雨水经收集槽经沉淀池沉淀后储存于收集池中，主要用于现场消防、车辆冲洗、卫生间冲洗、绿化用水、喷洒路面、混凝土养护等。统一安装节水器具，施工现场办公区及生活区配置按压式节水龙头，职工淋浴房采用花洒喷头和踏板式开关，厕所采用感应式冲水设备，杜绝“长流水”现象。

5.2.3　节能

职工宿舍、办公室全部采用节能灯，配置 YG-6 × 480 W 限流器，控制职工生活区大功率用电器的使用。临时用房采用矿棉防火保温板材搭设，热工性能符合要求，生活区用电实行各班组、各宿舍用电分开计量，降低工程耗能成本。

5.2.4　节地

合理布置施工区域，提高土地利用率，保护地表环境，防止土壤侵蚀、流失。

5.2.5　环境保护

施工建筑物场地临时道路、加工场均采用混凝土硬化，非硬化部分种植草坪绿化。施工现场沿四周设置扬尘监测点，建筑物四周满挂密目式安全网，安全网悬挂的高度超出工作面 1.5 m。施工垃圾装袋运输，对施工中产生的扬尘进行有效控制，降低施工中扬尘对周边环境的破坏。定期走访周边居民，了解周边居民对工程施工的反馈，听取居民意见和建议，有效制定降尘措施。

图 11-62　场地硬化

图 11-63　扬尘监控

六、取得的成果和效果

工程先后获得“国家优质工程奖”“江苏省扬子杯”“江苏省文明工地”“江苏省新技术应用示范工程”“无锡市优质结构”等多项荣誉。项目的建成，使宜兴农村商业银行新大楼成为宜兴区域的标志性建筑，在宜兴当地具有不可替代的引领意义，在支持地方经济发展的同时，先后为宜兴当地很多知名企业提供金融服务，并为当地百姓提供诸多便民服务。大楼投入运营至今，结构安全可靠，系统功能运转正常，使用单位对工程质量非常满意。

（王俊达）

12 惠氏制药有限公司工程建设实施案例

——中亿丰建设集团股份有限公司

一、工程概况

惠氏制药有限公司扩建项目位于苏州吴中经济开发区吴淞江产业园，是一所集生产、管理、科研、仓储、配套设施为一体的医药生产基地。新厂年产能可达38.5亿片，为全球最大的钙尔奇、善存生产基地，厂区设计秉持“绿色环保、高效节能、可持续发展”的建设理念，倾力打造出全球首个美国LEED铂金级和GMP双认证的绿色标杆制药项目。

项目总用地面积46 666.67 m^2，总建筑面积41 795.8 m^2。项目主体由三部分组成，包括综合楼地上4层，内含实验室和亚太区研发中心，生产厂房地上4层，高低架仓库地上1～2层，三者采用专用连廊和栈桥连接成一体，建筑高度22.5 m。工程总投资52 700万元。

工程于2015年12月28日开工，于2017年12月8日竣工。

图12-1　惠氏制药有限公司扩建项目全景

二、工程建设相关单位

建设单位：惠氏制药有限公司

设计单位：信息产业电子第十一设计研究院科技工程股份有限公司

监理单位：苏州建筑工程监理有限公司

勘察单位：苏州建筑工程监理有限公司

施工总承包单位：中亿丰建设集团股份有限公司

参建单位：柏诚工程股份有限公司

苏州合展设计营造股份有限公司

三、技术创新、重难点应用

3.1　环氧自流平超平地面一次成型施工技术

高架仓库地面采用环氧自流平超平地面一次成型施工技术，面积约3 500 m^2，250 mm厚，表面平整度偏差控制在2 mm以内。

高标准的超平地坪，不仅提高了地面的平整度、耐磨度，还延长了使用寿命。

图12-2　施工缝支导轨和模板　　图12-3　地坪传力杆

图12-4　诱导切割缝

图12-5　成型地坪

3.2　高架仓库钢结构施工技术

高架仓库7~11/C~K轴为门式钢结构，面积约2 400 m²。共8榀钢架，用钢量约230 t。

钢结构施工体量大，为提高施工质量和进度，施工前利用X-STEEL软件对结构进行深化设计，避免返工，并节省材料。

图12-6　钢结构仓库

图12-7　深化设计图

3.3　三明治岩棉夹芯板施工技术

本工程外墙大部分采用了三明治岩棉夹心板外墙围护系统，其安装的质量要求高，特别是主龙骨安装，必须确保避免因施焊、温差而引起的龙骨变形。

外墙FM认证三明治岩棉夹心板围护系统采用曲臂车高空挂板安装精度控制技术，有效控制立面横缝水平度及竖缝垂直度，杜绝搭接不平整的质量缺陷，大大提高外墙围护系统的整体外观质量。

图12-8　曲臂车高空挂板安装

图12-9　三明治岩棉夹心板外立面

3.4　屋面防水施工技术

本工程混凝土屋面的保温层位于防水层下方，防水层为1.5 mm厚聚氯乙烯防水卷材，该防水材料具有良好的低温柔韧性、优越的耐老化性、离火自熄，且具有长期可焊性，可塑性好。防水层上部不设保护层，具有操作方便、维修费用低、维护简单等优点。

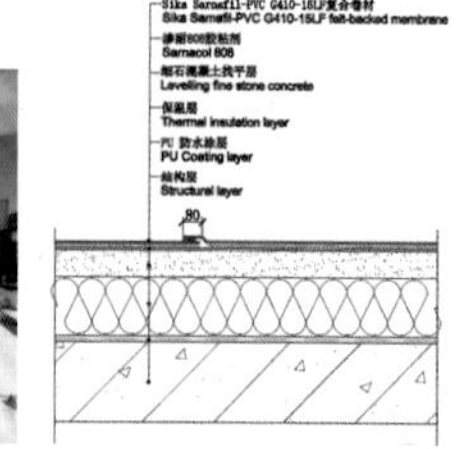

图12-10　卷材防水屋面

3.5　BIM深化设计技术

本工程机电安装空间管理是一个巨大考验，因为制药厂房后期需要通过国家GMP及LEED认证，所以在现场系统复杂、管道众多而现场预留空间狭小等情况下采用BIM深化设计，从预留预埋、机电综合等阶段进行深度运用。具体表现为管线设备合理布局，管道支吊架排布优化，科学组织大型管道及设备运输、吊装，降低了机房主管线设备使用空间。解决碰撞点约898处，减少返工及材料浪费，节约成本。

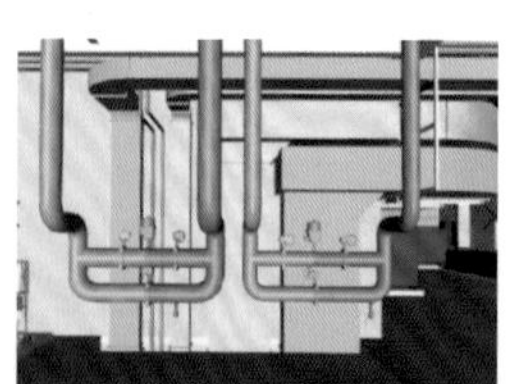

图12-11　BIM设备、管道、支架模拟

3.6　装配式成品抗震支吊架技术

本工程在设备安装中大量应用了装配式成品抗振支吊架，在安装前经过严密的

斜撑、抗振连接构件、吊杆、锚栓的强度验算，全部通过后方可安装。该产品具有提高室内空间标高的特点，并且充分利用空间，可使各专业管道得以良好的协调。

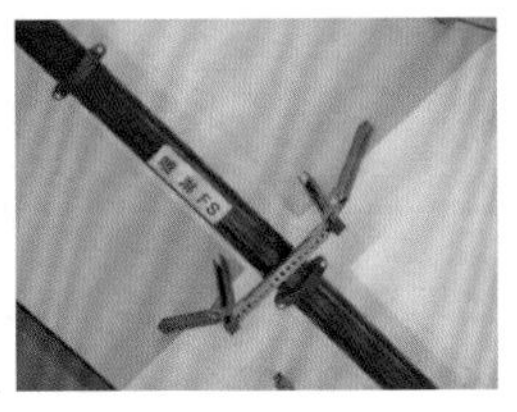

图 12-12　装配式成品抗振支吊架

3.7　布袋风管空气分布器送风技术

高架仓库顶部空调末端采用布袋风管空气分布器，送风均匀无噪声，安装快捷重量轻，且可循环反复使用。

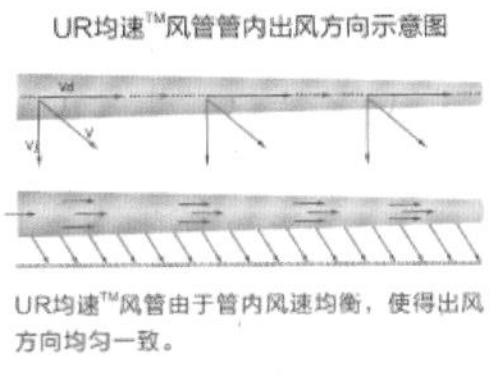

图 12-13　布袋风管空气分布器

3.8　洁净室专用壁板、吊顶无龙骨干法作业技术

本工程生产车间、实验室空气洁净等级达到万级标准，洁净室均采用专用壁板、吊顶无龙骨干法作业。

图 12-14　洁净室专用壁板施工

四、创优管理

4.1　创优策划

本工程开工伊始就明确创建“国家优质工程奖”的质量目标，将本工程作为重点建设项目，打造精品工程，树立品牌形象。开工前与各参建单位达成共识，编制了创优策划书，确保一次成优。

在制定创建“国家优质工程奖”质量目标的同时，通过科学管理和新技术应用，落实绿色施工过程中“四节一环保”相关要求。

通过工程的难点促进项目工程新技术的应用与开发，并推广了建筑业和江苏省10项新技术。结合工程的特点挖掘项目的创新点和质量特色，制定出拟攻关技术题目和技术创新成果（论文、专利、工法、科技成果奖等）计划。

4.2　创优实施

项目部结合本工程的具体特点编制《创优策划方案》，包括基础主体、装饰装修及安装工程创优亮点策划，细部亮点施工措施，严格执行样板标准，确保一次成优。

成立技术小组，组织国内顶级专家顾问团对现场技术难点施工进行指导，注重技术创新，积极推广应用新技术、绿色施工、建筑节能。

建设过程中分阶段组织建设单位、监理单位等相关创优责任主体及各级施工管理人员观摩，注重学习细节方面精益求精，提升自身素质。

根据创优的前期策划，制定创国优计划，强化施工方案和技术交底的管理，明确各工序及细部做法、验收标准等，抓住重点、难点，突出亮点。

选配具有创优工程经验的项目经理及专业技术过硬、团队协作力强的人员组成项目管理班子，成立创优小组，建立创优体系。将劳务分包、专业分包、主要材料供应商纳入工程创优体系范围。

五、新技术应用

施工中积极推广应用了住建部建筑业10项新技术中8大项16小项及江苏省10项新技术中的3大项4小项，其他新技术1项，并通过了江苏省新技术应用示范工程验收，整体应用水平达到省内领先水平。

六、工程质量情况

6.1 地基与基础工程

综合楼：总桩数为183根，静载试验3根，满足设计要求；低应变检测桩数77根，其中Ⅰ类桩74根，占总检测数的96.1%；无Ⅲ、Ⅳ类桩，均符合设计要求。

生产厂房：总桩数为580根，静载试验6根，满足设计要求；低应变检测桩数245根，其中Ⅰ类桩234根，占总检测数的95.5%；无Ⅲ、Ⅳ类桩，均符合设计要求。

仓库：总桩数为155根，静载试验3根，满足设计要求。第一次检测：低应变检测桩数51根，其中Ⅰ类桩49根，占总检测数的96.1%，无Ⅲ、Ⅳ类桩。第二次检测：低应变检测桩数27根，其中Ⅰ类桩26根，占总检测数的96.3%，无Ⅲ、Ⅳ类桩。检测结果均符合设计要求。

图12-15 预应力管桩+承台基础

生产车间水池底板、外墙以及消防水池底板采用3 mm厚改性沥青防水卷材。综合楼、生产厂房、高低架仓库、化学品库、污水处理站及门卫地面采用1 mm厚改性水泥基弹性防水涂料。节点规范细腻，使用至今无一渗漏。

图12-16 聚氨酯防水涂料

图12-17 卷材防水

6.2 主体结构工程

工程结构安全可靠、无裂缝；混凝土结构内坚外美，棱角方正，构件尺寸准确，偏差±3 mm以内，轴线位置偏差4 mm以内，表面平整清洁，表面平整偏差4 mm以内，受力钢筋的品种、级别、规格和数量严格控制，满足设计要求。

混凝土标养试块212组，同条件试块76组，抗渗试块8组，试块评定结果全部合格。钢筋原材料4 038.208 t，复试组数109组。复试结果全部合格。直螺纹接头162 840个，试验组数75组。检测结果全部合格。结构实体检测合格，主体结构分部工程验收合格。

图12-18 主体结构

图12-19 主体结构施工

钢结构总用钢量230 t，共8榀钢架，钢构件加工精度高，现场安装一次成优。焊缝饱满，波纹顺直，过渡平整，焊缝经超声波检测，合格率达100%。

图12-20 钢结构施工

6.3 装饰装修工程

工程单体外墙大面积采用三明治岩棉夹心板围护系统，综合楼局部为构件式明框玻璃幕墙，施工过程严格符合相关标准和规范要求，工程质量优良。

三明治岩棉夹心板总面积约21 000 m^2，双面镀铝锌，耐腐蚀耐老化，且具有保温吸音作用。玻璃幕墙采用断热铝合金低辐射中空玻璃6Low-E+12A+6，节点牢固、接缝顺直，四性检测合格。

图12-21 三明治岩棉夹心板

图12-22 玻璃幕墙

丙烯酸乳胶漆涂料墙面，涂刷均匀，健康环保，符合国际标准。石膏板墙面、同质砖墙面等安装平整，拼缝严密，无裂痕和缺损。

图12-23 乳胶漆墙面

图12-24 同质砖墙面　　图12-25 洁净壁板

门厅石材地面洁净、平整、无磨损等缺陷；纤维地毯严密平整、无起鼓、无卷边、无翘边；PVC卷材楼梯面粘结牢固，无翘边、无脱胶；环氧地坪平整平滑，光洁度好。

图12-26 石材地面　　图12-27 地毯地面

图12-28 PVC卷材地面　　图12-29 环氧地坪

工程吊顶有吸音矿棉板、石膏板、铝合金方管吊顶等，标高、尺寸等均符合设计要求，做工细腻。灯具、烟感探头、喷淋头、风口等位置合理、美观，与饰面板交接吻合、严密。

图12-30 铝合金方管吊顶　图12-31 吸音矿棉板吊顶

图12-32 石膏板吊顶　　图12-33 洁净板吊顶

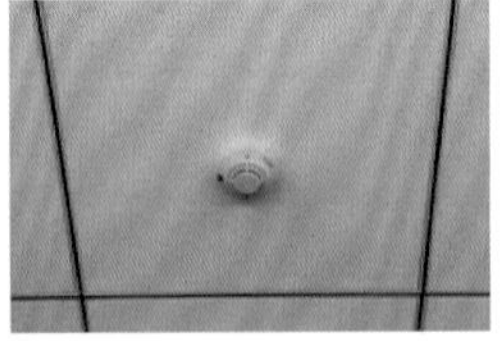

图12-34　灯具、烟感探头、喷淋头、风口等

6.4　屋面工程

混凝土屋面采用PVC卷材防水，铺贴平整，收边考究，支架基础做工细腻，穿越管线不锈钢栈桥、上人爬梯，安全实用、做工精良。种植屋面采用1.2 mm厚聚氨酯防水涂料隔离层、PVC防水卷材+PVC耐穿刺防水卷材。

图12-35　混凝土屋面

图12-36　种植屋面

图12-37　不锈钢栈桥

图12-38　上人爬梯

6.5　电梯工程

本工程共设置4台客梯，6台货梯。电梯前厅简洁大方，层门指示灯安装位置合理，墙面与电梯门套和谐统一，平层停靠准确。

图12-39　电梯

6.6　安装工程

258 525 m电缆、电线，22 320 m桥架，安装横平竖直；防雷接地规范可靠，电阻测试符合设计及规范要求；230个电箱、电柜接线正确、线路绑扎整齐；1 040个开关，2 640个插座使用安全。

图12-40　配电房

图12-41　电缆桥架

3.2万m管道排列整齐，支架设置合理，安装牢固，标识清晰。给排水管道安装一次合格，主机房设备布置合理，39台水泵整齐划一，安装规范美观，固定牢靠，连接正确。

图12-42　给排水管道

图12-43　冷冻机房

工程应用风管49 603 m^2，型钢支吊架6 500 m，风管支吊架及风管制作工艺统一，连接紧密可靠，风阀及消声部件设置规范，各类设备安装牢固、减振稳定可靠，运行平稳。

图12-44　风管安装

6.7　智能化工程

建筑设备监控系统、综合布线系统、安全防范系统，各系统运转正常。所有管道立体分层，电缆线面排整齐，标识清晰；智能化建筑集成化程度高，控制可靠，技术超前。

智慧仓库利用智能化仓储系统，通过计算机实现设备的联机控制，以先入先出为原则，迅速准确地处理物品，合理地进行库存管理及数据处理，防止不良库存，提高管理水平。

图 12-45　监控系统

图 12-46　智慧仓库

七、质量特色及亮点

（1）厂房主体由连廊进行连接，串连组织各功能单元，各种功能均采用尽端式布局，避免相互影响。

图 12-47　各单体衔接成一体

（2）厂房外墙采用大面积三明治岩棉夹心板围护系统，双面镀铝锌，耐腐蚀老化，且具有保温吸音作用。

图 12-48　三明治岩棉夹心板

（3）办公区域绿植墙面与种植屋面共同营造健康、自然的厂区环境，同时增加隔温性。

图 12-49　种植屋面

图 12-50　绿植墙面

（4）屋顶、车棚等全方位铺设太阳能光伏板，并设置风力和光伏组合发电路灯，实现厂区整体节能41%。

图 12-51　太阳能光伏板

图 12-52　风力和光伏组合发电路灯

（5）卷材防水屋面铺贴平整，收边考究，无翘边、褶皱、鼓泡等缺陷。

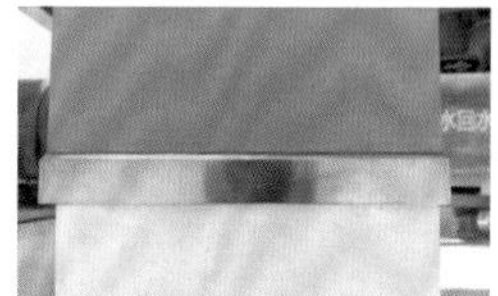

图 12-53　卷材防水屋面

（6）3 500 m^2仓库环氧自流平超平地面，基层硬化，面层平整光洁，无裂缝。

图 12-54　超平地坪

（7）门厅石材地面铺贴平整、木纹金属板墙面色泽一致、拼缝严密。

图 12-55　门厅

（8）大堂入口以及天井中假山、窗棂演绎苏州园林地方特色，做工精良。

图 12-56　苏州园林特色

(9)员工食堂落地窗自然采光通风,GRG装饰柱搪瓷漆表面光洁,造型独特。

图12-57 员工食堂

(10)丙烯酸乳胶漆涂料墙面,涂刷均匀,健康环保,符合国际标准。

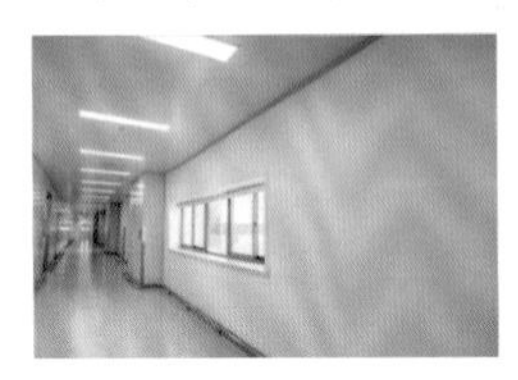
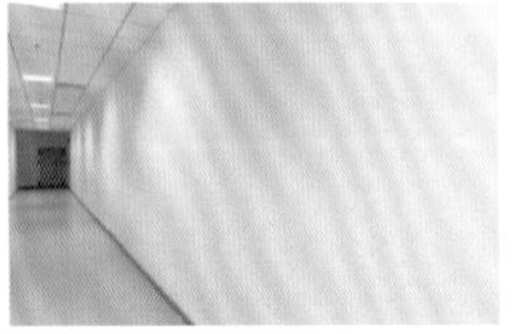

图12-58 涂料墙面

(11)洁净室专用壁板安装平直,接缝严密。

图12-59 洁净室专用壁板

(12)楼梯间PVC卷材地面铺贴平整服帖,踢脚线整齐划一,滴水线做法考究。

图12-60 楼梯间PVC卷材地面

(13)成品门护套统一做法,顶部石材断开,确保安全。

图12-61 成品门护套

(14)机电系统利用BIM深化二次平衡设计,解决碰撞点,避免返工,节约成本。

图12-62 BIM深化设计

(15)洁净空调系统采用聚丙烯PP风管,热风焊接质量可靠,成品保护到位。

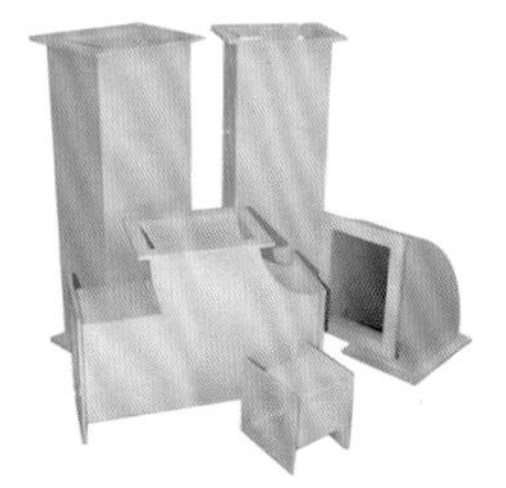

图12-63 聚丙烯PP风管

(16)生产线干净整洁,产品经包装线由传送带直接送至仓库,机器人自动识别产品,堆放整齐入库。

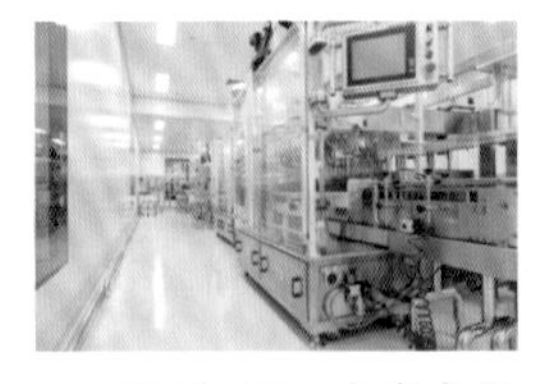

图12-64 生产车间

图12-65 自动入库

(17)室内柱脚不锈钢护套、防撞栏杆,安装位置合理,安全美观。

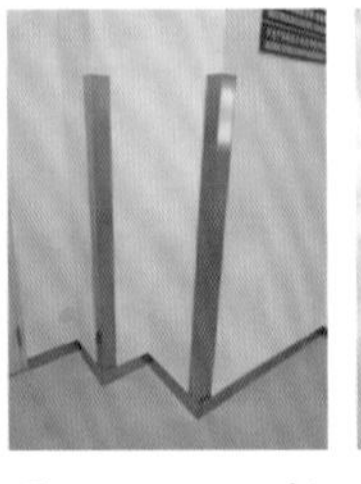
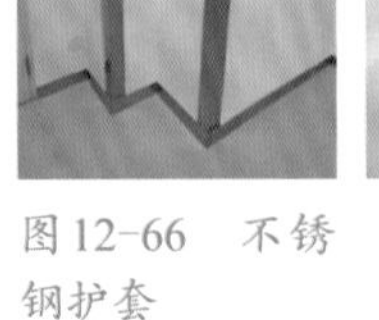

图12-66 不锈钢护套

图12-67 防撞栏杆

八、建筑节能与绿色施工

在建筑节能方面，设计开始就充分考虑到建筑运营的节能要求，采用多项绿色建筑技术，有效地降低了能耗。

太阳能光伏板：所有屋面设置太阳能光伏板，将光能转换成电能，为整个厂房节约了大量的电费成本，且绿色环保。

中水系统：设6 m^3的中水水箱，采用变频加压供水系统。主要用于循环冷却水补水、冲厕用水、景观用水等，以达到节能的目的。

雨水利用系统：厂区设置400 m^3的雨水存储池，经过处理后回用于厂区绿地浇灌、室外道路冲洗等，以达到节水的目的。

循环冷却水系统：设置冷冻机及空压机单独的循环泵组及供水管网，以达到节能和减少造价的目的。

空调系统：生产区采用新风机+循环空调机组的集中空调系统；办公楼采用新风+风机盘管的空调方式。配备自动控制系统，对房间温湿度、送风状态、送风量等进行监控和自动控制。

九、工程获奖情况及综合评价

本工程获江苏省优质工程奖、优秀设计奖、江苏省建筑施工标准化文明示范工地、江苏省安装行业BIM技术创新大赛一等奖、LEED铂金级认证、绿色建筑设计标识、2项实用新型专利、1项发明专利、1项省级工法、省级优秀QC小组、省级优秀论文等多项荣誉。

（王　震　陈云奇　匡怡菁）

13　南通三建精品工程范例——昌建广场10#楼

——江苏南通三建集团股份有限公司

一、工程简介

1.1　工程概况

昌建广场10#楼工程位于扬州市京华城路以北、绿杨路以东，建筑面积48 844.94 m^2，基础形式为抗浮锚杆筏板基础，主体结构主要形式为框架结构。本工程由扬州昌建尊源置业有限公司开发建设，南京市建筑设计研究院设计，扬州市建筑设计研究院有限公司监理，江苏南通三建集团股份有限公司总承包施工。

图13-1　西南立面图

图13-2　俯视图

二、如何创建精品工程及创建过程

2.1　工程管理

本工程开工前，即以创“国家优质工程奖”为最高质量目标，建设单位、监理单位、施工单位分别成立了创优领导小组，同时项目部针对工程重点、难点成立多个QC、工法、新技术应用攻关小组，积极推行GB/T 19001—2016、GB/T 45001—2020、GB/T 50430—2017标准，建立了完善的质量、安全、环境保证体系。

建设单位本着工程建设必须符合规划初衷，全面实现功能需求目标，对工程质量管理做到事前有策划，全程对工程设计、施工进行指导和监督，直至项目交付使用。

设计单位对建设单位工程规划理念做到精心设计，精益求精。追求建筑外观设计端庄、具有时代气息的同时，强调建筑结构设计合理，坚固耐久；既重视设备设计科学合理，满足使用功能需要；还注重智能化设计具有时代先进性、前瞻性。

监理单位对质量管理做到遵守规范、严格监理、确保质量。

施工单位开工前编制了创优策划书，采用样板引路制度。建立以集团公司总裁为组长的创优领导小组和以项目经理为组长的工作小组，确定工作流程。严格监督施工方案、技术和质量交底的实施，确保每个分项一次成优，同时成立以项目经理为首的QC小组，攻克质量通病和技术难关，推行技术革新，积极推广新技术、新工艺。

2.2　策划实施

首先建立完善的质量保证体系，配备高素质的项目管理和质量管理人员，强化“项目管理，以人为本”，我公司质量管理方针是“重环保安康,建放心楼盘”。

严格过程控制和程序控制,开展全面质量管理,树立创“过程精品”、“业主满意”的质量意识,誓将该工程建设成为我公司具有代表性的优质工程。

施工中坚持“策划先行、样板引路”,统一操作程序、施工做法和验收标准。对主要关键工序以图片和简要文字说明的形式,制作节点施工说明牌并悬挂在醒目位置,确保施工过程质量受控,一次成型、一次成优。

根据国家和企业内部标准,结合本工程质量目标高的特点,精心策划,编制切实可行的《创优方案》和施工组织设计、分部工程专项施工方案,对主要分部、分项工程明确提出了高于国家及企业标准的控制指标。

所有材料进场均遵循“先复试、后使用”的原则,设置验收标识牌,标明材料的检验状态,并按指定位置堆放整齐。

严格过程控制,铸造过程精品。材料进场、工序、分项、分部工程均坚持“严”“细”管理,力求精益求精。

强化隐蔽验收,确保工程内外质量表里如一。

施工过程强化施工技术交底、安全技术交底,严格执行工序“三检”制、技术复核、施工挂牌制、工序验收标识制、成品保护制等,并定期召开技术、质量专题会议等。

施工操作中注重工序的优化、工艺的改进和工序的标准化操作。每个分项工程开始大面积施工前都要做出示范样板,统一操作要求,明确质量目标,确保操作质量,建立质量责任制,明确具体任务、责任,责任到人,使工作质量和个人经济利益挂钩,加强操作人员的责任心,形成严密的质量工作责任体系。样板经建设单位、监理单位、我公司项目部共同验收达到规范标准要求后方可大面积施工。

2.3　过程控制

项目部针对工程重点、难点成立多个QC、工法、新技术应用攻关小组。

定期分阶段组织技术、预算、施工管理人员熟悉图纸,报业主组织图纸会审,提前解决图纸问题。施工过程中对图纸存在问题及时反馈给业主和设计院。利用农民工学校组织全体施工人员学习技术规范、规程、创优标准,以及“四新”应用施工要求,禁用旧工艺、旧标准,以确保工程创优目标的实现。

建立质量追踪及奖罚制度,及时分析原因并进行质量会诊,研究对策,落实责任,签订责任状。形成合理的奖惩制度,从而保证工程质量及进度。

建立有效的过程控制管理制度,每周召开安全生产例会和专门的质量例会,对上周的质量工作进行总结,分析质量动态,提出施工中存在的质量问题,分析原因,提出整改意见,措施落实到责任人。实行三检制和检查验收制度,每一分项工程施工完后,必须由班组长自检,项目质量检验员和监理例行检验,项目工程师抽查验收合格,方可交给下一道工序进行施工。

编制材料采购计划,根据计划分批采购进场,对选定的材料样品进行封存,进场严格执行检验制度,收集检测报告、材质证明及合格证等。

各个专业在分项工程、重要工序及重点推广的新工艺大面积施工前,实行样板引路制度,组织样板施工,项目工程师、工长、质量员邀请监理,根据验收标准进行验收,样板未通过不能进行下一步施工。符合要求的样板间组织同工种职工学习，样板交底。按统一做法施工，保证工作质量达标创优。

2.4 重点、难点介绍

2.4.1 高大支模

IMAX影院支模高度为14.55 m，跨度最大部位达到27.4 m，为超过一定规模的危险性较大分部分项工程，模板支架的搭设、拆除要求高、难度大。通过前期深化设计，采用高支模体系，经过专家论证，以及施工过程中严控模板支架的位移、形变量监测、设置验收停滞点等，确保施工安全性。

图13-3 IMAX影院结构

图13-4 IMAX影院

2.4.2 预应力工程

本工程预应力梁采用后张有粘结预应力技术，预应力筋采用直径15 mm、24 mm，极限强度标准值为1 860 MPa的低松弛预应力钢绞线，用于有粘结预应力孔道的材料为金属波纹管。张拉端与固定端锚具分别采用QM15系列夹片式锚具和挤压锚。预应力板及混凝土强度等级为C40，混凝土中不得使用任何掺加氯化物的外加剂，用于预应力筋封端的混凝土为C40微膨胀细石混凝土。

预应力筋主要布置在(18-22交L-N)、(18-21交M-Q)、(26-31交M-R)、(25-27交N-Q)2FY向梁，(25-27交K-L)2FX向梁，(17-21交K-Q)3FY向梁位置，为保证预应力施工质量，在施工前根据结构特点进行预应力深化设计和方案编制。

预应力梁跨度大、数量多，部分预应力梁跨度为25 m以上，属于超长结构。预应力钢筋与常规钢筋同时布置、主筋与箍筋较密集，梁支座处节点复杂，给现场施工作业带来很大难度。施工过程中结合现场情况，将预应力工程分区域进行施工，通过优化工序搭接，采用BIM技术反复进行模拟施工，从而确保施工质量一次成优，有效避免返工、窝工现象，大大节省施工成本及工期。

图13-5 预应力梁

图13-6 预应力梁局部

2.4.3 倾斜框架柱

基于使用功能的不同要求，上下层空间尺寸布局不一致，故在结构设计中设置了倾斜框架柱，11根倾斜框架柱角度大，最大倾斜角度达到69°24′ 32″，模板和定位施工要求精度高，施工难度大。由于斜柱断面属内倾式，其模板支架在混凝土拌和料、钢筋、模板重量及施工荷载作用下，产生内倾力。

图13-7 斜柱施工

图13-8 斜柱观感

着重施工方案优化，以满足模板支架的强度、刚度稳定性及抗位移要求。斜柱较高，从底面到顶面柱面无折点，柱边线通长，必须严格控制斜率，保证柱体无任何折点，表面光滑。施工中采用经纬仪、水准仪和传统的线锤相结合的控制办法进行模板安装，安装完成后用经纬仪再次进行复测，控制混凝土自由倾落高度、分段分层进行浇筑以保证落料质量均匀。通过合理、科学的施工方法及严格的质量把控最终达到目标要求。

2.4.4 钢结构穹顶

钢结构穹顶位于儿童体验馆上方与玻璃幕墙结合，达到良好的采光性能。预埋和安装精度高、难度大，对钢结构和幕墙的加工、安装质量控制要求高。

图13-9 屋面钢结构穹顶

图13-10 儿童体验馆上方

通过施工前期的深化设计，利用BIM技术进行模拟施工，合理优化主体结构与钢结构之间的误差，使深化图纸与现场实际情况紧密结合。从而保证一次成优及高精度的安装要求。

2.4.5 机电工程

作为全装修商业中心，配置给水、排水、通风、空调、消防、电气等20余项功能系统，参与施工专业众多，管线、设备布置复杂，给各专业施工带来非常大的难度。

图13-11 通风与空调局部

图13-12 消防水泵房局部

工程施工前利用Revit等BIM绘图软件及计算机设计技术，针对机电工程的各专业管线位置进行布置，针对各专业施工工艺要求进行合理安排，加快施工进度，满足施工要求。

给排水、通风、空调等设备安装布线合理、排列整齐、标识到位、安装规范、接口严

图13-13 给排水管道局部

图13-14 配电间局部

密、制作精巧、支架牢固、接地良好，各系统运作正常。

2.5 设计先进性

设计上通过在主要核心位置布置中庭及采光井等措施，解决空间进深过大的采光问题，形成空间向导。将内部商业及外来顾客合理分配协调，保证高效性与共享性。

图13-15 内庭采光井

图13-16 采光井局部

结合地域性特点，立面使用彩虹铝板及穿孔铝板，形成一种立面“会呼吸”的建筑格调，使形态与功能形式一体化。

图13-17 彩虹铝板外立面

图13-18 中庭采光井

工程设BAS自动控制系统，供回水总管上设压差旁通装置及温度、流量传感器，能对整个空调系统进行集中监控、能量统计、台数控制、自动调节，实现节能运行管理。

2.6 技术攻关

本工程基础底板范围较大，按照混凝土施工标准组织施工。砼浇筑前做好充分准备，对砼原材料控制，粉煤灰与减水剂的

"双掺技术",减少水泥量,延缓水化热峰值出现,降低温度峰值,使基础筏板裂缝问题大为改观。

图13-19 砼观感

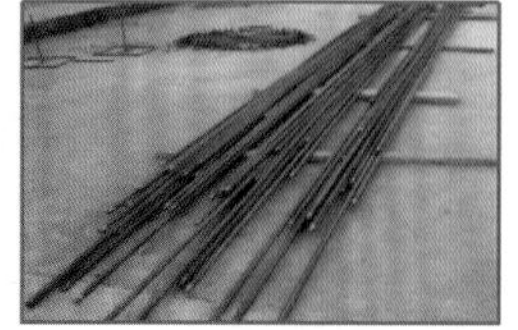
图13-20 钢筋原材料

项目所用钢筋均为高强钢筋,因HRB400级钢筋具有良好的延性,钢筋屈服强度较高,在浇筑砼时钢筋不易踩弯。经计算共节约钢材121 t,按照当时钢材价格折算节约人民币39.93万元,减轻钢筋工的绑扎劳动强度。实际施工时避免梁柱节点钢筋密集的弊病,确保梁柱砼浇筑质量。

本工程主体结构施工进度要求较高,结构较为复杂,技术人员对原有的支模体系进行了改善,将梁旁加固的措施由原有的螺杆加固改为"U"形卡箍加固,既节约了周材的使用,又缩短了加固工期。项目针对以上做法形成省级《超大混凝土梁无钢管、型钢架子绑扎钢筋工法》。该工法大大提高了模板承载能力、刚度和稳定性,确保了混凝土结构的观感及截面尺寸的准确,同时也节约了项目成本。

采用非金属复合板风管施工技术,板材制作均在加工厂采用机械化生产工艺一次成型,风管在施工现场制作。该工艺生产效率高,板材质量得到了保证,具有外表美观、重量轻、施工方便、效率高、漏风小等优点,加快了施工进度,取得了社会效益。

图13-21 风管桥架1

图13-22 风管桥架2

作为商业工程,穹顶结构采用钢结构穹顶,顶面安装自动遮阳板,遮蔽太阳辐射,达到节能及采光要求,运用此技术,节约建筑运行能耗。

种植屋面具有改善城市生态环境、缓解热岛效应、节能减排和美化空中景观的作用。耐根穿刺防水层位于普通防水层之上,避免植物的根系对普通防水层的破坏,种植屋面防水技术的应用使屋面防水效果得到有效提升,避免渗漏隐患,提高使用效果。

图13-23 种植屋面

图13-24 穹顶自动遮阳

2.7 绿色施工

2.7.1 施工现场太阳能、空气能利用技术

施工现场太阳能光伏发电照明技术是利用太阳能电池组件将太阳光能直接转化为电能储存并用于施工现场照明系统的技术。施工现场太阳能光伏发电照明技术中的照明灯具负载应为直流负载,灯具选用以工作电压为12 V的LED灯为主。生活区安装太阳能发电电池,保证道路照明使用率达到90%以上。施工现场临时照明,用在路灯、加工棚照明、办公区廊灯、食堂照明、卫生间照明等。

空气能热水技术是运用热泵工作原理,吸收空气中的低能热量,经过中间介质的热交换,并压缩成高温气体,通过管道循环系统对水加热的技术。该技术具有高效节能的特点,较常规电热水器的热效率高380%～600%,制造相同的热水量,比电辅助太阳能热水器利用能效高,耗电只有电热水器的1/4。空气能热水器利用空气能,不需要阳光，因此放在室内或室外均可，温度在0℃以上，就可以24 h全天候承压运行，本项目主要使用在施工现场办公、生活区临时热水供应。

图13-25 光伏发电

图13-26 空气能热水器

2.7.2 施工扬尘控制技术

施工现场道路、塔吊、脚手架等部位采用自动喷淋降尘和雾炮降尘技术、施工现场车辆自动冲洗技术。本工程运用的自动喷淋降尘系统主要安装在临时施工道路、脚手架上。喷淋系统由加压泵、塔吊、喷淋主管、万向旋转接头、喷淋头、卡扣、扬尘监测设备、视频监控设备等组成。在项目主要出入口处布置雾炮降尘系统，其特点为风力强劲、射程高(远)、穿透性好，可以实现精量喷雾，雾粒细小，能快速将尘埃抑制降沉，工作效率高、速度快、覆盖面积大。施工现场车辆自动冲洗系统由供水系统、循环用水处理系统、冲洗系统、承重系统、自动控制系统组成。采用红外、位置传感器启动自动清洗及运行指示的智能化控制技术。水池采用四级沉淀、分离，处理水质，确保水循环使用；清洗系统由冲洗槽、两侧挡板、高压喷嘴装置、控制装置和沉淀循环水池组成；喷嘴沿多个方向布置，无死角。

图13-27 施工现场车辆自动冲洗

图13-28 围挡喷淋

2.7.3 工具式定型化临时设施技术

工具式定型化临时设施包括标准化箱式房、定型化临边洞口防护、加工棚，构件化PVC绿色围墙、预制装配式马道、可重复使用临时道路板等。本项目工具定型化主要用在临边洞口防护、加工棚：可周转定型化加工棚基础尺寸采用C30混凝土浇筑，预埋400 mm×400 mm×12 mm钢板，钢板下部焊接直径20 mm钢筋，并塞焊8个M18螺栓固定立柱。立柱采用200 mm×200 mm型钢，立杆上部焊接500 mm×200 mm×10 mm的钢板，以M12的螺栓连接桁架主梁，下部焊接400 mm×400 mm×10 mm钢板。斜撑为100 mm×50 mm方钢，斜撑的两端焊接150 mm×200 mm×10 mm的钢板，以M12的螺栓连接桁架主梁和立柱。当水平洞口短边尺寸大于1 500 mm时，洞口四周应搭设不低于1 200 mm防护，下口设置踢脚线并张挂水平安全网，防护方式可选用网片式、格栅式或组装式，防护距离洞口边不小于200 mm。

2.7.4 节材与资源利用

用塑料垫块、马凳来替代水泥砂浆、砼垫块和钢筋马凳，节约水泥和钢筋等材料，减少人工费用，便于工地文明施工管理。

模板预先放样定制，编号定位使用，减少整板切割，增加模板的周转次数，加强入库出库管理和跟踪管理，减少材料浪费。

2.7.5 节水与水资源利用

混凝土表面采用塑料薄膜覆盖，混凝土养护时在水管的前面加上喷头，进行喷淋，降低用水量。

水管经常检测，以防跑、冒、滴、漏浪费现象，加强宣传教育，增强施工人员的节水意识和环保理念。

生活办公区收集地面、屋面雨水，经收集井沉淀后用于绿化浇灌；卫生洁具均为感应式洁具，卫生节水。

三、工程获得的各类成果

工程荣获2019年度江苏省优质工程奖“扬子杯”，2019年工程建设项目绿色建造设计水平评价；

《装配式节材节地型红线钢制围挡施工工法》获2016年度江苏省工程建设优秀质量管理小组活动成果二等奖；

《异框结构顶板及梁钢木组合模板安装施工工法》获2016年度江苏省省级工法荣誉；

《防水部位混凝土墙角部模板安装的形对拉螺栓加固结构》荣获2016年度国家实用新型专利；

《一种改进的混凝土墙、柱施工方法》《一种超大钢筋混凝土梁固定钢筋支架结构及其钢筋绑扎方法》荣获2017年度国家发明专利；

2017年度“全国建筑业绿色施工示范工程”称号；

2018年度“江苏省建筑业新技术应用示范工程”称号；

2016年度“江苏省标准化文明示范工地”称号；

2017年度中建协2017年BIM大赛单项三等奖；

2018—2019年度第二批“国家优质工程奖”。

通过对本工程施工及创优工作的开展，获得了一系列成果奖项。首先对于项目部来说，提高了管理人员专业水平和个人能力，成为企业人才库的储备，同时通过这个项目以点带面地推动提高了公司的整体工程管理水平、质量创优意识，助力公司的品牌文化及效应。其次推动了地区建筑行业的高质量发展，激发了建筑企业创建精品工程的热情，让质量兴企的理念深入人心！

四、社会效益

项目坐落于繁华的扬州城区，主要承担周边居民的教育、购物、运动、娱乐等。楼座功能齐全、绿色环保、功能分区合理，不仅满足当地居民的各类民生需求活动，更提升了扬州城市形象，带动周边经济发展，造福一方百姓，得到使用单位和当地人民的一致好评，为扬州市经济“可持续高质量发展”提供有效支撑和强力保证。

（黄光华　王佳毅　聂　超）

14 创国家优质工程奖之感——思齐路以西地块商服楼项目

——苏州市八都建筑有限公司

一、工程概况

本工程为综合性行政商务办公楼，位于吴江太湖新城核心地带，东太湖大道以北，夏蓉街以西。本工程由苏州市吴江滨湖投资集团有限公司投资建设、中国联合工程公司进行项目管理、中衡设计集团股份有限公司设计、苏州市八都建筑有限公司施工总承包、江苏建科建设监理有限公司实施监理。本工程分为主楼和裙房，其中地下1层，主楼地上21层，裙房地上4层。总建筑面积79 691.19 m^2，建筑高度99.8 m。工程总投资概算6.5亿元。2013年6月10日开工建设，2017年8月29日通过竣工验收。

图14-1 全景图

该项目营造了新型综合性服务办公楼良好空间及环境，体现了科技化、智能化、人文化、生态化的设计理念，具有创意新颖、格调明快、布局合理的鲜明特点，达到人、建筑、环境的和谐统一。

二、创优经过及体会

本工程的技术难点较多，公司在工程开工之初就立志将难点做成项目的亮点，明确工程质量的目标：确保"扬子杯"，誓夺"国家优质工程奖"。因此本工程过程控制是重中之重，也是精品工程的主要体现。

现场工程采取了如下创新管理措施。

2.1 建立完善的管理体系，保证各参建单位目标的一致性

为了指导本项目施工组织设计的制定和施工工序的实施，结合评选国家优质工程奖工程的要求，创优领导小组在开工前制定了创国优策划书，作为总包单位要求各个分包单位根据国优的质量目标制定创国优策划书，将要达成最终目标所需的各项工作指标进行分解，将目标分解落实到基层，并严格管理，严格控制，严格检验，使各方的质量均处于受控状态。

工程实施过程中，我们根据国家优质

图14-2 项目例会

工程奖的目标，配备了高素质项目管理班子，逐级签订责任书，分解创优目标，精心策划，严格验收标准。坚持样板引路，一次成优，抓重点、难点，体现亮点，执行“联合会审、专业隐蔽、联合验收”的工作制度。

2.2 实施过程中施行科学的工程质量管理

针对工程的特点、难点编制了策划方案，提出8项施工要点，结合施工组织设计、监理规划、各类专项方案、技术交底，加强对各分部、分项工程常规施工工艺及质量通病的控制，明确质量标准。严把材料、构配件、设备质量关；严格控制结构到装饰全过程的各道工序质量，确保整体工程质量；注重成品保护工作，避免交叉污染和破坏；完善各级检查验收制度。

2.3 现场工程管理中，保证信息能够有效地上传下达

本工程参建单位多，为了保证工程进度、质量，各种生产组织计划、材料、施工搭接、设计变更、质量反馈、外部协调等信息必须有效地上传下达，在业主、项目管理单位、监理、总承包项目经理的直接领导下进行全面的统筹安排。现场制定了如下措施：每月召开一次现场会议；每周召开工程例会；每周进行上周工作总结、下周工作安排，明确目标，落实措施；每天下午下班前半小时由总承包项目经理召集各参建单位召开工作例会，解决当天施工过程中存在的问题，对反馈信息及时做出正确处理，协调好下一步工作。

创国家优质工程奖不但需要施工方项目部全体管理、技术和操作工人的努力，也需要业主、监理方、设计方包括使用者的全面参与，只有如此，才能真正达到至善至美、精益求精的目标。

三、工程难点及针对性创新措施

3.1 后注浆钻孔灌注桩施工技术

本工程主楼抗压桩、裙房抗压桩、抗拔桩均采用后注浆施工工艺。注浆目的：一是通过桩底和桩侧后注浆加固桩底沉渣（虚土）和桩身泥皮；二是对桩底和桩侧一定范围的土体通过渗入（粗颗粒土）、劈裂（细粒土）和压密（非饱和松散土）注浆起到加固的作用。通过该技术来增大桩侧阻力和和桩端阻力，提高单桩承载力，减少桩基沉降。

图14-3 钻孔灌注桩

3.2 超长超大地下室施工技术

本工程地下室1层，面积达到2.5万m^2。针对地下室底板面积大、工期较紧的特点，将地下室按后浇带分成10块进行平行流水施工，合理安排施工顺序，并根据情况调配相应材料。混凝土中掺入的SY-K膨胀纤维抗裂防水剂，有效地抑制混凝土早期干缩微裂及离析裂纹的产生及发展，极大地减少了混凝土的收缩裂缝，尤其是有效

图14-4 地下室底板施工

抑制了连通裂缝的产生，大大地提高了混凝土的抗渗防水性能。为减少混凝土浇筑后由温度变化和收缩而导致有害裂缝的产生，制定如下措施：气象措施、材料控制措施、混凝土浇筑措施、混凝土养护措施。

3.3 混凝土结构圆柱施工技术

塔楼和裙房结构中有16根直径为1 m的混凝土圆柱。为了减少混凝土跑浆、漏浆现象并保证梁柱节点部位的观感质量，本工程混凝土结构圆柱采用了定型圆木模板施工，模板接口处采用凹凸口连接，拼缝紧密结合，杜绝跑浆、漏浆，使混凝土成型既方便又美观，同时又有稳定加固的作用。

图14-5 混凝土结构圆柱

3.4 钢管混凝土柱环梁技术

主楼四周分布着19根P1000×30圆管柱，钢号Q345B，内灌混凝土C50。考虑到整体建筑造型的不规则（梁与柱子不是垂直的），以及柱子的受力平衡，钢管柱与混凝土梁通过环梁连接。

施工过程中为了确保环梁型钢与钢管柱连接，环梁及钢管柱在工厂制作完成，现场环梁穿环箍，将混凝土梁钢筋锚入环梁内，环梁模板采用定型圆木模板，混凝土浇筑采用小型振动棒振捣。对于高度大于1 000 mm的环梁，在圆形模板中间预留一个250 mm×250 mm的洞口，分层振捣环梁内的混凝土，振捣完成后及时封闭模板。

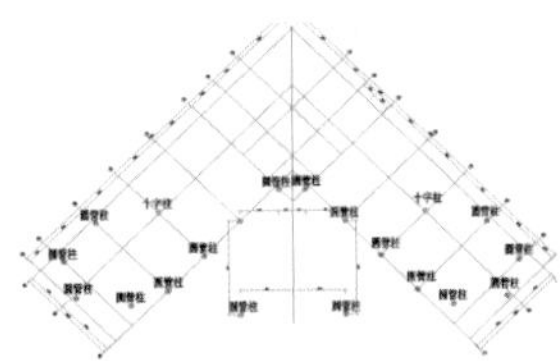

图14-6 钢管混凝土柱

3.5 钢结构劲性梁、柱施工技术

本工程劲性柱包含十字柱、圆管柱、H型钢柱和箱型钢柱四大类；楼面劲性梁钢结构形式为H型钢，单个钢梁最大质量达到2.89 t。施工现场楼层柱及楼层梁配合土建施工，工期紧张，吊装钢柱、钢梁的设备选型以及钢柱的分段是施工的难点。

图14-7 钢结构劲性柱

3.6 钢结构超大型液压同步提升施工技术

本工程V型主楼9层、14层、19层至屋面层有3个钢连廊。9层与14层钢连廊结构完全相同，长约57 m，宽约5 m，重约120 t；19层至屋面层钢连廊，长约57 m，宽约10 m，重约600 t。9层连廊顶标高约38 m，14层结构顶标高约60 m，屋面连廊顶标高约104.850 m。裙楼连廊顶标高10 m，重250 t。鱼腹式桁架端部节点单个重10 t，总共8个。结构部分如图14-8所示。

安装难点：顶部钢连廊结构安装高度较高，安装高度为104 m左右，且形状不规范，结构杆件众多，自重较大。若采用常规的分件高空散装方案，存在较大的质量、安全风险，施工的难度也可想而知，并且对整

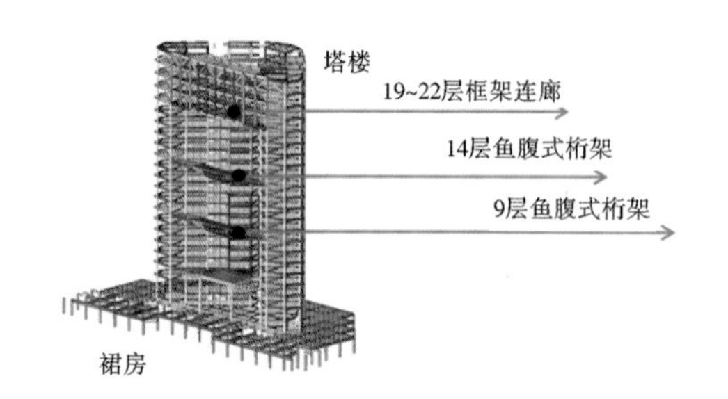

图 14-8 桁架、连廊结构图

个工程的施工工期会有很大影响,方案的技术经济性指标较差。

根据以往类似工程的成功经验,若将钢连廊结构在地面拼装成整体后,利用超大型液压同步提升施工技术将其一次提升到位,再进行焊接及部分预留后装杆件的安装,将大大降低安装施工难度,并于质量、安全和工期等均有利。顶部600 t钢结构连廊在太湖边提升100 m为国内首创。

图 14-9 构件吊装

3.7 曲面幕墙施工

本工程建筑外立面为“水滴”形,且主楼及裙房为全幕墙形式,玻璃幕墙和石材幕墙交替变化较多、立面转角较多;尤其主楼为大跨度曲面造型,施工难度大。针对这一难点,工程通过利用BIM技术进行三维放样,准确定位变形截面;对专业班组进行专项技术交底,严格按图施工。

图 14-10 曲面幕墙

3.8 点支式玻璃幕墙

裙房北立面主入口钢结构点支式玻璃幕墙既是整个工程的幕墙难点也是亮点;该系统主要特征是:15Low-E+16(氩气)+15中空钢化双银超白玻璃,ϕ18不锈钢拉杆(316材质),特制不锈钢玻璃连接件(含18 mm厚不锈钢特制承重托片及ϕ10不锈钢隐藏承重拉杆),不锈钢耳板。整个玻璃幕墙结构中不使用竖向钢柱,难点是如何保证斜拉杆与横向ϕ300×10钢结构无缝管焊接、不锈钢拉杆安装紧固及玻璃安装后钢结构承重构件的位移量控制在允许范围内。

施工前进行了钢结构的承压试验,在保证万无一失的前提下开始大面积的玻璃安装,最终一次性安装成功。

亮点:所有承重构件为ϕ300×10钢结构无缝管,且形式均为横向钢结构外加16根斜向拉杆,无一根竖向钢柱,增加了室内采光的通透性以及室内的空间感,其中特制的不锈钢连接件属于国内首创。

图 14-11 斜向拉杆

3.9 多系统、复杂安装工程施工

本工程机电工程系统多、安装复杂、质量要求高,在施工过程中采用了管线布置综合平衡技术。对管道、桥架、风管密集区域设置综合支吊架,既节省了管道(线)的安装空间,满足了装饰吊顶标高,又节约了材料,降低了成本,加快了施工速度,节省

了材料及人工。

地下室冷冻机房、锅炉房、消防泵房，管道规格大、管路排列密，采用BIM深化设计，合理设置管路走向、杜绝管道交叉碰撞，管线排列有序、错落有致、整齐划一，并有效增大操作维护空间。

图14-12 设备泵房

四、绿色施工创新及建筑节能

4.1 工程绿色施工特点

本工程绿色施工总体框架由施工管理、环境保护、节材与材料资源利用、节水与水资源利用、节能与能源利用、节地与施工用地保护、新材料新技术应用、工业化施工等组成。

4.2 绿色施工具体创新措施

积极推广绿色施工，开展节能降耗，

图14-13 人工洒水车

图14-14 模板循环利用

实现“四节一环保”，通过废旧模板重复使用、钢筋套筒连接技术、成品保护、垃圾分类处理重复使用等措施节约资源，减少对环境的影响。

4.3 建筑节能

在建筑节能方面，设计开始就充分考虑到建筑运营的节能要求，通过最新的绿色建筑技术，有效降低能耗。

智能化通风系统根据室内空气品质的变化对通风量进行实时调节。新风热回收机组，空调季节利用排风对新风进行预热（或预冷）处理以降低新风负荷，并且新风可调。空调水系统采用二次泵变流量系统，根据空调负荷的变化实现台数卸载及流量控制从而达到节能目的。空气热能热水系统利用再生能源提供大楼生活用热水，物尽其用。雨水回收用于绿化浇灌、地坪冲洗，环保节能。屋顶太阳能光伏发电为大楼内的部分照明设施供电。

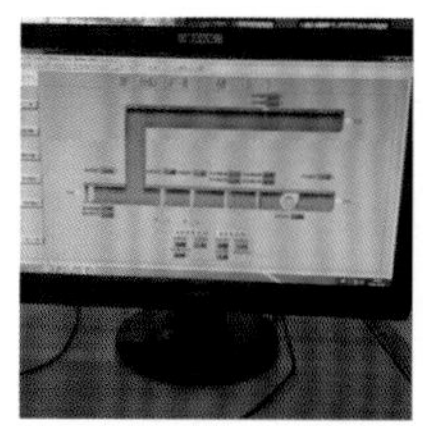

图14-15 智能化通风系统

图14-16 空气源热泵

图14-17 雨水回收系统

图14-18 屋顶太阳能光伏板

五、新技术应用情况

施工中积极推广应用了住建部建筑业10项新技术中的8大项15小项。

序号	新技术项目名称	应用部位
1	地基基础和地下空间工程技术	
	1.1 灌注桩后注浆技术	灌注桩
2	钢筋与混凝土技术	
	2.5 混凝土裂缝控制技术	地下室底板
	2.7 高强钢筋应用技术	钢筋混凝土工程
	2.8 高强钢筋直螺纹连接技术	钢筋工程
3	钢结构技术	
	5.2 钢结构深化设计与物联网应用技术	钢结构工程
	5.7 钢结构防腐防火技术	钢结构工程
	5.6 钢结构滑移、顶(提)升施工技术	主楼连廊、裙房3层连廊
	5.8 钢与混凝土组合结构应用技术	主楼
4	机电安装工程技术	
	6.6 薄壁金属管道新型连接安装施工技术	给排水工程
	6.11 建筑机电系统全过程调试技术	机电工程
5	绿色施工技术	
	7.2 建筑垃圾减量化与资源化利用技术	整个工程
	7.4 施工扬尘控制技术	整个工程
6	防水技术与围护结构节能	
	8.9 高性能门窗技术	幕墙工程
7	抗震、加固与监测技术	
	9.6 深基坑施工监测技术	基坑
8	信息化技术	
	10.1 基于BIM的现场施工管理信息技术	整个工程

新技术的推广应用,提高了工程质量,缩短了施工周期,增加了企业经济效益,并取得了良好的社会效益。

六、工程质量与特色亮点

本着"创过程精品,夺国优大奖"的质量目标,项目部全员进入创新、创优、创特活动,在工程的各大分部工程中都体现出质量特色与细部亮点。

(1)结构砼表面平整光洁、节点顺直清晰,质量偏差小于国家规范要求。钢结构制作安装质量优良,高强螺栓连接可靠。焊缝探伤报告均符合规范要求,无返修焊缝。

图 14-19 混凝土墙面

图 14-20 混凝土梁柱

图 14-21 高强螺栓

图 14-22 钢柱焊缝

(2)外墙均为弧形幕墙,其中玻璃幕墙约25 600 m^2,石材幕墙约13 000 m^2,铝板约22 000 m^2。幕墙构造规范,安装牢固,线条顺直,弧线优美,胶缝饱满顺直,四性检测合格。

图 14-23 弧形幕墙

(3)东西两侧汽车坡道采用绿色环氧粗颗粒,黄色箭线,色彩鲜艳美观,坡度及弧度顺畅,耐磨防滑。地下室车库地面采用金刚砂地坪,坚实平整;切缝细腻、顺直,无裂缝。

图 14-24　汽车坡道　图 14-25　地下室车库

（4）主楼中庭宽敞明亮，层次感强，装修美观。地面瓷砖、石材表面平整，排版合理，色泽一致，无变形，无打磨痕迹。楼梯间地砖对缝铺设，不锈钢楼梯扶手安装牢固、精致。

图 14-26　主楼中庭

图 14-27　楼梯间

（5）吊顶工程：造型新颖，所有末端设备均布局合理。灯具简洁明亮，安装牢固可靠，布置合理，实用美观。

图 14-28　室内吊顶

（6）设备机房均采用绿色地坪，排水沟采用暗沟加盖板，整齐平整，黄色分割线条清晰、顺直。设备基础四周排水沟环氧光面，线条顺直。

图 14-29　设备机房

（7）屋面采用绿色地坪，分隔缝采用黑色防水分仓缝，排气管采用不锈钢管，跨管线通道设置不锈钢钢梯通道。屋面整齐、美观，排水通畅，无积水、无渗漏。

图 14-30　屋面地坪

（8）消防箱箱体安装牢固，设施齐全，设施装饰暗门安装牢固、美观、开启灵活、标识醒目易见。

图 14-31　消防箱

（9）机房内管道经过综合平衡，布局合理美观，排列整齐，固定牢靠，标识清楚。所有管道保温表面平整密实，接缝紧密美观、铝板保护层严密紧致顺接。

图 14-32　设备机房

（10）配电柜（箱）、弱电机柜排列整齐，柜内的电线排列整齐、接线规范，元器件动作灵敏。设备及管线接地系统规范、完整、可靠。

图 14-33　配电室

（11）管道、桥架等穿墙封堵严密，标准统一。管道系统平衡布置，支吊架共用率高，排列整齐美观。各类管道油漆均匀，分色清楚，介质流向标识齐全、清晰。

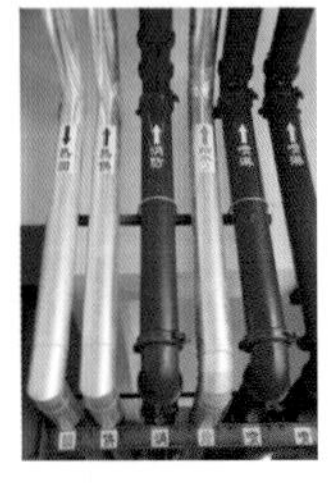

图14-34　管道、桥架

（12）阀门、仪表排列整齐，标高统一，标牌清晰、便于操作。

图14-35　阀门、仪表

（13）电梯运行平稳、平层准确、噪声低，各控制信号响应灵敏，轿厢内操纵动作灵活，信号显示清晰，运行良好。电动扶梯运行平稳。

图14-36　室内电梯

（14）室内、室外监控布置合理，信息反馈及时、有效。

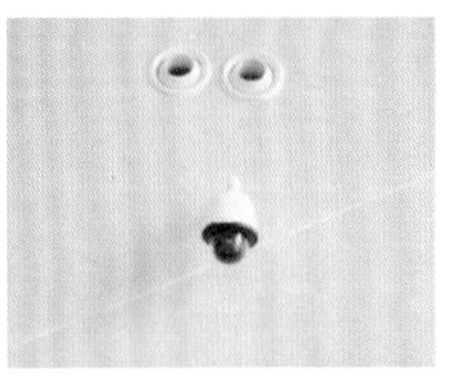

图14-37　监控设备

（15）市政景观工程施工质量优良，排水通畅，无积水，铺装精致、缝道均匀美观。

图14-38　市政景观

（16）大楼的亮化工程采用星点状。夜间亮化开启后增加了大楼的立体空间感。

图14-39　立面亮化

七、工程获得的各类成果

本工程共获得以下荣誉：2项国家实用新型专利、江苏省文明工地、“国家优质工程奖”、江苏省“扬子杯”、苏州市“姑苏杯”、江苏省工程建设优秀质量管理小组活动成果优秀奖、钢结构施工QC小组获得全国工程建设优秀QC小组活动成果一等奖、内装修工程获得中国建筑工程装饰奖、设计获得省城乡建设系统优秀勘察设计二等奖。本工程所获荣誉，使得企业自身找准了项目建设的目标方向，对制定合理的项目管理措施起到了重要作用，也为整个行业的建设发展提供了重要的参考。

（葛洪波　丁黎宏　顾金梁）

15 泰州市中医院整体搬迁工程创优策划

——正太集团有限公司

一、工程概况

1.1 工程简介

泰州市中医院整体搬迁工程，位于江苏省泰州市海陵工业园区内，泰州市中医院是江苏省泰州地区唯一一家集医疗、科研、教学、预防保健功能为一体的国家三级甲等现代化中医院，该工程是泰州市的重大民生工程。

泰州市中医院整体搬迁工程总用地面积10.82万m^2，建设规模14.32万m^2，桩筏基础，框架+框剪结构，地下1层，地上4～15层，建筑总高度68.6 m，工程结算造价为6.55亿元。该项目于2014年6月25日开工，于2017年6月30日竣工，于2017年7月1日正式交付使用。工程开工初期便设立创“国家优质工程奖”的质量目标。

1.2 工程各责任主体

建设单位：泰州市中医院

设计单位：深圳市建筑设计研究总院有限公司

勘察单位：江苏淮安交通勘察设计研究院有限公司

监理单位：泰州市第二监理有限公司

施工单位：正太集团有限公司

图15-1 正立面

图15-2 鸟瞰图

二、工程设计的特点及创新

2.1 整体方案设计

通过完整、统一、均衡的建筑布局设计及景观设计，营造“以人为本”的生态型、智能化、现代化的“医院城”。通过集中式的布局，尤其是“共享中庭”的引入，将复杂问题简单化，有效缩短交通流线。

合理地安排各部门科室面积与科室布局，使各部门集中设置，既便于相互联系，又减少相互干扰，各类用房均有较好的采光和通风条件。

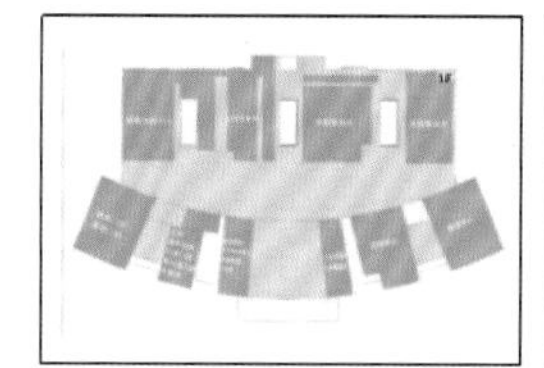

图15-3 共享中庭设计

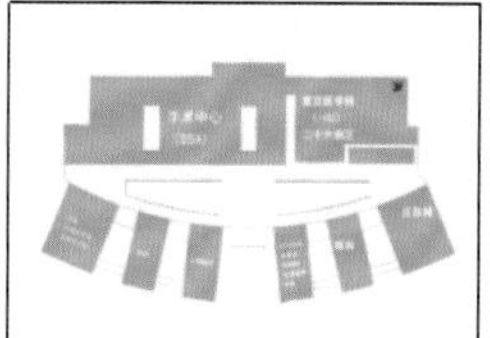

图15-4 科室集中布置

在满足医疗工艺流程、综合医院消毒隔离的前提下，使建筑设施与自然环境和谐统一，体现自然生态园林式医院特色。

2.2 建筑流线设计

将医技区布置在场地中央，门急诊区

图15-5 泰州市中医院流线设计

设计成圆弧形，呈环抱之势与住院楼分别沿医技南北展开，形成全院的核心功能轴，整体建筑以医技楼为核心，布局严谨、舒展、大气，极富有张力。

2.3 装饰设计方案

幕墙及外窗玻璃采用Low-E玻璃，超高透光入口门厅和回廊，将自然光引入建筑物内，通过废水循环利用系统，对雨水、生活废水进行回收处理；地热系统均匀加热地面，营造舒适的就医环境。

图15-6 不同幕墙完美结合

2.4 安装设计方案

建筑除设置正常的消防控制系统、电力照明系统、空调通风系统等设备系统外，还设置综合布线、安保、医用管理、监护、信息传输、远程会诊与治疗、办公自动化和会议系统等现代智能化系统，使建筑更具智能化特征，成为名副其实的智能化医院建筑。

三、工程施工的难点与技术创新

3.1 超长地下室剪力墙裂渗控制

住院楼和医技楼地下室为160 m×109.6 m的矩形，住院楼底板标高–6.35 m；门诊楼和广场地下室为160 m×32.7 m的弧形，门诊医技楼底板标高为–5.85 m，地下室剪力墙均为超长剪力墙。采用分段施工、改善砼配合比、将剪力墙水平钢筋加密，并设置在竖向钢筋的外侧、延长拆模时间、加强砼养护、加快回填土回填施工等措施，杜绝地下室剪力墙裂缝的出现。

图15-7 地下室剪力墙钢筋绑扎

3.2 住院楼超高悬挑结构施工

住院楼15层在标高+62.95 m处结构外挑4.7 m，悬挑宽度15.2 m，支模架设在14层楼面上，南侧设置16#工字钢挑梁三脚架，北侧设置18#工字钢挑梁三脚架，工字钢挑梁间距为0.9 m；在13层斜撑用工字钢，斜向支撑着14层的悬挑工字钢，斜撑是支撑支模架工字钢梁的支撑件，与其上部的工字钢梁铰接，为支模架体创造搭设平台。

图15-8 高悬挑工字钢支撑照片

3.3 采用自制龙门吊拆除门诊楼塔吊大臂

门诊楼占地面积大，为提高塔吊的使

用效率以及便于屋面冷却塔的安装，本工程在1-3/E-G轴线安装了一台F0/23B（距离建筑物外侧最短约37 m），起重力矩为1 200 kN · m，最大幅度为50 m；

门诊楼（+20.65 m）施工完成后，采取自制龙门吊进行塔吊大臂拆除：龙门吊两侧立柱各由2节150 cm × 73 cm × 73 cm人货电梯标准节组装而成，标准节下脚各设置一块2 cm × 80 cm × 80 cm的埋件，埋件用四根ϕ24的螺杆连紧在砼楼板上，标准节上方设置两根6 m 22号槽钢做横梁，使用时在横梁上挂上10 t电动葫芦。

3.4 高洁净手术室施工

洁净手术室的施工以净化空调为核心，其他工序施工相互配合。

手术室墙体采用预制组合室电解钢板结构（1.5 mm厚电解钢板背贴石膏板面喷涂抗菌涂料），连接部位均采用圆弧过渡，地面为自流平，铺贴抗静电橡胶卷材，同质焊条焊接连接成整体。

净化空调施工做到“物洁”“人净”“环清”。

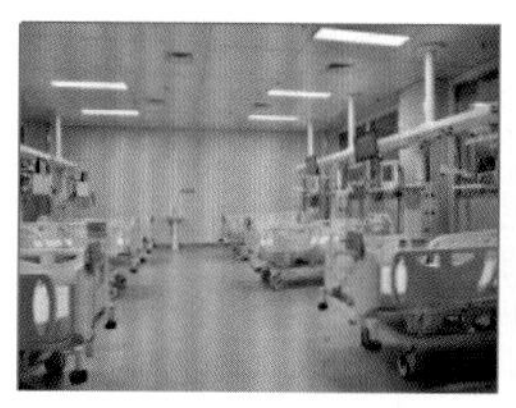

图15-9 洁净病房

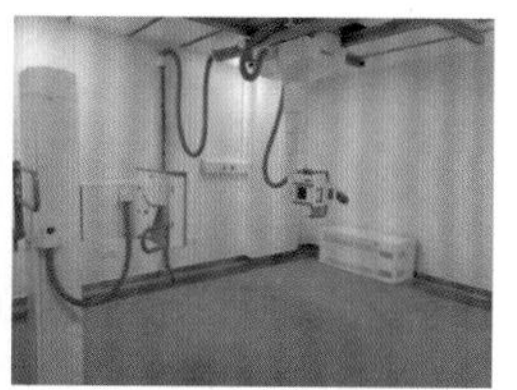

图15-10 洁净手术室

四、工程创优管理

4.1 质量目标

在工程施工前，就明确了争创“国家优质工程奖”的质量目标，公司成立了以副总经理为组长的创优领导小组，组建优秀管理班子，紧紧围绕工程质量目标组织施工。

4.2 做好创优策划

建立健全了现场质量管理体系，将创优目标逐层分解、量化落实到人。认真履行公司“策划先行、样板引领、过程控制、持续改进”的管理方针，实施精细化施工，确保质量目标的实现，并围绕创建“国优工程”目标，项目部开展了多项技术攻关与创新活动，加强了屋面、室内外装饰、安装管道、管井电井二次深化设计、策划及管理。

同时，加强与各分包单位协调工作，使各单位目标一致，思想统一、密切配合、齐抓共管，确保了各项目标的实现。

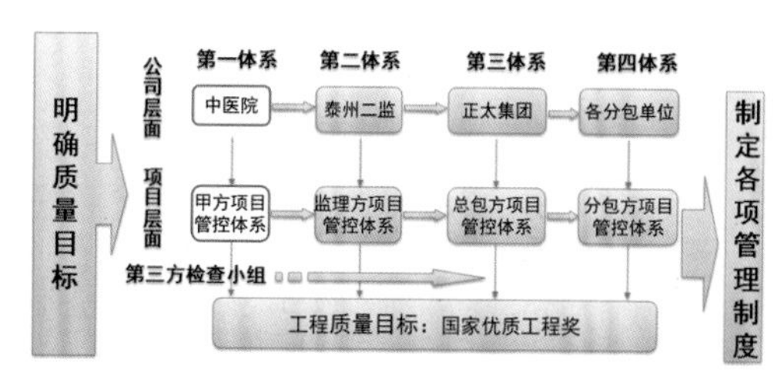

图15-11 创优管理策划

4.3 样板引路、以点带面，从工序质量着手，严把分项工程质量关，确保过程质量

工程自开工伊始，随着工程进度，项目针对结构、装饰、安装等各个分部制作样板件、样板间，公司组织监理、设计验收合格后，进行各专业交底，精心施工，保证工程施工的质量。

图15-12 主体结构样板

图15-13 砌体抹灰样板

图15-14　电气预埋样板

图15-15　屋面样板

4.4　严把材料、构配件、设备质量关，确保工程内在质量

各种材料均具有产品合格证，按规定取样复验，合格后方准使用。进场设备均开箱检验，保证材料、构配件和设备的质量，杜绝不合格材料和设备进场。

强化过程控制，严格执行“三检制”。

4.5　注重成品保护工作，避免交叉污染和破坏，确保工程质量一次成优

对已完工的重点部位安排专人进行成品保护，建立成品保护的相关规章制度，实行成品保护交接制，明确责任，责任到人，从而有效地保证建筑成品、半成品一次成优，避免二次返修现象。

4.6　课题攻关及四新应用

成立QC活动小组，选择课题，进行课题的攻关。

本项目重点推广应用了住建部推广的10大项新技术中9大项的32小项；江苏省新技术应用中的4小项，荣获了2018年江苏省建筑业新技术应用示范工程证书，水平达到省内领先水平。

4.7　发挥集团公司技术优势

在本工程中大量推广应用新技术，优化施工工艺，在重点、难点部位应用我公司已有的科技成果和成熟工艺、工法，攻克技术难关。

选用先进的机械设备，提高机械化程度，推广应用“四新”技术，提高技术含量，加快工程进度，保证工程质量。

五、绿色建筑与绿色施工

5.1　绿色建筑

5.1.1　总体布局

总平面布局综合考虑自然通风、日照和采光，充分考虑各栋楼的间距，建筑物朝向以南北向为主，主立面迎向夏季主导风向，有利于夏季自然通风。

建筑总体布局及建筑间距均满足人们合理的心理间距和卫生间距要求。

项目绿地率为40%，室外铺贴透水砖地面。

图15-16　建筑总体布局

5.1.2　建筑外墙

建筑外遮阳系统通过在建筑外立面适当位置设置遮阳件，合理组织室内自然通风，实现对太阳辐射的有效遮挡和反射作用，减少太阳直射光进入室内，有效降低空调等设备的能耗，减少空调运行时间。

建筑外墙面窗户的Low-E玻璃，具有良好隔热性能。

图15-17　建筑外饰面

5.1.3 建筑室内

充分利用地下空间作为停车库，节约用地。建筑装饰材料均采用生态、环保型的绿色材料。

图15-18 地下车库

5.1.4 废水循环利用系统

废水循环利用系统对雨水、生活废水进行处理回收。

5.1.5 地热系统

采用地热系统，通过地板辐射层中的热媒，均匀地加热整个地面，达到高效经济、节能节电和降低矿物燃料使用等目的。

5.1.6 高效热水系统

主楼屋顶构架设置太阳能集热板+地下室锅炉，满足医院病房热水需求。

图15-19 屋面太阳能

5.1.7 垃圾处理系统

本工程设置了一整套完备的生活垃圾和医疗垃圾的收集、处理、运输系统。

5.1.8 高效节能设备

变压器采用SCB10干式变压器。水泵、排风机、空调风机组等均采用低噪声高效率的产品，并设计隔振支座基础。

冷却塔采用超低噪声型。生活水泵、风机等经常和频繁使用且负荷稳定的设备均采用变频控制。

所有给排水管道设计时均考虑控制水流噪声。

支架灯、灯盘采用高效T5直管荧光灯。

大空间(含地下室)照明采用分组照明控制方式。

公共走道、楼梯间采用红外感应延时自熄式开关。

广场、道路等场所采用太阳能照明装置。

图15-20 屋面冷却机组

图15-21 燃气锅炉

5.2 绿色施工

5.2.1 节能

道路两侧路灯采用太阳能灯具，地下室及楼梯采用节能灯带，塔吊照明镝灯设置远程控制、生活区及办公区采用节能型灯具。

5.2.2 节水

设置雨水收集罐，收集的基坑降水和天然雨水用于冲洗道路、湿润模板和养护砼结构。工地生活用水安装节水型水龙头。

5.2.3 节材

采用装配式可拆卸悬挑脚手架(减少悬挑型钢50%，所有材料均可回收)，优化钢筋和钢构件下料方案，现场采用木方接长技术、砼及砂浆余料制作砼垫块，临时设施采用可回收集装箱。

5.2.4　节地

合理规划工地办公及生活用房、临时围墙、施工道路；合理布置现场总平面图，减少材料二次搬运；地下室土方开挖，进行土方综合平衡。

5.2.5　环保

施工现场设置雾炮及PM2.5测试仪器，脚手架及道路两侧设置自动喷淋系统，工地现场主出入口设置汽车冲洗装置及沉淀池，砼浇筑用输送泵设置隔音防护棚。

六、工程建设亮点

亮点1：门急诊楼为圆弧形，呈环抱之势，与住院楼分别沿医技楼南北展开形成全院的核心功能轴。外饰面为石材幕墙，成型平整，线条顺直，胶缝密实、表面光滑、顺直，缝隙深浅、宽窄一致。

图15-22　圆弧形门急诊楼

亮点2：大厅内装饰成型美观、明亮，层次感强，各种材质饰面板结合收口，做工精细。

图15-23　门诊大厅

图15-24　文化长廊

亮点3：PVC地板粘结牢固，收口严密，根据不同功能区进行专业设计，线条顺直美观。

图15-25　病房楼走廊

图15-26　病理大厅

亮点4：室内面砖，色泽均匀、对缝整齐、间距匀称，表面平整；吊顶排版合理，表面平整，拼缝严密，末端设备排列整齐、美观。

图15-27　住院楼休息大厅

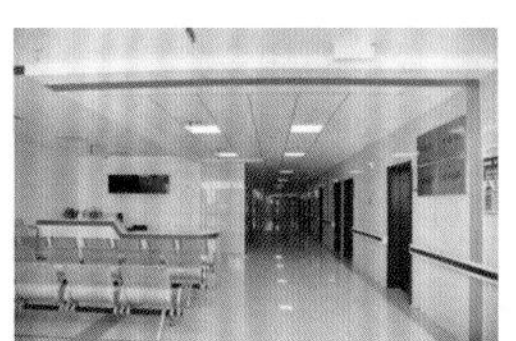

图15-28　病房楼过道

亮点5：楼梯踏步高度一致，扶手光洁顺滑，滴水线顺直，墙面色泽一致。

图15-29　楼梯踏步

图15-30　走廊墙面及滴水线

亮点6：室内木饰面及家具，细部做法细腻，安装牢固，拼缝严密，表面平整。

图15-31　会议礼堂

亮点7：千级（4间）、十万级（13间）洁净手术室施工流程合理，施工精细，洁净空调运转正常，空气检测满足专业要求。

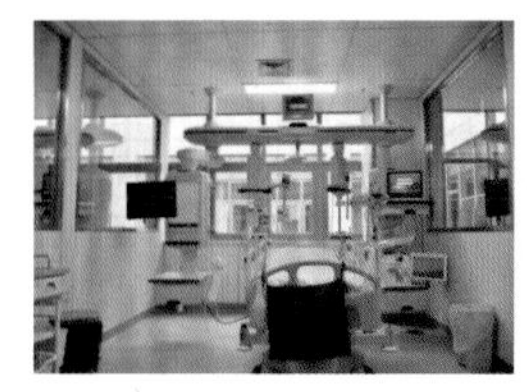

图15-32 手术室1

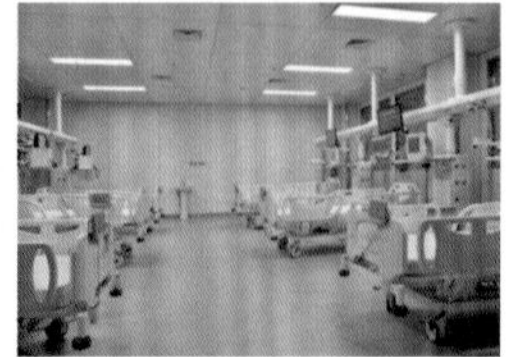

图15-33 手术室2

亮点8：卫生间瓷砖排版合理，墙、地对缝，勾缝饱满，整洁，洁具对中布置，地漏套割方正，美观、大方。

图15-34 公共卫生间

亮点9：屋面策划合理，设备基础成行成线，坡向正确，管道保温细致美观，层次分明。

图15-35 屋面地砖

图15-36 屋面风机

亮点10：走道点位居中，地、顶板块对应；开敞办公，灯带顺直；开关面板标高一致。

图15-37 名医馆走廊

亮点11：地下室墙面平整、无渗漏，管道布局合理、规范、牢固；车库耐磨地坪色泽均匀，无空鼓和裂缝，分隔缝顺直；车库分区标识清晰、美观。

图15-38 地下室

亮点12：配电机柜排列整齐、接线规范，接地可靠。

图15-39 配电房1

图15-40 配电房2

亮点13：各类机房设备布置合理，安装牢固，减振良好，接地可靠，运行平稳。管道排列整齐，固定牢靠，标识清晰，阀门、仪表排列整齐，标高一致。

图 15-41　消防水箱间

图 15-42　消防水泵房

亮点14：管线排布层次清晰，间距均匀，穿墙封堵严密，美观。

图 15-43　管道穿墙1

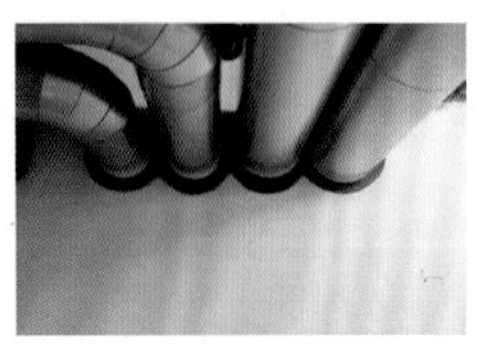

图 15-44　管道穿墙2

七、工程建设成果

7.1　获奖成果

2014年深圳市建筑工程施工图编制质量电气专业奖；

2014年深圳市建筑工程施工图编制质量暖通专业奖；

2014年深圳市建筑工程施工图编制质量银奖；

2014年江苏省建筑施工标准化文明示范工地；

2015年深圳建筑创作奖银奖；

2016年全国绿色建筑设计二星标识；

2016年江苏省工程建设优秀质量管理小组活动成果二等奖；

2016年江苏省建筑业绿色施工（示范）工程；

2016年泰州市优质结构工程；

2017年全国工程建设优秀QC小组活动成果Ⅰ类奖；

2018年泰州市“梅兰杯”优质工程；

2019年工程建设项目绿色建造设计水平评价结果二等成果；

2019年江苏省“扬子杯”优质工程；

2019年国家优质工程奖。

7.2　社会经济效益

泰州市中医院整体搬迁工程建成使用以来，开放床位1 500张，门诊日接待能力可达4 000人次。

医院设有30多个病区，50多个临床医技科室，现有2个国家级中医临床重点专科，4个省级中医临床重点专科，1个省级重点学科，22个市级临床重点专科，7个市级重点学科，其中“许氏正骨疗法”被列入江苏省非物质文化遗产名录。

泰州市中医院2017年成功入选“国家中医药传承创新重点中医医院建设单位”。医院在江苏省率先成立中医经典科，常年生产50多种院内制剂和科研制剂，中医特色鲜明，就诊环境优美，受到省内外患者的一致好评。

（顾　云　卞忠予）

16　苏州工业园区体育中心服务楼

——中建八局第三建设有限公司

一、工程简介

苏州工业园区体育中心服务楼，位于苏州中新大道，建筑面积10.3万m^2，建筑高度86.9 m，工程地下二层为平时车库，战时六级二等人员掩蔽所；地下一层至三层为出租商业、餐饮，三层设有1 200 m^2真冰娱乐场；主楼5至13层为酒店，客房数267间；14至17层为出租办公层，每层建筑面积约1 400 m^2。

图16-1　苏州工业园区体育中心服务楼

工程由苏州工业园区体育产业发展有限公司投资建设，江苏苏州地质工程勘察院勘察，上海建筑设计研究院有限公司设计，上海建科工程咨询有限公司监理，中国建筑第八工程局有限公司总承包施工，于2014年4月14日桩基开工，2018年1月3日竣工验收合格。

工程采用钻孔灌注桩+筏板基础、框架剪力墙结构，设有给排水、通风与空调、电气、智能等系统，电梯21部，扶梯18部。

本项目设计将建筑与绿化环境组织在一起，立面以自由流动的水平线条为主，通过一种简约的现代设计手法比拟成假山及飞檐形象，与水面涟漪及树木相映成趣。

以Living+为项目定位理念，融合健身休闲、商业娱乐、文艺演出等多功能于一体，打造全国首个体育公园式购物中心，提升了市民的生活居住环境品质。

图16-2　苏州工业园区体育中心服务楼夜景

二、工程特点和难点

2.1　超长无缝弧形混凝土结构

服务楼长边弧长360.6 m，短边61.9 m，为超长混凝土结构，裂缝控制难度大。

图16-3　服务楼结构尺寸示意图

2.2 清水混凝土柱分布广、成型要求高

服务楼有54根清水混凝土圆柱，直径分别为800 mm、1 000 mm、1 100 mm不等，柱高为5 800~6 360 mm不等。具体分布：B1层3根，F1层42根，F2层5根，F3层4根，分布较广。清水混凝土施工成型要求高，是本工程的难点。

图16-4 清水混凝土柱

2.3 幕墙加工制作难、现场安装工艺复杂

5.64万m^2玻璃幕墙，1.3万m^2石材幕墙，幕墙体量大，裙房曲线布置，观感要求极高，石材色泽统一性强，工艺复杂，且外观选型、颜色确定周期长，施工工期压力大。同时与土建、泛光配合要求高，是本工程控制难点。

图16-5 服务楼幕墙外立面

2.4 室内石材泡泡造型、室外弹石排布施工

服务楼商业区域墙柱面大量使用石材泡泡造型，体现出“水滴”元素的设计理念，无论从观感要求和施工工艺上都是本工程控制难点。室外下沉广场整体圆润，采用弹石弧度铺贴，每一块弹石都是定制而成，施工难度大。

图16-6 室内石材泡泡造型逼真

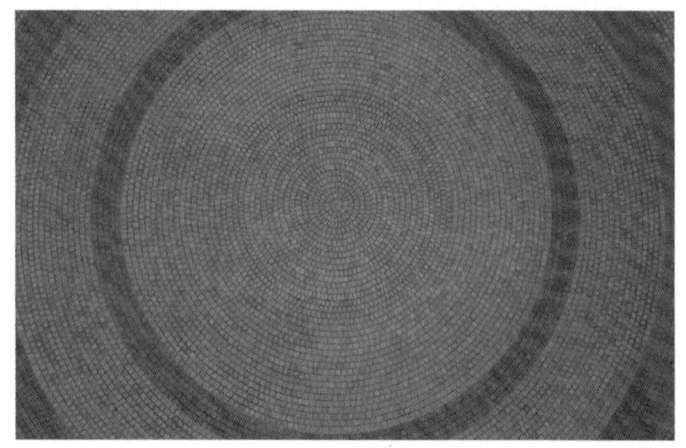

图16-7 室外弹石排布精美

2.5 机电安装系统复杂，集成度高，施工难度大

商场、酒店装修净高要求高，管线排布、安装要求严。全过程使用BIM技术、弧形管道预制加工技术、机电管线综合共用支架安装技术难度大。

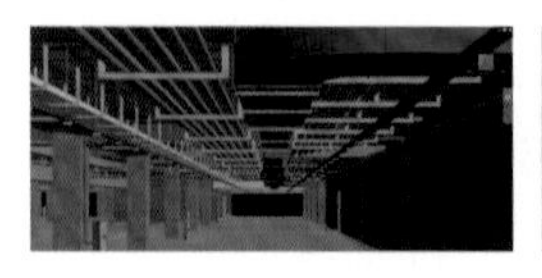

图16-8 机电BIM排布

2.6 超长多曲线弧形共享空间防火卷帘制作及安装难度大

为保证效果，减少防火卷帘对视野的影响，防火卷帘采用超长多曲线弧形共享

空间防火卷帘，制作要求高，安装难度大。利用CAD多曲线测量放样技术及3D扫描定点技术，精准将卷帘位置定位，利用自动弯弧机将型钢弯曲，在地面拼装焊接，整体提升，确保防火卷帘协调统一。

图16-9　超长多曲弧形共享空间防火卷帘

2.7　总承包管理现场协调难度大

总承包管理现场协调难度大。独立分包单位多达二十多家，包括土建、钢构、机电、幕墙、内装、灯光音响、会议AV系统、电扶梯、标识标牌、三大运营商、室外管网、景观等。工程工期紧张，各专业单位都制定了抢工措施，多区域存在不同程度的立体交叉作业，易导致现场运输紧张，施工面交叉，总承包如何统筹规划现场平面布置、组织协调管理，将影响到工程整体完工时间。

2.8　创新技术

2.8.1　管井管道钢质综合套管精确预埋防渗漏施工技术

项目机电系统、功能各异的设备管道井众多，管道布置十分密集。针对管道井给排水管道根部吊模、封堵不密实的问题，采用BIM技术进行管道管线综合深化以及全站仪精确测量定位管道圆心位置相结合并不断创新总结，从根本上采取一种简单、实用、耐久、经济的防渗漏施工工艺，来解决管道根部渗水质量通病。

该技术模板安装方便，加固可靠，钢质综合套管定位准确，不易出现偏位，同时通过综合套管止水钢板设置，以及砼振捣无障碍，结合CAD及BIM技术的运用实现了管线的精准安装定位，保证了管井楼板二次施工质量。

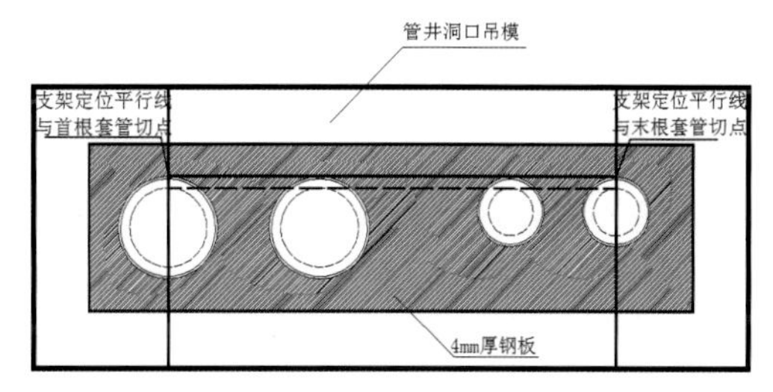

图16-10　管井管道钢质综合套管

2.8.2　BIM虚拟仿真施工技术

项目全周期运用BIM技术，对复杂节点深化设计，指导现场施工，同时对各专业碰撞检查，提前避开冲突，确保一次成活、一次成优。

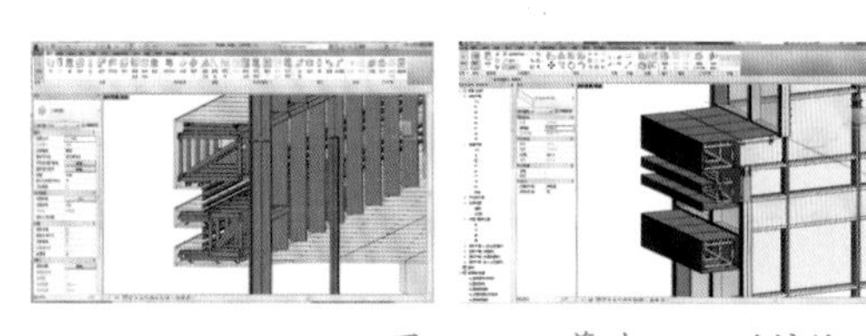

图16-11　幕墙BIM碰撞检测

三、工程创优做法

3.1　建设过程质量管理

项目策划前期，即确定项目的施工质量目标"国家优质工程奖"、获得绿色三星运营标识并通过LEED认证。项目实施前期健全质量管理体系，建立完善的质量管理架构，制定了一系列行之有效的质量管理制度，主要包括：样板审批制度、重要建筑材料报批制度、分包方报批制度、隐蔽工程验收制度、重要施工方案汇报、集中讨论和专家论证、产品可追溯及标识管理等9项制度。

项目实施过程，总包单位联合各参建单位达成共识，建立健全设计例会、复杂节点专题会、周质量检查、定期组织专家培训、信息化质量管理等9项质量管理制度。

3.2　工程质量特色

（1）工程桩定位准确，桩头平整，节点防水可靠。

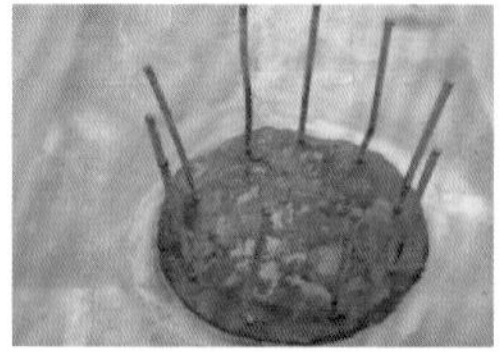

图16-12　工程桩桩头

（2）钢筋绑扎准确、接头位置合理、连接牢固，安装整齐。

图16-13　楼层钢筋绑扎

（3）混凝土外光内实，截面尺寸准确，棱角顺直。构件轴线、垂直度、标高控制准确。

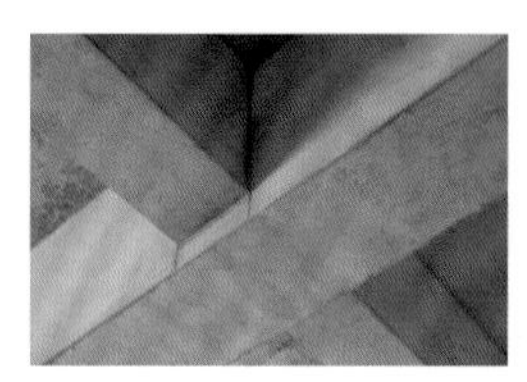

图16-14　混凝土梁、柱

（4）54根现浇清水混凝土圆柱成型良好，色泽一致，成型美观。

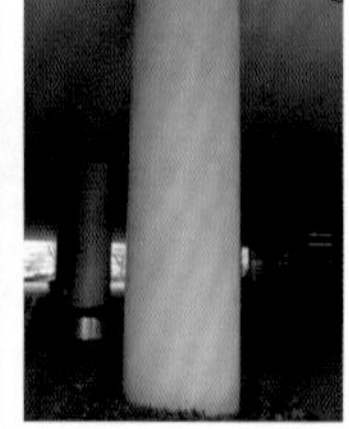

图16-15　清水混凝土圆柱

（5）幕墙圆弧弧度准确，曲线自然灵动，线条顺畅；开缝石材幕墙，排缝均匀；玻璃幕墙，胶缝饱满。

图16-16　玻璃幕墙

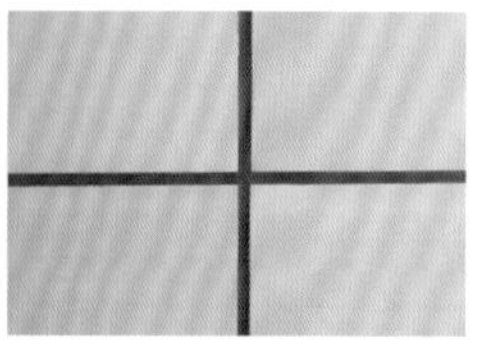

图16-17　幕墙胶缝

（6）屋面砖排版合理，坡度正确，排水通畅，无渗漏。

图16-18　屋面砖

（7）下沉广场，弹石排布策划精细，节点做工精良。

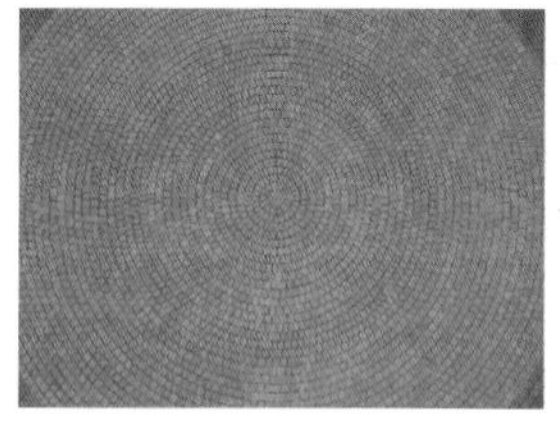

图16-19　广场弹石

（8）办公用房，布局合理，装修简洁，节点处理细腻。

图16-20　办公室装修

（9）酒店客房，做工精细，处处体现以人为本的理念。

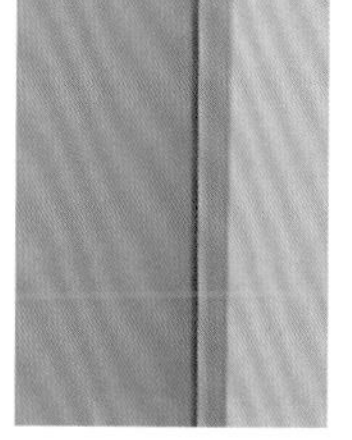

图16-21 酒店客房装修

（10）异形中庭成型美观大气，线条柔美，节能环保。

图16-22 异形中庭

（11）真冰娱乐场排管均匀，冰面平整，无渗漏，冰场吊顶层次感强。

图16-23 真冰娱乐场

（12）墙面石材泡泡，造型逼真，协调统一。

图16-24 真冰娱乐场

（13）石材地面，色泽均匀，排版合理，拼缝平整。

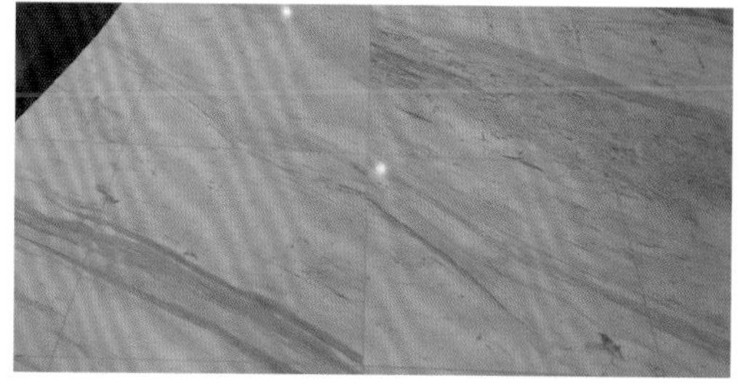

图16-25 石材地面

（14）车库地面，分格合理，光滑平整，无裂缝。

图16-26 地下室车库

（15）洗手台整洁美观，卫生间墙地砖对缝铺贴，洁具居中安装，排列整齐。

图16-27 卫生间

（16）管井做法统一，排管合理，封堵可靠。

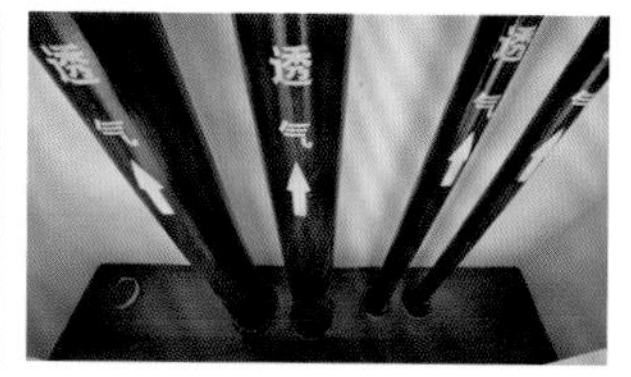

图16-28 管井排管

（17）设备基座阴阳角方正，分色线清晰、醒目；周边排水沟顺直，排水通畅。

图16-29 设备基座

（18）设备布局合理，阀门、仪表成行成线，接地可靠。

图16-30　设备泵房

（19）管道、桥架、风管立体分层，排布有序，标识清晰，保温做工精良。

图16-31　管道、桥架

（20）高低压配电柜，排列整齐，盘面整洁，电缆排布有序。

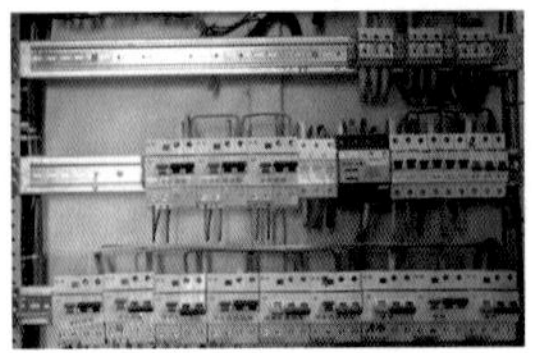

图16-32　高低压配电柜

（21）开关、插座面板，安装端正，高度一致，贴合严密。

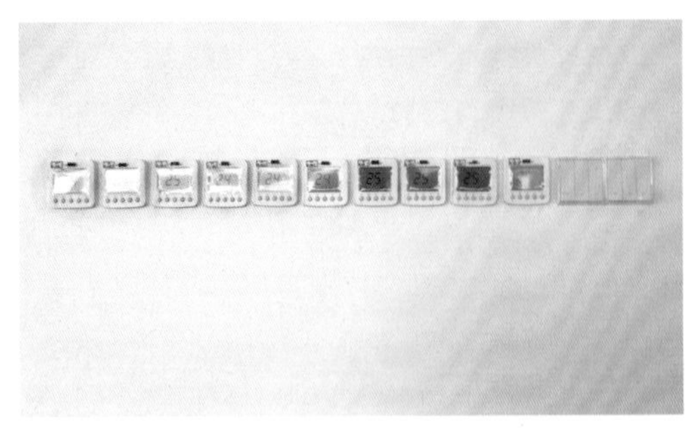

图16-33　开关、插座

（22）灯具、烟感、喷淋等成排成线，安装规范，整齐有致，美观大方。

图16-34　楼层过道

（23）防雷接地安全可靠，接地最大电阻为0.4 Ω。

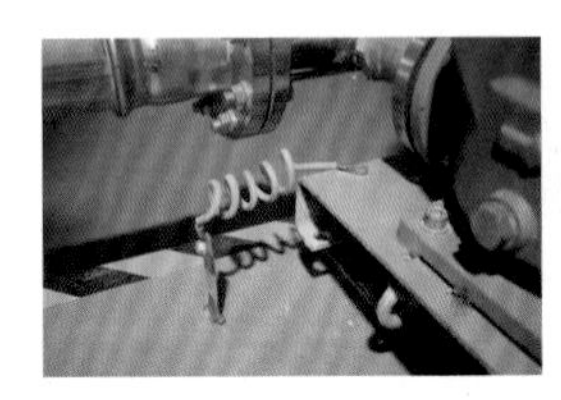
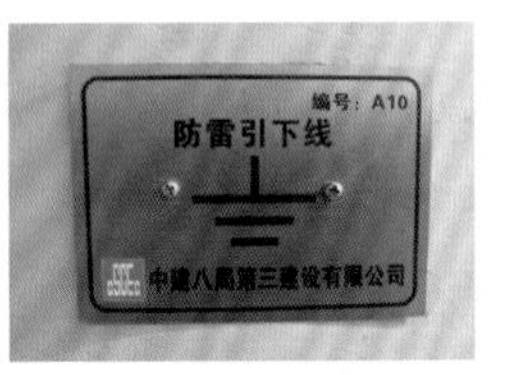

图16-35　防雷接地

（24）智能建筑系统包括门禁系统、报警系统、巡更系统、客流量系统、语音通信系统等19项系统，智能设备布局合理，编码清晰，跳线美观，系统运行稳定。

图16-36　智能设备布局、跳线

（25）21部垂直电梯、18部扶梯电梯运行平稳，平层准确。

图16-37　垂直电梯

四、工程获得的各类成果

苏州工业园区体育中心服务楼通过科学的管理，大力推进新技术的应用，施工中全面推广应用了住建部建筑业10项新技术（2010版）中的10大项33小项；江苏省建筑业10项新技术（2011版）中的6大项10小项，2018年通过了江苏省建筑业新技术应用示范工程验收，整体达到国内领先水平，同时取得中建集团科技推广示范工程。项目取得建筑防水行业科学技术奖（金禹奖），获授权发明专利1项，实用新型专利9项，省级工法2项。本工程陆续获得BIM“安装之星”二等奖，龙图杯二等奖，卓越工程项目三等奖，中建总公司科技与BIM双示范工程。

本项目设计秉承“绿色建造，环境和谐为本”的方针理念，施工以节约资源（节地、节能、节水、节材）和环境品质（室外和室内环境）贯穿项目始终。

工程先后获得绿色建筑设计三星标识，绿色建筑三星级运营标识，美国LEED金级认证及全国建筑业绿色施工示范工程。

工程先后组织了苏州工业园区、苏州市、江苏省级观摩，累计接待人数达3 000人次。省、市领导多次亲临现场了解工程情况，给予了高度评价，工程竣工验收3年后仍承办2021年苏州市“工程质量在行动”现场观摩交流会。

项目获得国家优质工程、扬子杯、中建杯金奖、中国钢结构金奖、全国建筑工程装饰奖、姑苏杯等质量奖项。苏州工业园区体育中心服务楼为全国首个体育公园式购物中心，项目建成后为体育中心举办体育赛事和大型表演等活动提供了全方位的配套服务设施；同时成为当地市民购物、休闲、娱乐、培训等活动的中心，提升了市民的生活居住环境品质。

（徐　旭　马怀章）

17 江苏省建设工程精品范例项目——盐城枫叶国际学校工程

——江苏明华建设有限公司

一、工程简介

盐城枫叶国际学校,位于盐城大市区城西南(盐都区蓝海路202号),工程占地面积63 395 m²,总建筑面积63 582.5 m²,其中地上建筑面积54 960.8 m²,地下建筑面积8 621.7 m²,工程造价1.93亿元。

图17-1 南立面

图17-2 鸟瞰图

该工程系中国枫叶教育集团与盐都区人民政府联办的一所国际化特色学校,集初级中学、高级中学于一体,建有教学办公楼、报告厅、体育馆、教师公寓、学生宿舍楼、食堂、招生办、门卫消控室和人防地下室等。地上建筑1～10层,为教学、办公、生活功能区;地下1层,为设备用房、人防工程及停车库。

该工程于2017年11月28日开工,2018年8月30日竣工,由盐城盛州集团有限公司投资建设,南京市凯盛建筑设计研究院有限责任公司设计,江苏明华建设有限公司中标承建,盐城市天平建设监理有限公司监理。

该工程总体设计为欧式风格,建筑色调以暖色为主,采用橘红色构架、浅驼色线条外装饰,适当点缀现代建筑符号,既严谨对称明快又轻松活泼雅致,既不失庄重手法、又富有时代气息。

该工程以独特的设计、精湛的技术、优良的质量,打造了一座标志性建筑,成为校园建筑的一尊典范样板、现代教育的一张靓丽名片,对提升城市建设品位、提高教育教学水平,产生了良好的社会效益和积极的区域影响力。

二、设计和创优过程管理创新

2.1 建筑设计新颖,彰显国际特色

(1)中加合璧,以人为本

盐城枫叶国际学校,系一所加拿大教育部认证的海外学校、中国教育部备案的国际学校。建筑设计充分体现加拿大、中国建筑元素,设计成中加合璧的特色建筑

群。采用开放、合围空间，功能区域相互交融渗透，方便学生沟通交流。连廊连通公共活动空间，方便学生运动。运用浮雕、廊柱、雕塑等小品，营造生态人文景观和浓厚校园文化气息。

图 17-3　效果图

（2）功能分区，集约用地

设计“两轴、三院、三区”。两轴：南北向的校园主轴，营造空间秩序；生活区绿轴，营造绿意盎然的生活空间。三院：对外半开放的“仪式院”；提供生活休闲的绿色围合“生活院”；锻炼身体的开放“体育院”。三区：教学办公区、生活区和食堂锻炼区。

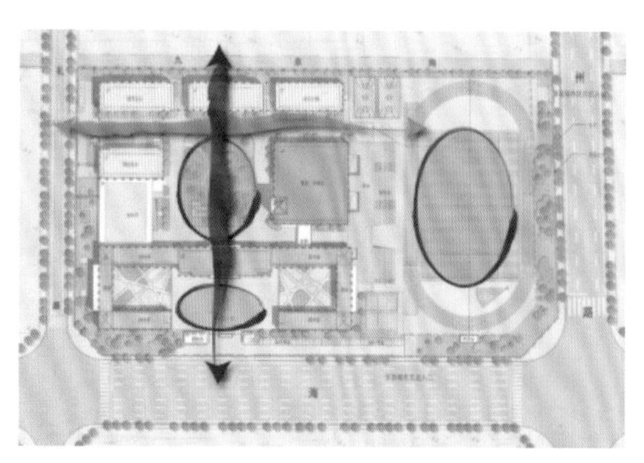

图 17-4　平面布置图

2.2　创新项目管理，铸造精品工程

针对工程单体建筑多、施工技术复杂、质量要求高的特点，创新现场管理，保证工程质量，锻造精品工程。

（1）严把关键环节

编制各专业、子项施工方案，加强对各分部、分项工程常规施工工艺及质量通病的控制。严把材料、构配件、设备质量关，杜绝不合格的材料、设备进场。

（2）重抓质量控制

按照施工方案施工，严格控制结构到装饰全过程的各道工序质量，保证建筑成品、半成品的完整性和一次成优。对分部分项特别是隐蔽工程进行抽检、核查，发现问题及时处理，不留隐患。

（3）保障信息畅通

对各种生产组织计划、材料施工搭接、设计变更、质量反馈、外部协调等信息，及时有效上传下达，在业主、监理、项目经理的直接领导下统筹安排。

2.3　创新共管机制，强化过程控制

坚持以创建国家优质工程奖为质量管理目标，参建各方签订目标责任书，分解落实任务，质量管控覆盖规划、设计、施工、竣工验收全过程。

（1）高标准定位

建设单位以“高起点设计、高标准管理、高质量施工”为建设目标，以此作为选择设计、监理及施工单位的总体要求，贯穿在从设计、设计优化到施工组织管理及监理监督管理的全过程。

（2）高起点设计

设计单位充分理解建设意图，多次进行实地勘察，确定工程设计方案。在工程施工阶段，委派设计负责人现场指导，定期召开设计例会，及时协调解决设计与施工之间的问题。

（3）高水平监理

监理单位全面履行“三管三控一协

调”岗位职责，加强对质量、安全、文明施工等目标管控。强化过程控制，采用巡视、旁站、平行检验等方式，对工序报验、隐蔽验收严格把关，对关键部位、工序强化监督。

（4）高品质建造

工程质量管理实行公司、项目部和班组三级管理制度，工程施工严格按照公司各项规章制度，秉承“策划先行、样板引路、过程控制、一次成优”的创优理念，加强“三检”，严格把控质量验收关。

进场伊始即建立以项目经理和技术负责人为核心的质量保证体系，根据工程特点及区域重要性进行了创优策划，并成立科技创新与推广工作组、QC攻关小组、质量管理部等，积极开展创优活动，实施样板引路制、质量奖惩制、工程质量一票否决制、岗位责任制、质量三检制、现场质量检查制、隐蔽验收制、过程验收制、现场会议制等质量管理制度，全面开展质量管理和QC活动。

工程开工前，施工组织设计、施工方案严格按照施工节点完成审批审核工作，并分层次、有重点地对管理人员进行交底。分项工程施工前编制切实可行的质量技术交底，并对作业人员进行针对性的交底。

施工全过程采用BIM技术，对场地布置、模板支架、装饰装修、机电管线、屋面等进行深化设计，强化过程管理，实现一次成优。

施工中重视实测实量，成立实测实量小组，专人实测，形成实测数据库，真实反映工程质量。

为确保工程质量采取各种保护措施，做好成品保护。

三、工程主要特点、难点与针对性创新措施

3.1 大体积砼施工

人防工程底板为大体积砼，共计2 693.18 m^3，保证浇筑质量、控制裂缝是工程施工的重点、难点之一。混凝土拌制时，通过优化配比，掺用适量外加剂，减少水泥用量等方式控制水化热；混凝土浇筑时，严格控制混凝土入模温度，采用分层浇筑、抛入毛石等方式控制混凝土内外温差，增强抗裂效果；混凝土浇筑后，突出加强养护，防止塑性裂缝。

3.2 空心楼盖施工

教学楼楼板施工采用GBF薄壁方箱空心楼盖施工新工艺新技术。施工前，借鉴公司国家级QC一等奖成果《提高聚苯乙烯填充体现浇楼板质量一次验收合格率》，针对GBF薄壁方箱施工时易上浮、不易振捣、易开裂等缺陷，开展QC小组活动，深化设计详图，通过设置专用固定体系、降低粗骨料粒径、提高混凝土和易性、使用小直径振捣棒等有效措施，保证施工质量。

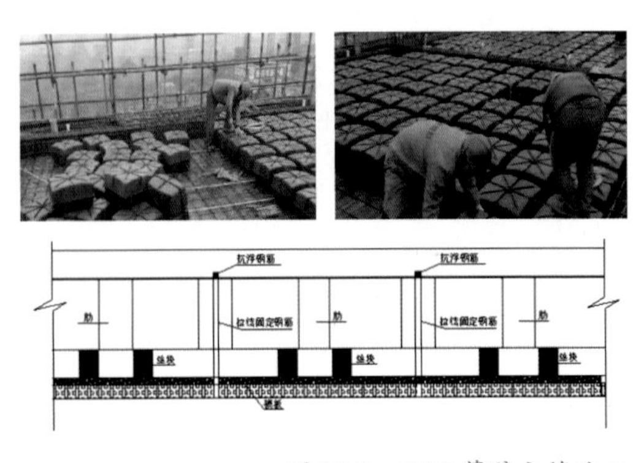

图17-5　GBF薄壁方箱施工

3.3 强柱弱梁级差砼施工

工程柱混凝土与梁板混凝土强度相差

2个等级，因强度不同极易留下质量隐患。为了增强柱节点核心区的抗剪能力，在距柱边梁高的一半距离，作为高低强度等级混凝土的交接面，同时考虑高强混凝土的流淌，在距柱边（$h/2$）外沿两箍筋之间的对角线，设置密目钢丝网片斜面，四周用绑丝与钢筋绑扎牢固，以此控制不同强度等级混凝土的浇筑范围。

3.4 大跨度预应力梁施工

报告厅屋面梁900 mm×2 100 mm，跨度达到26.4 m，涉及高支模施工，公司采用后张法工艺解决。施工前编制《有粘结预应力梁施工方案》，施工时预应力筋采用1 860级ϕ15.2低松弛预应力钢绞线，张拉控制应力σ_{con}=0.75×1 860 N/mm=1 395 N/mm，砼强度等级为C45，张拉端采用11孔、12孔夹片式锚具，喇叭管与螺旋筋与其配套，孔道采用镀锌波纹管留孔，管径为ϕ90，接管采用大一号的波纹管。

图17-6 大跨度预应力梁施工

3.5 大跨度钢结构安装

体育馆屋面采用球形网架钢结构，跨度为56.1 m×42.2 m，面积为2 367.42 m^2。施工前编制专项施工方案，对大跨度钢结构采用全支架高空散装法安装，对网架杆件在运输、拼装过程中发生的变形在网架安装前进行修正；网架支座的支承面预埋钢板平整，采用过渡板消除土建对预埋钢板的误差，位置偏移不大于15 mm，相邻高度差不大于5 mm，高差不大于15 mm。总体质量验收符合《钢结构工程施工质量验收规范》要求。

图17-7 大跨球形网架钢结构

3.6 高大模板支撑系统

教学办公楼、报告厅、人防地下室模板支撑系统均为高大模板支撑系统，搭设最高达8.35 m及以上。施工前，对施工人员进行技术交底，严禁盲目施工；施工中，严格按照专项方案进行，确保模板在使用周期内安全、稳定、牢靠。

3.7 GRC、EPS线条安装精度高

工程立面采用大量的GRC、EPS线条，线条样式多、尺寸多、尺寸大，展开面达3.5 m长。施工前，编制专项施工方案，对线条安装部位进行实测实量，形成初始数据后，进行数字化自动加工，保证加工尺寸与实际吻合。对于小型线条，采用固定件加胶结的方式安装；大型线条体积大、质量大、安装难度高，不易固定，对此增加固定钢支架和结构挑板，确保安装的安全性、牢固性和美观感。

图17-8 外墙装饰实景图

3.8 管道、桥架安装

工程室内基本不采用吊顶，管道采用明安装，但由于管线长、规格多、使用功能不一，管线易发生重合现象。特别是食堂、走廊、消防泵房和人防地下室的管道、桥架安装，必须加强管控。施工前，编制专项施工方案，对管道轴线标高加强复核，对管道集中区域绘制详细的预装图，避免管线重

合现象发生。对于明安装的管线，采用红外线定位，通过BIM技术建模预排，确保管道标高、位置、走向准确，保证管线安装后的使用功能及美观效果。

图17-9　风管排布

图17-10　消防泵房

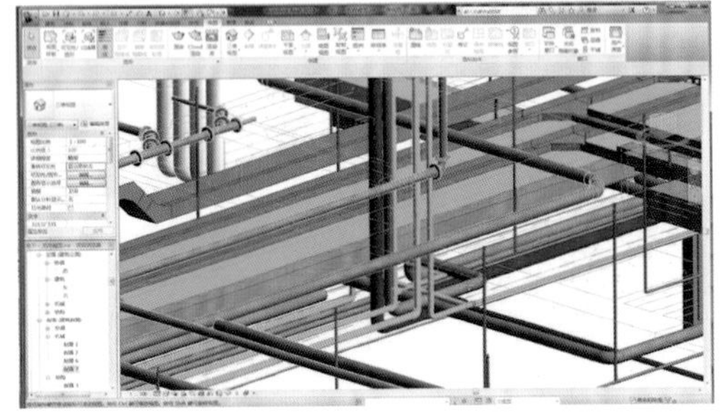

图17-11　管线BIM设计

四、工程质量和亮点

4.1　工程实体质量基本状况

（1）地基与基础工程

采用桩筏基础，混凝土空心方桩共2 178根，Ⅰ类桩占比为99.8%，无Ⅲ、Ⅳ类桩；单桩静载、抗拔承载力满足设计要求。

共设59个沉降观测点，各单体最后一期平均沉降速率均小于0.01 mm/d，沉降均匀并已稳定。

基坑外槽回填土密实、无下沉，检测符合设计与规范要求，室外散水坡分仓缝留置合理，打胶密实，无裂缝。

（2）主体结构工程

混凝土棱角清晰、节点方正，无结构裂缝。混凝土共31 115 m^3，留置标养试块442组，同养试块181组，全部合格。

钢筋进场总量4 496 t，原材料复试130组；钢筋连接接头50 930个，复试检测292组，全部合格。

钢结构原材料100 t，焊缝2 520条，全部为二级焊缝，经超声波检测，全部合格。

（3）防水工程

屋面防水等级一级，双道设防，坡向正确，细部节点精美，出屋面设备统一规划，排列整齐；经淋水试验3次、大雨观察无渗漏。

地下室防水等级一级，采用弹性体改性沥青防水卷材及水泥基防水涂料，材料复试合格。

（4）装饰装修工程

外立面石材幕墙计算书及专项审查手续齐全，四性试验、相容性试验检测合格，幕墙与主体结构连接牢固、防火封堵良好。

外窗均为断桥隔热中空玻璃窗，安全玻璃检测2组；外窗性能实体检测1组，检测合格。

室内环境检测6份，监测560点，检测结果符合Ⅰ类民用建筑工程要求；石材放射性检测6组，木材甲醛释放量检测6组，检测合格；各类装饰原材料先检后用，各项指标检测复试均满足设计要求。

（5）给排水及采暖工程

给排水管道布置合理、排列整齐，接口严密，各类设备固定牢靠、运行中无“跑冒滴漏”现象。

生活饮用水水质检测报告1份，排水管道通球试验记录6份，生活给水管道冲洗消毒记录25份，闭式喷头、阀门、散热器安装前强度及严密性试验记录12份，消火栓试射记录6份，单机试运行、系统试运行记录6份，均齐全完整。

（6）通风与空调工程

风管安装平正，表面清洁，连接件螺栓方向一致，支吊架顺直，防晃支吊架设置规范；室内空调设备布置合理，运行良好。

（7）建筑电气工程

变电系统、配电系统、照明动力系统、防雷接地系统运行稳定。各类配电箱、柜布置合理，安装稳固，接线正确；配电柜接地可靠，柜内母线标识清晰。

第三方防雷接地检测8组，防雷接地电阻测试记录8份，大型灯具承载试验记录24份，建筑物照明通电试运行记录52份，电气设备空载试运行8份，均齐全完整。

（8）智能建筑工程

共9个子系统，验收记录齐全完整，检测调试全部合格。

绝缘电阻、接地电阻测试，火灾自动报警、安全技术防范等系统试运行记录完整有效，验收合格。

（9）电梯工程

6部电梯运行平稳、平层准确；经江苏省特种设备监督检验技术研究所检验全部合格。

（10）建筑节能工程

墙体传热系数为0.73 W/($m^2 \cdot K$)，屋面为0.5 W/($m^2 \cdot K$)，符合设计要求。

墙面保温板复检12组，屋面保温板复检12组，均检测合格，与设计要求均一致；外墙节能构造现场实体检验、现场热工性能检测合格；节能专项验收合格。

（11）工程技术资料

工程技术资料21卷254册，按总目录、分目录、卷内目录编制，层次清晰，查阅方便，各项资料齐全完整，有可追溯性。

4.2 工程施工的质量特色与重难点

体育馆钢屋架焊接及螺栓连接牢固，焊缝饱满平顺，防腐及防火涂料涂刷均匀。

外立面造型新颖，立体感强，颜色亮丽；砂胶饰面砖粘贴平整牢固、勾缝均匀，整体美观。

外墙GRC、EPS线条采用数字化自动加工，安装牢固、接缝严密、起拱弧度圆润，整体观感佳。

大理石幕墙表面平整、色泽均匀一致，外窗安装牢固美观，无渗漏。

教学楼大厅美观大气，装修新颖别致。

报告厅整齐划一，装修精致，整齐美观。

室内地砖楼地面平整、套割精细，无空鼓、无翘角。

各类吊顶工程造型新颖，所有的末端设备均居中布置。

室内外栏杆扶手牢固美观，门窗安装牢固，开启灵活、关闭严密。

卫生间精心策划，阴阳角方正，套割精细，整体排布美观。

4 493 m^2地下车库环氧地面，色泽一致、平整美观。

11 920 m^2屋面细部处理精细，排砖对缝，坡度正确，排水通畅，无积水，无渗漏。

12 850 m管道排列有序、保温严密、标识正确。

消防系统设备安装布置紧凑，运行正常；油漆色泽均匀，标识清晰完整。

机房整洁，设备排布合理、安装稳固，阀门、仪表成线。

配电室成列配电柜排列整齐，布置合理，安装稳固。

配电箱、柜排列整齐，接地良好，配线整齐，标识清晰。

智能建筑设备整洁美观，线路规整，系统运行稳定，视频监控图像清晰。

五、技术创新与“四新”技术应用

（1）本工程从设计到施工积极推行

"技术先行、创新创效"的理念，本工程应用了住建部建筑业10项新技术（2017版）中的8大项、25小项，应用了江苏省建筑业10项新技术（2011版）中的5大项、9小项。经江苏省住房和城乡建设厅组织验收评定为江苏省新技术应用示范工程。

（2）项目实施过程中充分发挥技术优势，积极开展自主创新和QC小组活动。其中"提高框架柱电渣压力焊质量验收一次合格率"荣获全国工程质量建设管理小组活动交流会I类成果。

六、建筑节能与绿色施工

（1）本工程按照绿色施工要求组织施工，采取"四节一环保"各项措施，环境保护、节材、节能、节水、节地等各方面效益显著。

（2）本工程全方位地采用了绿色建筑技术，以低投高效，提高环境质量，荣获2020年工程建设项目绿色建造设计水平评价三等奖。

七、工程质量和社会综合效益

盐城枫叶国际学校工程先后获得了国家、省、市三级工程建设领域殊荣。

2020年度国家优质工程奖；

2019年度江苏省"扬子杯"优质工程奖；

全国工程建设质量管理小组活动交流会"Ⅰ类成果奖"；

江苏省工程建设质量管理小组活动"Ⅰ类成果奖"；

江苏省建筑施工标准化星级工地（等级：二星）；

江苏省新技术应用示范工程；

中施协2020年工程建设项目绿色建造设计水平评价三等奖；

盐城枫叶国际学校工程，发挥了科技引领、管理创新、人才支撑等示范效应。

工程积极运用新技术、新材料、新工艺、新设备，特别是大力采用国家和省级新技术，工程外部造型新颖、立体感强、颜色亮丽，内部装饰细腻、用工精致、风格独特，彰显中西合璧的校园建筑文化特质，塑创了校园建筑新地标。注重加强建设、施工、设计、监理单位的紧密合作，攻克建筑施工难题，树立了强强联合新模式。本项目成为公司培育专业人才，组织专业团队，推进高层次人才实施"高新特"项目，打造精品工程的新典范。

（刘根华　朱明琴）

18　东台农村商业银行大厦创精品工程

——南通建工集团股份有限公司

一、工程概况

东台农村商业银行大厦工程位于江苏省东台市城东新区东进大道南，经八路西，总建筑面积59 586 m^2，总投资额约4.5亿元。本工程地下1层为平战结合人防工程及汽车库、金库及设备用房等，地上23层，分别为营业、办公及配套用房。本工程基础形式为钻孔灌注桩及先张法预应力管桩筏板基础，主体为框架剪力墙结构，电梯为14部曳引式电梯。地下室防水等级为Ⅰ级，采用聚氨酯、水泥基渗透结晶防水涂料。屋面为倒置式保温防水屋面，防水等级为Ⅰ级。

外装以玻璃幕墙、石材幕墙为主，幕墙最高点高度为112.5 m。幕墙玻璃采用8+12A+8钢化中空双银Low-E超白玻璃。室内各区域按使用功能全部精装修到位。本工程设有生活给水系统、热水系统、生活排水系统、雨水排水系统、消火栓系统、太阳能热水系统、自动喷水灭火系统及气体灭火系统。低压配电系统采用220/380 V放射式与树干式相结合的方式供电。主楼及地下1层空调系统采用多联机系统，裙楼空调系统采用一次泵变流量系统。智能化弱电系统包括综合布线、有线电视、背景音乐、弱电防雷及接地、计算机网络、多媒体信息引导及发布、多媒体音视频、酒店门锁、程控交换机、移动通信信号覆盖、综合安防、机房等。

该工程由南通建工集团股份有限公司总承包施工，江苏东台农村商业银行有限公司投资兴建，中国美术学院风景建筑设计研究院、苏州国贸嘉和建筑工程有限公司设计，上海凯悦建设咨询监理有限公司监理，参建单位包括南京国豪装饰安装工程股份有限公司、深圳市宝鹰建设集团股份有限公司、金程科技有限公司等。工程于2013年10月8日开工，2018年9月28日竣工交付。

图18-1　工程全景鸟瞰图

图18-2　工程南立面及主入口

图18-3　接待厅

图18-4　电梯厅

图18-5　主楼电梯机房

图18-6　地下停车库

二、创建精品工程的技术与管理措施

2.1　工程创优策划与管理

本工程为东台市重点建设项目，创优

目标的实现对树立业主及本公司的良好形象均具有重要意义。本工程质量目标为江苏省优质工程“扬子杯”。项目部创优小组确定了“精心策划，精细施工，样板先行，科技攻关”的质量方针。

图 18-7　幕墙整体效果

2.2　工程重难点及新技术应用

2.2.1　工程技术难点及特色

（1）大厅预应力结构

本工程大厅部位在12/14轴位置存在后张法预应力大梁（600 mm × 1 400 mm），最大跨度20.5 m，预应力梁混凝土强度等级为C40，梁起拱30 mm。预应力筋采用1860级（国标GB/T 5224）高强低松弛钢绞线。张拉端及固定端均采用OVM15锚具，满足《预应力筋用锚具、夹具和连接器应用技术规程》中锚具的要求。预应力筋孔道采用波纹管成型。

（2）型钢混凝土结构

本工程裙房17～20轴，局部采用型钢混凝土结构。施工前采用TEKLA软件进行型钢混凝土结构的深化设计，并采用BIM技术进行施工模拟及可视化交底。

（3）屋面钢结构

本工程采用钢结构屋架，屋面最高112.5 m，屋架最大跨度8.4 m。屋面基础梁及节点柱与屋面连接均采用预埋连接。针对钢构架单个构件大、质量大，屋顶标高高，垂直运输难度大，安全管理要求高等特点，现场采用了屋面拼装、高空散装及次结构部分安装、满堂脚手架搭设的施工工艺，在质量及安全控制方面取得了好的成效。

（4）幕墙工程

本工程外立面为玻璃幕墙，采用Revit软件对模型进行建模和节点优化，每块玻璃单独进行编号，细化每块玻璃生产图，与现场安装部位对等衔接。

2.2.2　新技术应用情况

本工程共应用了住建部推荐的2017版新技术应用中的9大项25小项，其中包括：自密实混凝土技术、钢筋混凝土裂缝控制技术、预应力技术、塑料模板技术、钢与混凝土组合施工技术、钢筋焊接网应用技术、钢结构虚拟预拼装技术、钢结构智能测量技术、钢结构防腐防火技术、基于BIM的管线综合布置技术、太阳能与建筑一体化应用技术、施工现场水收集综合利用技术、建筑垃圾减量化与资源化利用技术、施工扬尘控制技术、混凝土楼面一次成型技术、防水卷材机械固定施工技术、种植屋面防水施工技术、高效外墙自保温技术、高性能门窗技术、基于BIM的现场施工管理信息技术、基于移动互联网的项目动态管理、基于物联网的劳务管理信息技术等。

（1）幕墙整体效果建筑节能技术先进

本工程屋面为倒置式屋面，外墙体在幕墙的构造骨架内设置泡沫玻璃外墙外保温体系；所有外窗、幕墙的玻璃均采用较低Low-E夹层中空玻璃，做到节能环保。裙房屋面局部布置光伏发电板，光伏发电并入电网。广泛选用耗能低的电器产品，照明灯具均选用LED灯具，非公共区域灯具采用人体感应开关、光照度开关等控制，水泵、风机均配置变频器，卫生洁具选用节水型产品。楼宇自控将所有机电设备纳入并进行监视，通过中控电脑进行最优控制，节省能源及提高日常管理效率。雨水回收系统将雨水汇集至雨水收集池，经处理后用于室外绿化。

图 18-8　屋面光伏发电板

（2）机电安装技术创新

① 采用BIM技术对管线综合排布等各专业进行优化

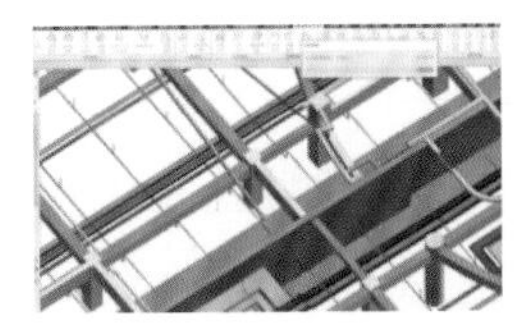

图 18-9　管线综合排布优化

图 18-10　强电桥架布置

图 18-11　消防泵房

图 18-12　空调泵房

本项目机电安装专业齐全，管线复杂，这对管线的综合排布、施工工艺、材料选择及工人技术水平均提出了很高的要求。为此项目部成立了BIM设计小组，采用Revit软件进行深化设计，设计小组将本项目所有机电安装管线均纳入建筑结构模型中并进行三维模拟、碰撞检测和管线调整，在确保无问题后出施工纸指导施工。

② 大管道闭式循环冲洗技术

本工程空调水系统采用无缝钢管现场焊接工艺，根据以往工程运营实践，传统的冲洗效果不佳，故本项目采用闭式循环冲洗技术，利用水在管内流动的动力和紊流的涡旋及水对杂物的浮力，迫使管内杂质在流体中悬浮、移动，从而使杂质随流体带出管外或沉积于管路过滤器内清除掉。

③ 机电消声减振综合施工技术

机电系统安装施工过程中，在进行深化设计时要充分考虑系统消声、减振功能需要。如设备采用浮筑基础、减振浮台及减振器等的隔声隔振构造，管道与结构、管道与设备、管道与支吊架及支吊架与结构（包括钢结构）之间采用消声减振的隔离隔断措施，如套管、避振器、隔离衬垫、柔性软接、避振喉等。

2.3　工程质量实施情况

2.3.1　分部工程质量实施情况

（1）地基与基础质量情况

基坑底板和外墙施工，从钢筋绑扎、模板安装、抗渗混凝土的配合比、振捣流程、施工分区分段浇筑、养护等各项工艺都进行优化和严格控制，使混凝土底板和墙体抗渗性能良好。

图 18-13　地下室混凝土成型质量

图 18-14　混凝土的覆盖养护

（2）主体结构质量情况

主体结构工程施工量大，难度大，工期紧，且平面布局不规则，控制主体施工质量是本工程创优最重要的一环。特别是抓好施工测量放线工作。一是优化施工方案，杜绝走模、模板拼缝不严、混凝土振捣不密实等质量通病，使混凝土达到内实外光，几

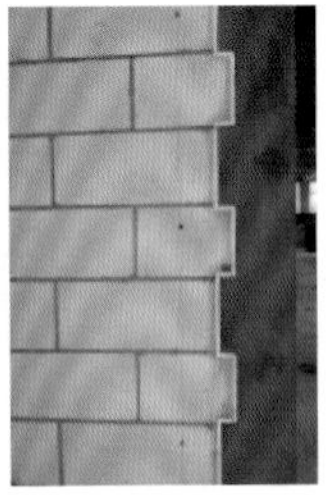

图 18-15　混凝土及砌体结构成型质量

何尺寸准确、梁柱节点棱角分明、顺直、平整。达到清水混凝土效果。二是用激光经纬仪、全站仪投测，控制轴线和定位尺寸往上逐层投测，垂直度使用激光垂准仪投测，用吊线法进行互相校核。

砌体砌筑横平竖直、灰缝饱满，构造柱按照规范及设计要求严格设置，与砖墙相接处均贴双面胶带，以防漏浆，构造柱成型美观与墙体接缝平齐。

（3）建筑装饰装修质量情况

地下室环氧地坪施工平整光亮、整洁美观。

图18-16　地下室环氧地坪面层成型效果

本工程装饰材料均选用绿色环保材料，装饰施工方案先行，以样板引路。

图18-17　会议厅整体效果1

图18-18　会客厅整体效果2

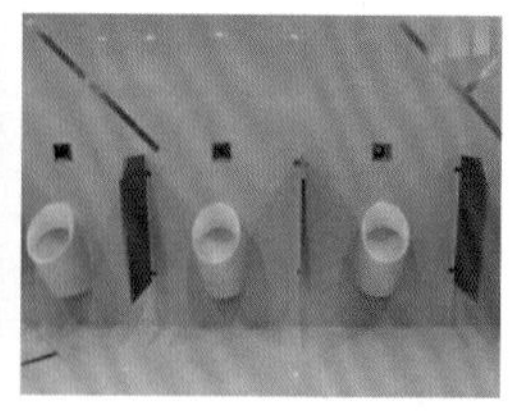

图18-19　卫生间洁具及地砖楼面

地砖采用软件进行排布，选取合理方式后进行铺贴。地砖粘贴平整，砖缝横平竖直，砖面光洁、美观大方。

（4）屋面工程质量情况

屋面局部为植草屋面，卷材施工无空鼓、裂纹、渗漏等现象发生；屋面保护层施工分缝合理，密封胶填嵌密实美观；屋面伸缩缝在保证变形的同时起到装饰性效果。

（5）设备及安装工程质量情况

桥架安装横平竖直，螺栓朝向正确，涂漆桥架连接处接地跨接线顺直。桥架穿墙及穿楼板处防火封堵严密，做工细致。动力及照明箱、柜接线正确，线路绑扎整齐，编号明确标识正确；灯具运行正常，开关、按钮开启灵活、安全。

管道与支架油漆分色清晰，消火栓、喷淋、排烟、电缆桥架标识清楚，布置美观一致，成排安装的喷淋头、风口顺直，保证各种管道设备布置合理。

设备机房经过二次深化，设备间布局合理，排列整齐，设备、阀门、仪表成行成线，操作方便，油漆光亮，标识清晰。

配电间经过二次深化，配电箱（柜）排列整齐，固定牢靠，安装规范。

图18-20　总配电房布置整洁有序

图18-21 设备安装规范整齐

2.3.2 工程技术资料

工程技术资料按土建、安装、幕墙、装饰、弱电、电梯等建立总目录。按施工技术管理资料、工程质量控制资料、施工试验报告及见证检测报告、隐蔽工程验收记录、土建工程安全和功能检验资料、工程资料验收记录等建立分目录和子目录。资料编目完整齐全，立卷编目分类清晰，装订规范，便于查找。各项资料都有可追溯性。

三、项目成果

（1）2014年度第二批江苏省建筑施工标准化文明示范工地。

证书

南通建工集团股份有限公司施工的
东台市农商行大厦土建及一般机电安装工程
被评为二〇一四年度第二批江苏省建筑施工标准化文明示范工地。
特发此证，以资鼓励。
项目经理：邱林

江苏省住房和城乡建设厅
江苏省建设工会工作委员会
二〇一五年二月

（2）2019年度盐城市优质工程。

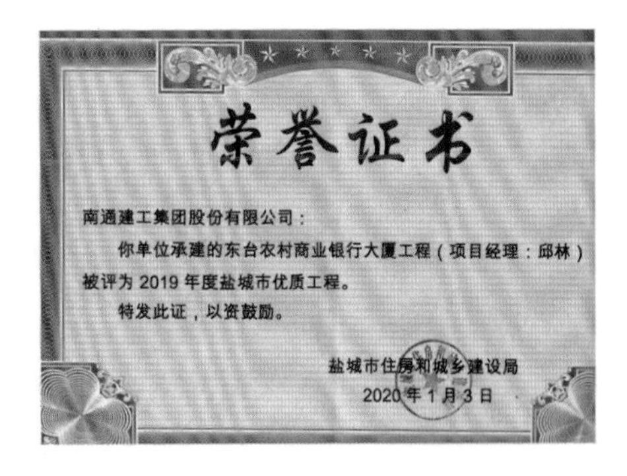

荣誉证书

南通建工集团股份有限公司：
你单位承建的东台农村商业银行大厦工程（项目经理：邱林）被评为2019年度盐城市优质工程。
特发此证，以资鼓励。

盐城市住房和城乡建设局
2020年1月3日

（3）2019年度江苏省优质工程奖“扬子杯”。

获奖证书

南通建工集团股份有限公司：
你单位承建的“东台农村商业银行大厦”荣获2019年度江苏省优质工程奖“扬子杯”。

（4）南通市QC小组活动成果2篇：

① 利用水位的季节性进行基坑降水；

② 低温环境大体积混凝土工程裂缝控制。

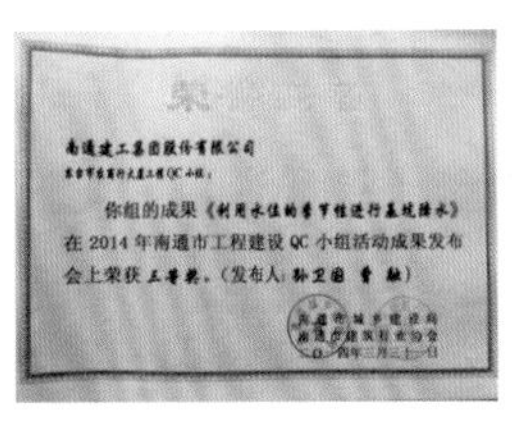

南通建工集团股份有限公司
东台市农商行大厦工程QC小组：
你组的成果《利用水位的季节性进行基坑降水》在2014年南通市工程建设QC小组活动成果发布会上荣获三等奖。（发布人：孙卫国 曹融）

南通市城乡建设局
南通市建筑行业协会
二〇一四年三月三十一日

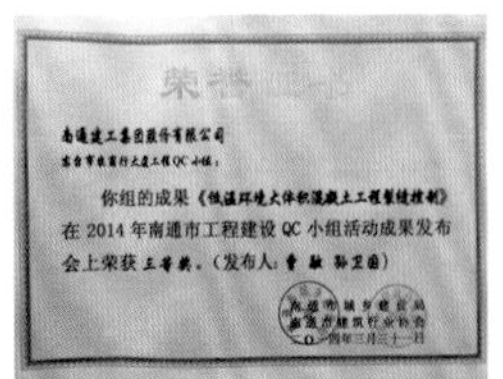

南通建工集团股份有限公司
东台市农商行大厦工程QC小组：
你组的成果《低温环境大体积混凝土工程裂缝控制》在2014年南通市工程建设QC小组活动成果发布会上荣获三等奖。（发布人：曹融 孙卫国）

南通市城乡建设局
南通市建筑行业协会
二〇一四年三月三十一日

（曹 融）

19　常州科技金融中心创精品经验交流

——金土地建设集团有限公司　江苏嘉越工程项目管理有限公司

一、工程简介

常州科技金融中心位于江苏省常州市新北区。工程总投资5.6亿元，于2014年9月28日开工建设，于2017年11月13日竣工交付。

1.1　工程概况

本工程总建筑面积132 568 m^2(地上93 415 m^2，地下39 153 m^2)；建筑高度149.75 m，塔楼地上33层、裙楼6层，地下2层。

本工程外立面采用半隐框玻璃和铝板组合幕墙；室内采用花岗岩干挂墙面及玻化砖楼地面；墙柱面采用干挂石材、涂料；吊顶采用铝板、铝合金格栅及轻钢龙骨纸面石膏板吊顶；屋面和地下室顶板为防水卷材，侧墙聚氨酯防水涂膜。

1.2　结构概况

本工程采用桩筏基础；塔楼采用带支撑框架核心筒结构，支撑框架采用型钢混凝土柱梁，双向“K”形穿层钢支撑；裙楼为框架结构。

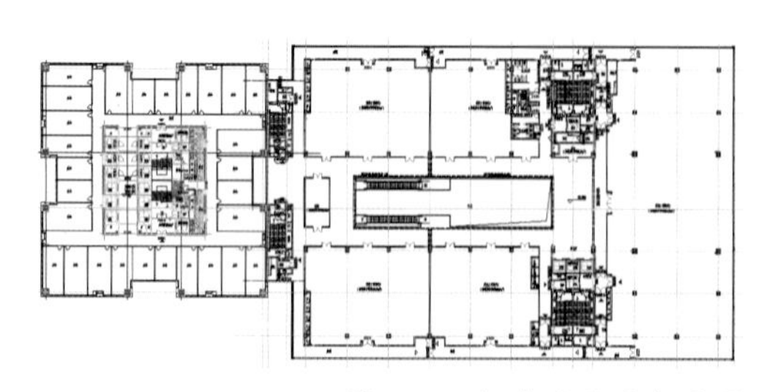

图19-1　标准层平面布置图

1.3　机电安装概况

本工程机电安装包括给排水、电气、消防、通风空调、智能化控制系统，并布设安全防范、多媒体会议、机电设备监控、灯光监控、车辆智能管理系统等。

1.4　绿色建筑概况

透光围护结构采用低透光Low-E中空玻璃–断热铝合金型材，氟碳铝板内衬A级岩棉板；屋面采用轻质泡沫混凝土保温层；设置了数据远传数字式电能计量、能耗监测、建筑泛光照明光电自动控制、屋面太阳能光伏等系统。绿色建筑设计等级为二星级。

1.5　社会影响力

本工程使用功能为5A级商务办公楼及商业，毗邻京沪高铁常州站、地铁1号线和新龙湖公园，区域位置优势明显，拥有非常便捷的交通和现代化配套设施，是常州高铁新城CBD核心区“五大中心”之“金融中心、商务中心”的空间规划开端之作和先棋布局工程。工程自建成以来，凭借绿建二星智慧楼宇，已打造成创新型先锋企业总部集聚地，为区域产业的转型发展提供了强有力的服务平台。

二、精品工程创建过程

精品工程创建的核心是工程策划和目标实施。建设单位采用规范和科学的过程控制，解决了工程质量控制的重点和难点，以工匠精神和技术创新手段，突出创优特色，打造精品工程。

2.1 创优策划

工程开工伊始，各参建单位就明确本工程争创“鲁班奖”，确保江苏省优质工程奖“扬子杯”精品工程的质量目标。

第一是组织保障。项目成立由施工单位项目经理、建设单位项目负责人、监理单位项目总监组成的工程创优领导小组，统一组织领导和部署落实创优工作。

第二是总体策划。创优总体策划书的内容包含：① 工程概况和编制依据；② 创优管理组织机构与职责；③ 创优管理目标；④ 工程施工重点和难点；⑤ 单位工程施工、深化设计及设备管线综合的配合；⑥ 分专业策划(控制目标、标准要求、材料选用、施工工艺、技术标准、细部做法)；⑦ 工程质量特色及亮点策划；⑧ 科技创新、十项新技术应用策划；⑨ 绿色施工策划；⑩ 工程技术资料编制策划。

第三是目标管理。从地基与基础、主体结构、屋面工程、装饰装修、机电安装、外场配套等各专业分解创优目标。各分部分项工程质量必须符合且高于《优质建筑工程质量验收评定标准》(DGJ32/TJ04—2010)标准规定，确保工程质量一次成优。

第四是建立制度。包括创优责任制度、方案评审制度、技术保证制度、技术交底制度、质量检验制度、质量奖惩制度、安全生产管理制度等。

第五是分类控制。将超长大直径后注浆灌注桩等列为科技创新项目；将超高超大玻璃-铝板组合幕墙、地下室及屋面防渗漏等列为技术攻关项目；将室内精装修、机电综合布线等列为质量通病控制重点；将大体积混凝土、型钢混凝土结构施工等列为质量控制重点和难点。

2.2 过程控制

(1) 实行样板引导开路。双“K”形节点、预应力、组合幕墙、屋面防水、石材地面铺贴、墙面石材干挂、机电安装、透水混凝土等重要工序均先做样板，通过总结确定施工工艺方法、材料标准、实测检验及观感要求，经创优领导小组评审通过后组织大面积施工。

(2) 严格原材料质量控制。建筑材料、设备、构配件的质量优劣直接关联到房屋主体结构安全和重要使用功能，是工程创优的前提条件。工程用原材料品种、规格、型号、技术参数必须符合设计文件和现行相关标准规定，原材料采购力求好中选优。例如，C60型钢混凝土柱所用聚羧酸高性能减水剂，先由施工总承包单位推荐三家合格供货商；随机取样并送检至第三方检测机构，进行各项性能指标测定。同时三种样品分别试配制作C60混凝土试块，检测7 d和28 d抗压强度。最后根据检测结果，最终确定一家供货商。实践证明，C60混凝土经过程检测子分部评定、结构实体检验全部合格。

(3) 确保工序检验批优质。检验批是单位工程的基本构成单元，优质检验批才能保证优质工程。施工前，项目技术负责人认真仔细地向作业人员进行技术交底、质量交底，提高作业人员的质量素质，确保他们掌握各关键部位、各重要环节的工艺质量要领；施工中，作业人员严格依据设计文件、技术标准和规程进行操作，对不符合优质验收标准的检验批，由创优领导小组责令返工返修直至符合要求为止。

三、新技术应用及科技创新

3.1 新技术应用

本工程共应用住建部推广的建筑业10项新技术（2010版）中8大项17小项，应用江苏省建筑业10项新技术（2011版）3大项6小项，提高了工程科技含量，确保了质量，节约了资源，加快了进度，取得了良好的经济效益和社会效益。

表19-1 住建部建筑业10项新技术应用汇总表

序号	大项	子项	应用部位	应用量
1	地基基础与地下空间技术	1.1灌注桩后注浆技术 1.6复合土钉墙支护技术	塔楼承压桩 地下室基坑边坡	245根 6 000 m^2
2	混凝土技术	2.2高强高性能混凝土技术 2.6混凝土裂缝控制技术	塔楼型钢混凝土柱 地下室底板、墙板、顶板	2 000 m^3 32 000 m^3
3	钢筋及预应力技术	3.3大直径钢筋直螺纹连接技术 3.7建筑用成型钢筋制品加工与配送	地下室、主体结构 钢筋专业化加工	43 805个 3 027 t
4	钢结构技术	5.2厚钢板焊接技术 5.5钢与混凝土组合结构技术	基础、主体型钢柱 基础、主体结构	830 t 1 800 m^3
5	机电安装工程技术	6.1管线综合布置技术 6.2金属矩形风管薄钢板法兰连接技术 6.6薄壁金属管道新型连接方式	建筑安装 通风空调 建筑安装	75 000 m 3 500 m 12 000 m
6	绿色施工技术	7.2施工过程水回收利用技术 7.3预拌砂浆施工技术	基础地下室 墙体砌筑及粉刷	15 200 m^3 16 737 m^3
7	防水技术	8.7聚氨酯防水涂料施工技术	地下室外墙	6 289 m^2
8	信息化应用技术	10.3施工现场监控管理及工程远程验收技术 10.4工程量自动计算技术 10.8塔式起重机安装监控管理系统应用技术	大门口、办公区、生活区 工程量和钢筋计算 塔吊	8套 132 568 m^2 4台

表19-2 江苏省建筑业10项新技术应用汇总表

序号	大项	子项	应用部位	应用量
1	建筑施工成型技术	5.1混凝土结构用钢筋间隔件应用技术 5.2模板固定工具化配件应用技术 5.4耐磨混凝土地面技术 5.5原浆机械抹光技术	钢筋保护层 基础工程 地下室车库地坪 楼地面	30 t 500 m^2 34 000 m^2 93 000 m^2
2	建筑涂料与高性能砂浆新技术	6.3高性能砂浆技术	内墙面	800 m^3
3	废弃物资源化利用技术	9.2工地木方接木应用技术	整个工程	700 m^3

3.2 主要新技术应用介绍

(1) 混凝土裂缝控制技术

本工程基础底板为大体积筏板基础，混凝土体量大，约为42 587 m^3，底板厚度为2 300 mm、1 000 mm、800 mm、600 mm等。大体积混凝土结构是指其水化热引起温升过高（内外温差超过25℃），而必须采取有效措施控制其温度、收缩裂缝的混凝土结构，其最小尺寸通常在80 cm以上。本工程地下室采用大体积砼的裂缝控制技术，不但节约了浇筑时的机械费和人工费，而且大大提高了混凝土的浇筑质量，减少了裂缝的产生。

（2）大直径钢筋直螺纹连接技术

本工程的框架柱、梁等结构中，直径大于或等于16 mm的钢筋都将使用等强度滚轧直螺纹机械连接技术，共计43 805个接头。其基本的操作工艺为：钢筋准备→滚轧、攻螺纹→利用套筒连接。滚轧螺纹利用钢筋滚轧直螺纹成型机进行制作，一次装卡钢筋即可完成钢筋滚轧和螺纹加工两道工序，操作简单，加工速度快。与国内外现有的钢筋连接技术相比具有接头连接强度高，接头的抗拉强度能够实现与钢筋母材等强，而且连接速度快、设备操作简便、性能稳定可靠、套筒耗材少、适用范围广、施工方便等特点，适用于直径为16～40 mm的Ⅱ、Ⅲ级钢筋在任意方向和位置的同径和异径钢筋的连接。

图19-2　钢筋直螺纹连接及绑扎

（3）厚钢板焊接技术

对于本工程中50 mm厚的钢板，我们采用双面坡口处理，为确保原材料在厚度方向上的质量，50 mm厚钢板在焊接前要对坡口两边100 mm范围内进行UT探伤，确认无夹渣、夹层等缺陷时再进行焊接。用ER50-6型的CO_2气保焊先进行定位焊。定位焊时，调节定位焊电流比正式焊接时大20%～25%，焊接速度不宜太快。定位焊缝长度50～70 mm，焊脚尺寸：H_f=4～5 mm，焊道间距为100 mm。定位焊缝作为正式焊缝的一部分不得有未焊透、裂纹等缺陷。定位焊缝上若出现气孔或裂纹时，必须及时清除后重焊。必须加焊与坡口形状一致的引弧板、引出板。引弧板和引出板宽度不小于坡口的坡度面宽度，厚度10 mm，以照顾埋弧焊盖面的引收弧，焊接完毕后，必须用气割切除被焊工件上的引弧、引出板，并修磨平整，严禁用锤将其击落。

图19-3　钢板焊接、切割

（4）钢与混凝土组合结构技术

型钢混凝土组合构件是将型钢埋入钢筋混凝土中的一种结构形式，即这种构件是由型钢、钢筋和混凝土三种材料所构成，与单纯的钢结构和混凝土结构相比具有许多显著的特点。该工程主楼结构形式为钢斜撑-核心筒结构，主楼部位均采用剪力墙、带支撑核心筒体结构，主楼部分柱为型钢混凝土柱。近年来，随着我国高层建筑的迅速发展，型钢混凝土结构在工程中的应用逐渐广泛，并且显示出了其对改善结构抗振性能、减小构件截面尺寸、提高建筑的综合技术经济指标等方面的巨大潜力。

图19-4　型钢混凝土施工

（5）施工过程水回收利用技术

水是有限资源，随着经济发展和人口持续增加，水资源日渐缺乏，地下水严重超采，为了响应节约用水方面的规定，在本工程施工中因地制宜地应用了基坑降水回收利用技术，尽可能地降低工程成本，节约水资源。本工程采用管井降水，总计51口井，通过集水箱及吸泵使得在整个工程施工期间除饮用水外部分基坑降水引至各施工区、加工场、生活区，满足了消防、降尘、车辆冲洗、厕所冲洗、混凝土养护等需水量。

（6）塔式起重机安装监控管理系统应用技术

塔式起重机（塔吊）监控系统是基于传感器技术、嵌入式技术、数据采集技术、数据处理技术、无线传感网络与远程通信技术相融合的系统平台，通过前端监控装置和平台无缝融合，实现了开放式的实时塔吊作业监控，在对塔吊实现现场安全监控的同时，通过远程高速无线数据传输将塔吊运行工作状况安全数据和报警信息通过3G CDMA实时发送到远程GIS可视化监控平台，并能在报警时自动触发手机短信向相关人员告知，从而实现实时的动态远程监控、远程报警和远程告知，使得塔吊安全监控成为开放的实时动态监控。监控平台的主要目的是实现工地级、企业级、区域（省市）级三级网络化、信息化远程安全监督与实时管理；参与监控管理的主体主要有工地安全员、塔吊租赁公司、施工单位及安监部门；施工单位需对塔吊报警进行相应处置，安监部门可以实时监督查看各个施工企业处置塔吊报警的详细信息，形成企业与政府监管部门的监控管理闭环，真正把监管责任落到实处。本工程使用塔式起重机监控系统达到了零事故率，保障了施工安全。

（7）模板固定工具化配件应用技术

本工程地下室框架柱截面大，施工较困难，因为模板固定多采用夹、撑、拉、压、箍、卡等形式，随意性大，易造成混凝土构件尺寸、位置不准，影响工程质量。采用工具式配件如模板固定卡夹、模板对拉螺栓、模板固定套箍等，能控制构件尺寸和位置，保证工程质量，具有重复周转使用、节约投资等特点。

图19-5　模板固定

（8）高性能砂浆技术

本工程内墙采用机械喷涂，因此对砂浆要求如下：湿混砂浆生产选用常州市材供专业搅拌站完成。计量按质量计量，能满足不同配合比砂浆的连续生产。搅拌机采用全自动计算机控制的固定式搅拌机。砂浆搅拌时间大于3 min，砂浆中的材料砂选用符合GB/T 14684规定的优质中砂，含泥量控制在1%以下，级配模数在2.0～2.8间。并进行筛分处理；胶凝材料选用42.5标号硅酸盐水泥，符合GB 175的规定；粉煤灰参照《用于水泥和混凝土中的粉煤灰》（GB 1596）的技术规定选用；添加的ADDITIVES高分子材料外加剂具有增稠、缓凝双重作用，能改善砂浆的稠度和调节砂浆的凝结时间。

3.3　主要创新技术

（1）灌注桩试成孔

塔楼核心筒基础采用119根长60 m

ϕ800 mm后注浆灌注桩，单桩设计承载力特征值6 000 kN。施工采用正循环泥浆护壁钻孔工艺，成孔深度75 m。地勘报告显示，桩孔需穿越累计约40 m砂层及30 m粘性土层后进入⑩$_1$密实细砂层，且砂层中含有多层均混姜结石，层间土层q_c最大值17.19 MPa，成孔难度大。经创优领导小组研究决定，突破《建筑桩基技术规范》（JGJ 94—2008）标准要求，创造性地采取成孔试验。由设计单位在建筑外区域选定一处桩位试成孔（后用黏土填实），在钻进成孔至设计桩底标高并完成一清后始，静置一段时间（模拟成孔至成桩的施工历时时段）检测孔壁稳定性。

根据设计试桩施工原始记录，单桩从开始成孔至混凝土灌注共需19 h左右。试验时，分别在一清提钻后、下导管二清前、混凝土灌注完成后三个时间节点各检测1次孔径。试成孔检测报告显示：在距桩端标高20 m范围内，终孔静置1.5 h后，最小孔径为748.81 mm，缩径65.86 mm；终孔静置4 h后，最小孔径730.29 mm，累计缩径84.38 mm。根据成孔检测报告结果，在⑧$_4$、⑨$_1$、⑨$_2$、⑩$_1$等高砂性地层中的孔壁确实存在缩径现象。

在取得完整、系统的试验数据后，正式施工中采取下列关键工艺参数：① 钻头直径由750 mm加大至820 mm，并经常检查其磨损情况，及时调换；② 配置膨润土造浆，兼顾泥浆其他指标的同时，适当加大泥浆比重，提高粘度；③ 采取行之有效的除砂措施；④ 进入⑤$_1$粉土夹粉砂、⑤$_2$ ～⑤$_3$粉砂、⑧$_1$ ～⑧$_4$粉土夹粉质黏土、⑨$_2$粉质黏土夹粉砂、⑩$_1$细砂层时降低进尺，提高泵量，缓速穿过，必要时反复扫孔，以扩大孔径，巩固泥浆护壁效果；间隔成孔；⑤ 保证一清时间达1.5 h左右。

采用上述施工工艺，灌注桩的成孔（孔径、孔深、垂直度、孔壁稳定和沉渣厚度）抽检均合格，桩身完整性检测均达到Ⅰ类桩标准，静载检测全部合格。

（2）“K”字形铝板幕墙安装

本工程的玻璃和铝板组合幕墙设计线条流畅明快，极富视觉冲击感。如何圆满地实现设计意图，创优领导小组进行类似工程的施工现状调查和斜形长铝板幕墙施工质量问题调查。通过科学统计，分析原因，确定目标值，制定实施对策。通过采用优化安装工艺、细化下料尺寸、控制接缝大小、提高拼缝直线度、提高板面平整度、经纬仪复核铝板垂直度、加强成品保护等多项措施，精心组织施工。经验收，各项指标一次合格率均达95%以上，取得了显著成效。

图19-6 铝板幕墙施工

四、项目难点和特点

4.1 塔楼核心筒超深基坑

本工程基坑深11.3 m，塔楼核心筒区

域（28.6 m × 29 m）另加深7.4 m。筏板厚2.8 m，配筋为6层双向钢筋。为保证钢筋定位与施工安全，钢筋间隔件应具有足够的承载力和刚度，内部竖向钢筋间隔件经过计算，采用ϕ48 × 3.0钢管，纵横向间距1 400 mm，水平杆步距1 700 mm，且在钢管两端部进行注浆处理。核心筒加深部位采用二级轻型井点降水。

图 19-7 深基坑超厚筏板钢筋绑扎

4.2 型钢混凝土结构

通过专业技术对接、沟通，依据设计图纸及标准规定，对SRC构件钢筋的穿插施工，会同设计单位优化节点构造方案，制定型钢混凝土结构施工的关键措施如下：

（1）解决钢构件安装与模板、钢筋施工穿插作业的难点措施：锁定标准层主体结构施工组织流程（附着式升降脚手架提升→结平层定位放线→十字钢柱吊装焊接→H形钢梁吊装焊接→柱主筋直螺纹套筒连接→柱箍筋/拉钩绑扎→梁底模安装→柱封模→柱混凝土浇筑→梁钢筋绑扎→梁板封模→梁板混凝土浇筑→…→主体封顶后分层安装钢斜撑）；

（2）解决"K"形节点重要抗振性能和抗侧刚度的难点措施：带斜撑的十字柱对接，采取一层柱距结平面上方2 440 mm处，其余楼层柱距结平面上方2 210 mm处；柱外箍穿斜撑腹板处采取封闭环箍矩形变更为U形及L形箍，穿过腹板后再搭接焊封闭。

（3）解决大直径纵筋不宜绑扎和搭接焊的难点措施：梁内侧纵筋两端分别与预先焊接在柱翼缘板上的连接套筒相连，梁上、下部纵筋分别在跨中、跨端的1/3范围内用直螺纹长、短丝套筒连接。

（4）解决钢筋拉钩两端的钢板与钢筋骨架有效连接的难点措施：在十字柱翼缘板、H形钢梁腹板预先焊接斜向45° M14六角螺帽，再用拉钩与螺帽相扣。

（5）解决因"K"形节点处柱侧模对拉螺杆和钢抱箍无法拉通，易出现胀模的难点措施：在钢斜撑腹板上预先焊接侧模支点的加固部件，提高劲性柱K支撑模板加固的支撑系统稳固性。

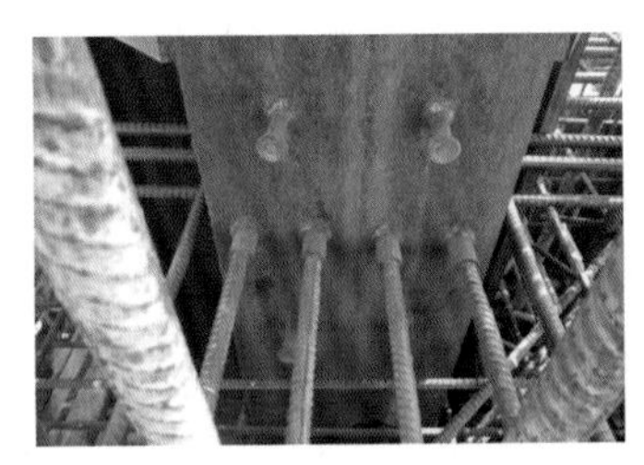

图 19-8 侧模支点加固

4.3 金属矩形风管薄钢板法兰连接

本工程通风空调风管采用金属矩形风管薄钢板法兰连接技术。该技术是一种新的风管连接方法，跟以前的连接方式不同，它具有很多优点，连接的效果更加明显，使用这种方式可以减少施工连接环节，可以避免复杂连接出现错误，连接部位比较牢固，保证施工质量，降低劳动强度，加快施工进度。金属矩形风管薄钢板法兰工艺作为快速法兰风管工艺的一种，得到了大量推广。在民用建筑中的，防排烟系统、新风系统、空调系统的经济合理运行有利于提高能源的利用效率，节约能源。

采用该项新技术，减少了防腐工程量，降低了工程成本，减少了油漆对环境和人

图 19-9 金属矩形风管

的污染及破坏，具有较好的经济和社会效益。民用建筑中的防排烟系统、新风系统、空调系统的经济合理运行有利于提高能源的利用效率，节约能源。

五、工程荣誉和成果

本工程设计新颖，技术先进，荣获2019年度江苏省勘察设计行业建筑环境与设备专业三等奖、绿色建筑专业三等奖；荣获常州市2019年度城乡建设系统优秀勘察设计一等奖；荣获2019年度“江苏省建筑业新技术应用示范工程”，荣获2016年度“江苏省建筑施工标准化文明示范工地”称号；2019年度常州市第五批“绿色施工（示范）工程”；荣获2019年度江苏省优质工程奖“扬子杯”；幕墙工程入选“2019—2020年度中国建筑工程装饰奖”名单。

QC成果《提高劲性柱K支撑模板加固质量》荣获常州市工程建设优秀QC小组成果一等奖；QC成果《劲性混凝土十字形钢柱、梁拉钩设置创新》《提高K字形铝板安装质量合格率》分别荣获江苏省工程建设优秀质量管理小组活动成果2016年度优秀奖、2017年度二等奖。

技术论文《空间立体桁架SRC结构施工关键技术》在国家级期刊《工程质量》（2019年第4期）发表。

常州科技金融中心工程在精品创建过程中积累了丰富经验，取得了丰硕成果。本工程是企业工程管理的一张靓丽名片，她代表着企业具备了更高的质量管理水平和更强的创优能力，为企业承接超高层公共建筑项目积累了宝贵经验，创造了优秀业绩。

（沈小丹　陈光跃　王宁祥）

20　江苏省电力实训基地改扩建一期项目

——无锡锡山建筑实业有限公司

一、工程简介

江苏省电力实训基地改扩建一期项目位于江苏省无锡市滨湖区，紧临蠡园、鼋头渚等景区，地理位置优越，是高标准的酒店项目。项目秉承“多方胜境，咫尺园林”的设计理念，以自然为宗，写意山水，与蠡湖幽静秀美的自然风光浑然天成，在秀美的江南画卷上再添一颗璀璨明珠（图20-1）。承建并精心施工本项目有利于推进企业向高端化发展，以此提升企业的整体实力。

图20-1　项目整体实景图

工程总建筑面积63 763 m^2，其中地下2层，27 015 m^2，地上36 748 m^2，辅楼4层，高24.7 m，主楼9层，高 45.65 m。项目于2013年6月5日 开 工，于2018年7月25日竣工。

地上为客房、会议、大堂等及配套用房，地下1层主要为宴会厅、活动用房、游泳池、厨房用房、车库配套设备用房，地下2层为车库、厨房用房、部分人防区域（图20-2）。

图20-2　设计效果鸟瞰图

项目基础工程采用灌注桩加砼筏板基础，主体工程采用现浇钢筋混凝土框架剪力墙结构。装饰装修工程中，外立面采用铝合金明框玻璃幕墙、石材幕墙和金属幕墙的组合幕墙形式，保证采光度的同时，使整个建筑物显得错落有致（图20-3）。室内墙面采用干挂大理石、地面采用大理石、复合实木地板和机织地毯等材料，顶面采用轻钢龙骨石膏板和铝扣板吊顶。

图20-3　外立面呈现

给水系统经过处理后全部加压供给，地下泵房内设有150 m^3原水箱及75 m^3 净水箱。游泳池补水由独立供水泵组供水。客房排水系统采用污废分流制，其余部分排水系统采用污废合流制；室外排水采用雨污分流制。

生活热水系统由风冷热泵提供的热媒经板式换热器初次预热后再经过锅炉提供的热媒经板式换热器再次加热后供应生活热水系统，泳池系统单独设置板换加热。热水系统采用支管循环方式。

安装工程中，采用中央空调供热及供冷送风系统、工程火灾自动报警喷淋系统及联动系统、大楼室内室外采用全天候高清晰监控智能系统等28个子系统。

工程参建各方责任主体：

建设单位：鲁能集团有限公司

勘察单位：无锡市勘察设计研究院有限公司

设计单位：东南大学建筑设计研究院有限公司

监理单位：上海建科工程咨询有限公司

施工单位：无锡锡山建筑实业有限公司

二、工程难点和特点

难点1：高大模板支撑部位多达5处，搭设高度超限达11.5 m，跨度超限达21.15 m，梁截面超限达900 mm × 2 200 mm。(图20-4)

难点2：基坑深度达11 m，地下2层，建筑面积27 015 m^2，基坑面积14 794.5 m^2、周长533.4 m，周边环境较复杂，施工周期长，综合楼基坑灌注桩围护，外侧三轴搅拌桩止水，三道钢筋混凝土内支撑，综合楼垫层标高–10.900 m。

难点3：屋面挑檐构造复杂，采用下撑式联梁型工字钢悬挑架，悬挑梁、联梁、下撑梁均采用16号工字钢；综合楼悬挑2.95 m，悬挑梁间距4.5 m，4排联梁；后勤楼悬挑2.4 m，悬挑梁间距4.2 m，3排联梁(图20-5)。

图20-4　大堂高支模部位

图20-5　挑檐实景图

三、新技术应用及技术创新

本工程推广应用了住房和城乡建设部建筑业10项新技术中的7大项13小项，江苏省10项新技术中的4大项7小项。2019年被江苏省住房和城乡建设厅评为江苏省建筑业新技术应用示范工程。另外，对空心楼盖箱体内模安装质量问题进行质量攻关，并荣获全国工程建设优秀QC小组活动成果一等奖。

四、工程质量情况

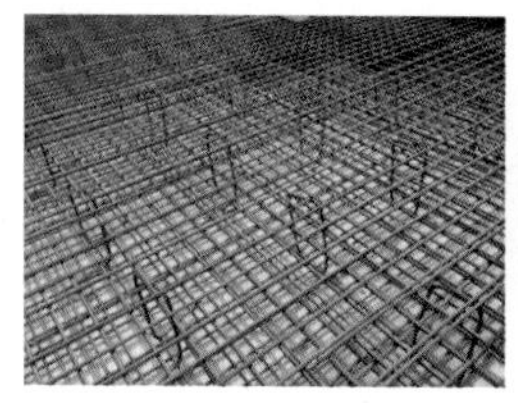

图20-6　高强钢筋施工

图20-7　混凝土表面及预应力钢筋

图20-8 地下室空心楼板

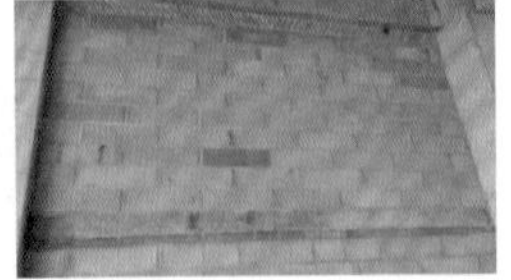

图20-9 二次结构排砖

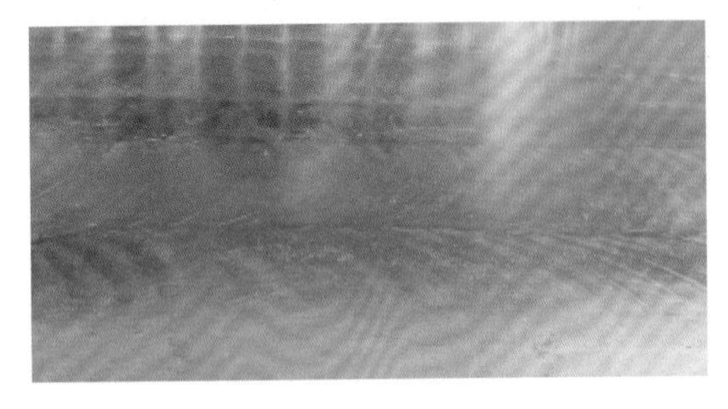

图20-10 地下室防水涂料

图20-11 铝合金明框玻璃幕墙、石材幕墙和金属幕墙组合体系

图20-12 室内装修

五、工程主要质量亮点

亮点1：在主楼一层设置宽敞明亮的入口和大堂（图20-13）。

图20-13 入口和大堂

亮点2：宴会厅（多功能室）设置于裙房2层，有自动扶梯直接通到一楼大厅，便于人员快速疏散（图20-14）。

亮点3：餐厅环境：地下1层设共享空间，利用采光井，改善采光和通风条件，为宾客营造一个恬静优雅的就餐环境（图20-15）。

亮点4：电梯前室石材墙面组排合理，拼缝均匀，表面平整，大厅石材色泽一致，排列合理、美观大方（图20-16）。

图20-14 电梯

图20-15 餐厅

图20-16 电梯前室石材墙面

亮点5：客房内装修高雅精致，做工细腻，简洁明快，卫生间、淋浴间采用大理石铺贴；墙面采用天堂鸟大理石铺贴，顶面采用铝扣板吊顶（图20-17）。

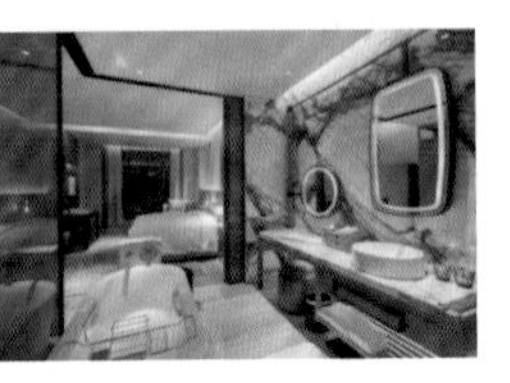

图20-17 客房室内装修

亮点6：充分利用顶层的高度优势采用落地玻璃，饱览蠡湖景色。玻璃幕墙表面平整、洁净，整幅玻璃的色泽均匀一致，密封胶缝横平竖直、深浅一致、宽窄均匀、光滑顺直。窗台板坡度一致、下口设有滴水槽、与外墙石材对缝（图20-18）。

亮点7：管道连接严密无渗漏，空调机组连接严密；整体平直，无损坏和腐蚀、受潮现象（图20-19）。

亮点8：S形瓦屋面拼接紧凑，搭接严密，屋脊、檐沟顺直，屋面防水效果好，成型后的观感质量很好（图20-20）。

图20-18　幕墙设计

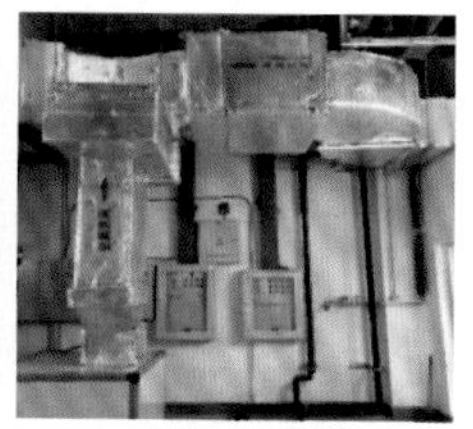

图20-19　设备安装工程

图20-20　屋面

亮点9：院落组合，凸显传统特色；空间延续，新旧融为一体；中轴对称，结构布局严谨（图20-21）。

亮点10：主楼居中，中心重点突出；高层前置，饱览蠡湖美景；园林特色，创造悠闲环境（图20-22）。

图20-21　院落组合

图20-22　周边环境

六、工程获奖及项目效果

本工程先后获得江苏省建筑工地标准化文明示范工地、无锡市优质结构工程、江苏省建筑业新技术应用示范工程、江苏省“扬子杯”优质工程奖。项目QC成果《提高空心楼盖箱体内模安装质量》荣获中国建筑业协会2014年全国工程建设优秀QC小组活动成果一等奖。

本工程通过公司及项目部的共同努力，工程质量、施工进度、安装文明施工得到保证；绿色施工，减少污染，有利于环境保护；减少资源浪费，降低工程成本；产生了良好的经济效益和社会效益。通过新技术、新工艺的应用，累计节约成本301.2万元。投入使用后，为来自全球的商务和休闲旅客提供了包罗万象和独具灵感的精彩体验。

（浦海江　王幸来　王大有）

21 柯利达设计研发中心建设项目

——中亿丰建设集团股份有限公司

一、工程概况

柯利达设计研发中心建设项目位于苏州市高新区运河路以西、金山东路以北。本工程为框架-核心筒结构,地下2层,地上23层,占地面积2 924.52 m^2,总建筑面积49 028.05 m^2,其中地上建筑面积34 080.33 m^2,地下建筑面积14 947.72 m^2,最大建筑高度98.7 m。地下室主要为停车场、配电室及泵房。地上分为主楼和塔楼两个区,主楼为办公室、会议室,裙房为展览区、放映室和食堂。

图21-1 楼梯实体样板

项目由苏州柯利达装饰股份有限公司投资新建,由中铁华铁工程设计集团有限公司设计,苏州工业园区智宏工程管理咨询有限公司监理,中亿丰建设集团股份有限公司总承包施工。

工程于2016年4月8日开工,2018年9月5日竣工,质量目标:江苏省"扬子杯"优质工程奖。

二、创优策划

工程开工伊始,就确立了创"扬子杯"的质量目标,并紧紧围绕目标。采取了五大保证措施。

2.1 建立有效的创优组织保证体系

工程开工时即成立了以总工程师为首的创"扬子杯"工作组,全程参与决策和控制,建立了以总承包为中心,融合建设、设计、监理及分包单位等相关方为一体的组织体系。

2.2 明确创优流程和标准

明确创优流程和标准,围绕目标组织考核,确保创优目标不偏移。

2.3 推广实施创优、创新做法

在严格按照国家施工质量验收规范和创"扬子杯"指导书等基础上,严格按照集团公司制定的《工程创优创新施工标准》及《创优作业指导书》指导现场施工。

2.4 坚持"方案先行,样板引路"的施工原则

推行实物样板区,编制创优策划等控制文件,对关键部位和特殊做法采用施工工艺展示、实物样板引路,严格过程控制,做到一次成优。

图21-2 主体结构模板体系样板　图21-3 墙板、约束边缘柱模板样板

图21-4 楼梯实体样板

图21-5 二次结构砌筑样板

三、过程控制

工程质量的优劣是由施工过程水平决定的，过程控制是创“扬子杯”的关键，项目实施过程中以过程精品为施工目标，确保整个工程优良，为获“扬子杯”打下坚实的基础，主要做到以下几个方面的工作。

3.1 将创优目标分解到各参建单位

作为总承包单位，将创优目标分解到各参建单位，明确各分包单位承建的分项工程质量目标和质量职责，各参建单位统一认识、齐心协力，才能达到预期目标。

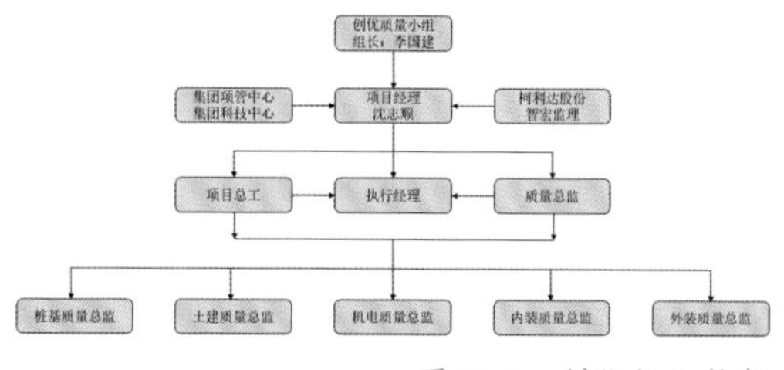

图21-6 创优组织构架

3.2 现场管理标准化

实施现场标准化管理，是提供质量保证的重要手段。建立项目质量保证计划，落实质量责任制，实行标准化管理，是保证工程质量的可靠途径。

推动现场管理标准化的措施靠的是科学、合理的制度及强大的执行力，这是项目实施过程中总承包单位必须做到的两件事。

图21-7 花型支墩

图21-8 设备接地

图21-9 湿式报警阀

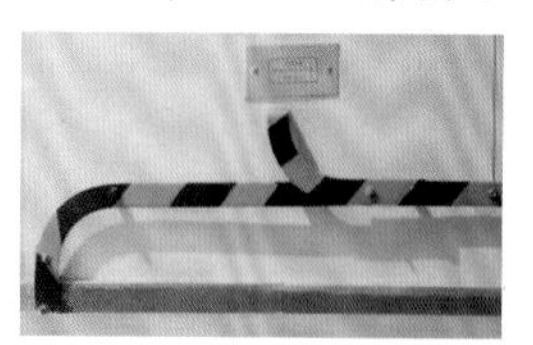

图21-10 接地扁铁

3.3 积极推广新技术、新工艺、新材料应用

施工过程中加强对新技术、新工艺、新材料的挖掘，结合工程的具体特点，选择施工工艺。按照建筑业“节能环保、绿色施工”的发展方向，积极使用国家推广的绿色环保材料。

四、工程技术重难点

4.1 复杂地质条件下的止水帷幕施工

项目基坑开挖深度超过10 m，地表2.5 m深度范围内为杂填土，基坑周边环境复杂、水系丰富，砂层厚，渗透性高，对基坑止水要求极高，水泥土搅拌桩施工难度大。

主要解决措施：

（1）项目选用适应性强、连续性好、止水效果好的CSM双轮铣深层水泥土墙作为止水帷幕，该工艺系苏州地区首次使用。

（2）CSM双轮铣水泥土搅拌墙的水泥掺量、搅拌效果、成型强度均优于三轴水泥土搅拌桩。

（3）CSM双轮铣水泥土搅拌墙止水效果好，基坑降水后，水位变化小，对周边建筑扰动小，保证基础施工期间基坑安全。

图21-11　CSM双轮铣深层水泥土墙

4.2　大面积超高全玻幕墙安装

塔楼、裙房2层以下为全玻璃幕墙，玻璃肋、面玻高度8.8 m，需选择合理的安装工艺，面玻吊装时的挠度控制、固定方式等均为安装的重难点。

主要解决措施：

(1) 采取电动葫芦、电动吸盘搭配组合的方式进行吊装，有效控制了吊装时玻璃的挠度。

(2) 玻璃肋、面玻均由不锈钢夹具穿孔吊挂，底部钢件仅为定位作用，防止面玻应自重而爆裂。

(3) 面玻加工时严格控制两片玻璃开孔部位的合片精度，保证面玻拼缝的垂直度。

图21-12　大厅全玻幕墙

4.3　钢箱梁型钢龙骨采光顶排水设计

塔楼与裙房之间由钢连廊连接，钢连廊顶部采光顶采用变截面箱型钢梁作为主梁，铝合金龙骨作为次梁，采光顶面积大，易渗漏。

主要解决措施：

(1) 采光顶采取有组织排水方式，变截面箱梁顶部凹槽内设置3 mm厚梯形铝板水槽。

(2) 水槽两侧设置固定立杆，通过连接底部的横梁，调整槽底标高，槽底坡度3%。

(3) 采光顶玻璃胶缝应密实，饱满。

图21-13　连廊采光顶

五、工程质量情况

5.1　地基与基础工程

基础采用桩筏基础，塔楼ϕ600 mm预应力管桩210根，裙房ϕ500 mm预应力管桩150根，地库区域边长400 mm方桩499根。其中塔楼抗压检测5根、裙房抗压检测3根、地库抗压检测5根、抗拔检测5根，静载及抗拔检测均合格。塔楼、裙房、地库工程桩小应变全数检测，各单体Ⅰ类桩占比为98%，无Ⅲ、Ⅳ类桩。

工程共设置26个(塔楼16个、裙房10个)沉降观测点，最大累积沉降量−20.68 mm，最近一次的最大沉降速率为0.005 mm/d，沉降处于稳定状态，符合设计及规范要求。

5.2　主体结构工程

工程结构安全可靠、无裂缝；混凝土结

构内坚外美，棱角方正，构件尺寸准确，表面平整清洁，垂直、平整度均控制在4 mm以内。

混凝土强度试块标养291组，同养98组，抗渗试块 26组；钢筋总用量4 400 t，钢筋原材料进场检测166批次，直螺纹机械连接检测163组，全部合格，结构实体检测合格。

塔楼劲性结构总用钢量274 t，钢骨深化设计，现场安装一次成优，焊缝饱满，波纹顺直，过渡平整，焊缝等级Ⅰ级，焊缝超声波检测合格。

5.3 装饰装修工程

15 800 m^{2}单元板块幕墙、2 000 m^{2}吊挂式全玻幕墙、2 200 m^{2}铝板幕墙、1 100 m^{2}玻璃采光顶，安装精确、节点牢固，胶缝饱满顺直、幕墙四性检测符合规范及设计要求。

6 500 m^{2}木饰面、凹凸石材墙面等设计新颖，22 800 m^{2}涂料墙面表面垂直平整，阴阳角方正，3 200 m^{2}布艺墙面接缝顺直，端庄大气，收边收口考究。

石材、瓷质砖、木质地板等地面，铺贴平整、拼缝严密、纹理顺畅；PVC塑胶地毯粘结牢固，平整光洁，收边考究。

石膏板吊顶、金属扩张网吊顶、灯光膜吊顶等，做工细腻。灯具、烟感探头、喷淋头、风口等位置合理、美观，与饰面板交接吻合、严密。

5.4屋面工程

2 340 m^{2}人工草坪屋面铺贴平直、收边考究，屋面防水等级Ⅰ级，防水层采用2 mm厚聚氨酯防水涂料+4 mm厚弹性体改性沥青防水卷材。防水工程完工后经闭水试验，使用至今无渗漏。

5.5 电梯工程

工程共设置9台直梯，木饰面墙面与电梯门套相结合，庄重、大气。层门指示灯安装位置合理，运行平稳、平层准确、安全可靠。

5.6 机电安装工程

36 500 m母线、桥架安装横平竖直；防雷接地规范可靠，电阻测试符合设计及规范要求；配电箱、柜接线正确、线路绑扎整齐；灯具运行正常，开关、插座使用安全。

86 450m管道排列整齐，支架设置合理，安装牢固，标识清晰。给排水管道安装一次合格，主机房设备布置合理，水泵整齐一线，安装规范美观，固定牢靠，连接正确。

支吊架及风管制作工艺统一，风管连接紧密可靠，风阀及消声部件设置规范，各类设备安装牢固，稳定可靠，运行平稳。

5.7 智能化工程

建筑设备监控系统、综合布线系统、安全防范系统，设备安装整齐，维护和管理便捷，各系统运行良好。

六、工程质量特色与亮点

6.1 工程特色

特色1：15 800 m^{2}单元式幕墙，简洁、理性；立面在10层、16层、18层退层设置，丰富了空间立体感。

图21-14 建筑外立面幕墙

特色2：1层为1 950 m^{2}超高全玻璃幕墙，大厅宽敞、通透；玻璃肋、面玻由不锈钢夹具穿孔吊挂固定,安装牢固、安全可靠。

图21-15　大厅超高全玻璃幕墙

特色3：16 900 m²地下室金刚砂耐磨地面,平整光洁、分缝合理、无空鼓、无裂缝。

图21-16　地下室耐磨地坪

特色4：一楼大厅地面石材铺贴平整、色泽均匀,墙面米黄色干挂石材层次丰富、凹凸有致,灯光膜吊顶与全玻幕墙玻璃肋对缝安装,简约、大气。

图21-17　大厅石材墙地面

特色5: 主楼顶层共享空间宽敞、明亮,采光顶设置24组预应力拉锁,提高竖向铝合金型材刚度,增加了大跨度采光顶的美观度。

图21-18　塔楼顶层共享空间

6.2　工程亮点

亮点1：旋转无支撑楼梯,结构新颖、造型优美,石材踏步两侧圆弧倒角,弧度与扶手一致。

图21-19　旋转无支撑楼梯

亮点2：企业展厅多媒体展示、数字化集成,吊顶灯带温感控制,科技感强。

图21-20　企业展厅

亮点3：幕墙护栏一体化设计,兼做防护栏杆,安全可靠,节省空间。

图21-21　一体化护栏

亮点4：幕墙龙骨木饰面处理，涂层平整，与装饰风格相融合。

图21-22 木饰面幕墙龙骨

亮点5：各类吊顶安装平整、精细，末端设备布置合理，成行成线。

图21-23 各类吊顶

亮点6：首层炭灰不锈钢电梯前厅，墙顶对缝、气势恢弘；顶层木饰面电梯前厅，色调沉稳、庄重典雅。

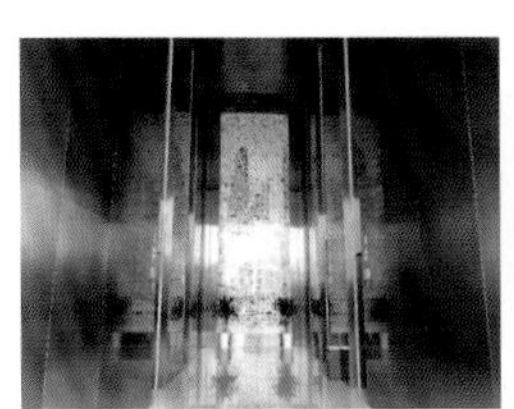

图21-24 电梯前室

亮点7：卫生间墙地对缝，地面坡向正确，洁具居中布置。条型排风扇隐藏在吊顶凹槽内，美观、高效。

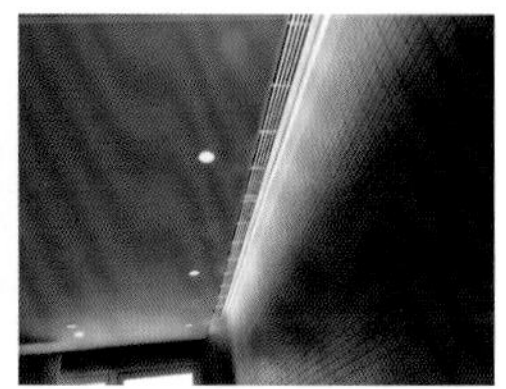

图21-25 塔楼卫生间

亮点8：各类圆柱饰面平整、顺滑，木饰面圆柱拼缝严密，顶地不同材质收口做法考究、精细。

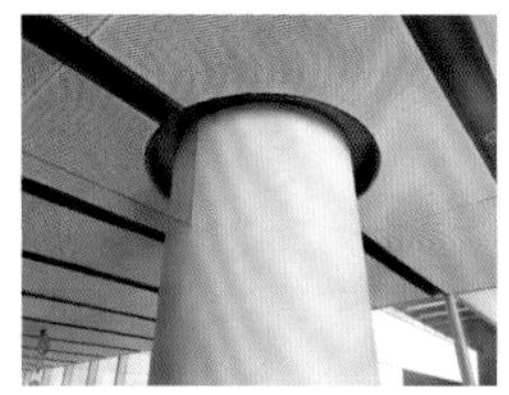

图21-26 圆柱顶地收头

亮点9：木饰面墙面不锈钢踢脚线收口，整体简洁、细部精致，倒锥形石材踢脚线，造型新颖、安全美观。

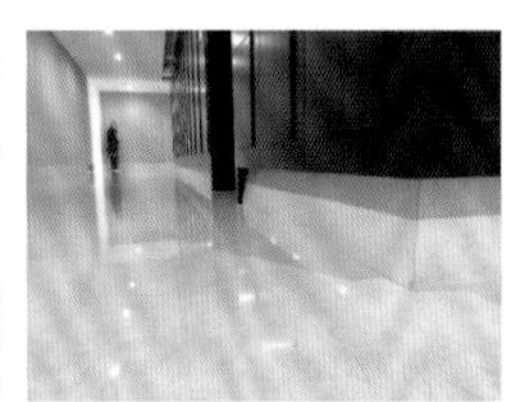

图21-27 各类踢脚线

亮点10：办公室合理布局，框架柱隐藏于书柜内，不同地面材质采用不锈钢条过渡。

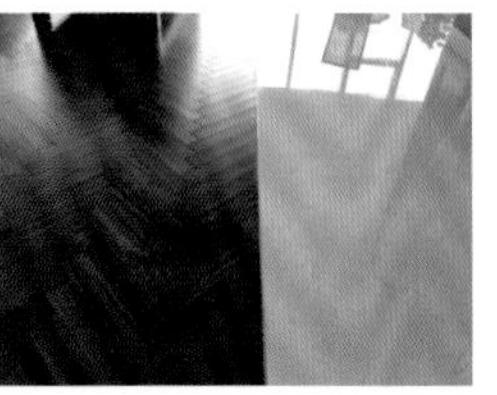

图21-28 塔楼会议室布局

亮点11：楼梯间面砖排版合理、对缝铺贴，滴水线清晰顺直。

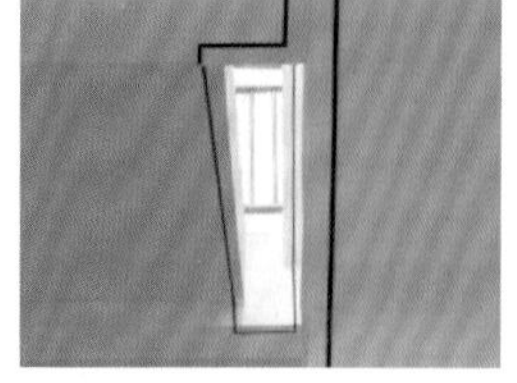

图21-29　主楼楼梯间

亮点12：屋面人工草坪铺贴平直，收边考究，坡向正确。

图21-30　人工草皮屋面

亮点13：设备安装布局合理、整齐统一。穿墙管道封堵密实、表面平整。

图21-31　消防泵房

图21-32　管道封堵

亮点14：配电箱柜高度统一，电线排列整齐、接线规范，元器件动作灵敏。配电室箱柜接地可靠、排布整齐，桥架固定牢固。

图21-33　配电箱柜

七、工程综合效益及获奖情况

2019年度江苏省优质工程奖“扬子杯”；

2017年江苏省QC小组成果交流会发布二等奖；

2016年度第二批江苏省建筑施工标准化文明示范工地；

江苏省建筑业新技术应用示范工程；

2016年度第一批江苏省工程建设省级工法；

2015年度省优秀论文二等奖一篇、省优秀论文三等奖一篇。

获奖证书

你单位承建的“设计研发中心建设项目”

荣获2019年度江苏省优质工程奖“扬子杯”。

图21-34　江苏省优质工程奖“扬子杯”

荣誉证书

中亿丰建设集团股份有限公司第二项目QC小组

被命名为二〇一七年江苏省QC小组成果交流会发布二等奖。

小组成员：

图21-35　江苏省QC小组成果二等奖

证　书

被评为二〇一六年度第二批江苏省建筑施工标准化文明示范工地。

特发此证，以资鼓励。

项目经理：沈志顺

图21-36　江苏省建筑施工标化工地

江苏省建筑业新技术应用示范工程证书

图21-37　江苏省建筑业新技术应用示范工程

证　书

经二零一五年度省建筑施工专业委员会年会评选，荣获优秀论文 叁 等奖。

证　书

经二零一五年度省建筑施工专业委员会年会评选，荣获优秀论文 贰 等奖。

图21-38　省级论文两篇

项目投入使用以来，绿色生态、智能节能，各系统运行正常，使用单位表示“非常满意”。

（吴志杰　王　磊　黄陈兴）

22 徐州医学院附属医院东院一期工程

——江苏江中集团有限公司

一、工程概况

徐州医学院附属医院东院一期工程，为三级甲等医院，是一座综合性公共建筑，建设地点为徐州市经济技术开发区鲲鹏北路9号，东侧为站前北路，北临房亭河。建设(使用)单位为徐州医学院附属医院，设计单位为徐州市建筑设计研究院有限公司，勘察单位为化工部徐州市地质工程勘察院，监理单位为江苏平正建设工程管理有限公司、徐州中国矿业大学建筑设计咨询研究院有限公司，施工单位为江苏江中集团有限公司，参建单位为南通四建集团有限公司。

工程为框架结构，地下1层，地上最高9层，总长312.59 m，总宽114.3 m，总建筑面积为15 4161 m^2。

地下室为停车场、设备用房、商业、餐厅、员工活动中心，地上部分为门诊楼、急救中心、妇儿中心、体检中心、医师培训楼及住院病房。

图22-1 地下室

图22-2 设备泵房

图22-3 室内装修

图22-4 全景图

图22-5 立面图

工程于2014年2月25日开工，2018年2月11日竣工验收。

二、创优做法

2.1 明确创优目标，落实工作责任

本工程投标时就将质量目标确定为“确保扬子杯奖”。中标后进行了精心的创优策划，施工过程中围绕这一目标组织工程施工。

公司与项目部及施工班组层层明确创优目标，签订了工程创优责任书，实施工程质量目标分解，对施工全过程实行预测预控，并在目标责任制中明确相应奖惩规定。将工程质量目标与经济利益相挂钩，极大地促进了质量目标的实现。

2.2 精心策划，制定严格质量验收标准

根据工程实际情况，精心策划，编制指导施工的、有针对性的创优策划书、施工方案，将创优的目标分解到分部、分项工程，明确高于国家验收规范的创优验收标准，使项目技术人员、操作工人全面了解工程特

点、难点，细化节点及细部做法，规范内部质量验收流程，使工程质量得到全面提高。

2.3 贯彻质保体系，执行强制性条文

在本工程施工过程中，各参建单位积极落实本公司的质量保证体系，以完善过程控制及管理，使施工过程有序、合理、受控。另一方面，公司及项目部对执行强制性条文进行定期检查，及时尽早发现问题、解决问题。

2.4 严把图纸会审关，做到按图施工

通过图纸会审，了解设计意图，掌握施工难点、特点。项目总工把各工种施工员发现图纸上的疑问收集整理，先进行内部会审，并对一些容易引起常见质量缺陷的细节进行优化，再与设计人员沟通，确保施工的顺利进行。

2.5 加强材料采购管理，严把材料进场使用关

确定合格的材料供应商，在施工过程中，对其进行连续的控制、管理、监督、检查，若有不符合要求的，坚决予以退货。

严格执行原材料报验程序，材料进场后，由监理人员对该批材料进行检查，按规定见证取样送检。

2.6 加强对员工教育，提高全员素质

参加本工程施工人员高峰期达一千多人，技术质量、安全施工水平参差不齐，项目部要求各班组坚持利用每天晨会，结合当天工作内容，有针对性地进行操作规程讲解，从技术质量到安全注意事项，力求讲深讲透，并提前备好课，记录在案。通过多种形式，如培训、会议、观摩、比赛、考核等，提高全员素质。

2.7 积极与相关方面沟通，加强总承包管理

本工程涉及专业众多，专业设计及施工协调量大，成品保护难度大，项目部积极和有关方面沟通。一方面，积极做好工程各专业班组的协调工作，尽早发现问题，尽快解决；另一方面，积极做好与业主方、设计方、监理方等的协调配合工作，减少因沟通不力带来的种种不利因素。加强总承包管理，整体工程质量、安全及进度均达到了业主要求。

三、工程技术难点与特点

3.1 技术难点

（1）该工程长312.5 m，宽114.3 m，地下室面积达31 084 m^2，防水施工面积大，要求高；总建筑面积15万多平方米，设计功能多，工种交叉作业多。

（2）基坑开挖深度一般为6.1 m，最深处为10.5 m，挖运土方量大，护坡施工面积大。

（3）本工程底板混凝土厚600 mm，地下室顶板厚500 mm，由于占地面积大，一次性浇筑体量大，水泥水化热释放比较集中，内部升温比较快，混凝土容易产生裂缝而导致渗漏。

（4）门诊楼大厅长126.4 m，宽15.2 m，高19.6 m，18个直径1 m的混凝土柱模垂直度控制难。

（5）距地高度为19.6 m，1 921.28 m^{2}高支模施工难。

（6）工程安装设备多，管道规格多。

图22-6　门诊楼大厅

3.2 工程特点

（1）智能化程度高，工程设有计算机网络系统、综合布线系统、安防系统、时针同步及整体机房系统、公共广播及背景音乐系统等。

图 22-7 监控室

图 22-8 护士站

（2）装饰装修：门诊楼地面、墙面均采用进口大理石，其余均用普通国产建材，整体效果美观大方，细部处理精致细腻。舒适的空间，便捷的医疗环境，环保的理念，让患者享受一个自然、舒适、高效率的医疗服务环境。

图 22-9 门诊楼地面

四、新技术应用情况

在工程创优过程中，项目部组织人员对“提高饰面砖粘结质量”进行攻关，其质量管理小组成果被评为2016年度省活动成果优秀奖；同时，积极应用十项新技术施工，提高工程质量。施工中应用了住建部10项新技术中的8大项16小项、江苏省10项新技术中的3大项7小项、企业新技术3项，合计26小项，其应用水平达到了省内领先水平，2016年12月该工程被评为江苏省建筑业新技术应用示范工程。新技术应用项目见下表。

	序号	新技术项目名称		应用部位	应用量
住建部10项新技术	1	土钉墙支护技术		基坑	128 036 m^2
	2	高性能混凝土技术—混凝土裂缝控制技术		底板、墙、后浇带砼	22 828 m^3
	3	高效钢筋与预应力技术	高强钢筋应用技术	基础、主体	10 804.99 t
			大直径钢筋直螺纹连接		8 096个
	4	钢结构技术—深化设计技术		4层内天井层顶	400 m^2
	5	机电安装工程技术	管线综合布置技术	各层	
			金属矩形风管薄钢板法兰连接技术		
	6	绿色施工技术	基础施工封闭降水技术	基础施工	
			施工过程水回收利用技术	基础施工	
			工业废渣及（空心）砌块应用技术	填充墙	11 125.9 m^3
			铝合金窗断桥技术	四周外墙	8 513.8 m^2
			太阳能建筑一体化应用技术	屋面	
	7	防水技术—聚氨酯防水涂料施工技术		卫生间	3 440 m^2
	8	信息化应用技术	施工现场工程监控管理工程验收技术		
			工程量自动计算技术	工程量计算、钢筋配料	4台
			工程项目管理信息化实施集成应用及基础信息规范分类编写技术		

续表

<table>
<tr><th></th><th>序号</th><th colspan="2">新技术项目名称</th><th>应用部位</th><th>应用量</th></tr>
<tr><td rowspan="7">江苏省10项新技术</td><td rowspan="2">1</td><td rowspan="2">建筑幕墙应用新技术</td><td>玻璃幕墙</td><td rowspan="2">外立面</td><td>4 563 m^2</td></tr>
<tr><td>石材幕墙</td><td>8 285 m^2</td></tr>
<tr><td rowspan="4">2</td><td rowspan="4">建筑施工成型控制技术</td><td>砼结构用钢筋间隔件应用技术</td><td rowspan="3">主体结构</td><td></td></tr>
<tr><td>模板固定工具化配件应用技术</td><td></td></tr>
<tr><td>超长楼地面整浇技术</td><td></td></tr>
<tr><td>耐磨砼地面技术</td><td>-1层</td><td>21 000 m^2</td></tr>
<tr><td>3</td><td colspan="2">废弃物资源化利用技术—工地木方接木应用技术</td><td>主体结构</td><td>386 m^3</td></tr>
<tr><td rowspan="3">企业新技术</td><td>1</td><td colspan="2">跟进式电梯井操作平台施工新技术</td><td>-1～9层电梯井</td><td>24部</td></tr>
<tr><td>2</td><td colspan="2">屋面排汽系统新技术</td><td>4、5、9层屋面</td><td>30 462 m^2</td></tr>
<tr><td>3</td><td colspan="2">净化工程技术</td><td>手术室</td><td>469 m^2</td></tr>
</table>

五、实体质量情况

5.1 基础工程

基础采用钢筋砼筏板基础，土方开挖采用机械和人工相结合的方法进行施工，先由挖掘机挖至基础设计底标高上30 cm，然后采用人工挖土，确保基底标高不受到扰动。地下室底板、墙、顶板共397组C40抗压标养试块、46组C40P6抗渗试块试验均符合设计及验收规范要求。底板混凝土下部及外墙粘贴SBS防水卷材，至今整个地下室干燥无渗漏。

图22-10 地下室

5.2 主体工程

该工程钢筋量大、品种多，梁、柱钢筋连接按设计要求直径小于或等于22 mm钢筋采用焊接或搭接，直径大于22 mm采用滚轧直螺纹连接。钢筋实体检测符合徐州市优质结构工程标准。

图22-11 钢筋加工、绑扎

拆模后混凝土棱角分明、光滑平整，内实外光。

图22-12 混凝土梁板

5.3 装饰装修工程

8 285 m^2石材幕墙、4 563 m^2玻璃幕墙，安装牢固、做工精细，36 634 m胶缝饱满顺直、十字接头平顺光滑，深浅一致。幕墙“四性”试验符合要求，防火、防烟封堵良好。经两年来自然风雨的考验，不渗不漏。

图22-13 石材幕墙

5.4 屋面工程

30 645 m^2双层防水屋面，混凝土表面密实、光滑，坡向正确，不积水，两年来无渗漏现象。

5.5 设备安装工程

设备间整齐划一，排列有序，机房设备固定牢靠，运行平稳，各种阀、部件排列整齐，成排成线，压力稳定。

图22-14 设备机房

24部客梯、12部自动扶梯安装牢固、运行平稳，电梯轿箱启闭轻快，信号清晰，一次性通过电梯专项验收。

图22-15 电梯

5.6 建筑电气工程

变、配电柜布置合理，排列整齐，安装垂直，柜面整齐，柜间缝隙均匀。柜内接线规范，配线分色正确，接地可靠。

图22-16 配电房

5.7 智能化工程

智能化集成度高，技术超前，系统运行平稳，控制灵敏。

图22-17 监控室

图22-18 网络机房

六、工程质量亮点

亮点1：外墙装饰为干挂花岗岩和玻璃幕墙，设计外形大气、合理，施工精细，线条顺直，宽窄、深浅一致，接口严密，表面平整。

亮点2：门诊楼大厅长126.4 m，宽15.2 m，高19.6 m，18个直径为1 m的混凝土柱显得大厅设计高大宽敞，视野开阔，挺拔庄

图22-19 门诊楼大厅

重。柱、墙、地面全部采用进口大理石,彰显出整个建筑雍容气派,给人以巍然屹立之感。

亮点3:柱角大理石设计、施工成弧形,防止行人碰撞。柱四周地坪贴200 mm宽过渡颜色大理石,分色镶嵌美观。

图22-20　大理石柱

亮点4:刚性防水屋面混凝土,表面密实、光滑无裂缝,排水顺畅无积水。安装的塑料排气管,为本公司的发明专利,美观实用。

图22-21　屋面

亮点5:病房地砖、墙砖对缝镶贴,垂直、平整,缝格平直,吊顶平直,灯具、喷淋、广播等成行成线。

图22-22　病房楼通道

亮点6:卫生间地砖、墙砖对缝镶贴,卫生器具居中布置。

图22-23　卫生间

亮点7:机房设备安装定位准确,排列有序;管道支架牢固,标识醒目。

图22-24　设备机房

亮点8:配电柜内配线分色正确,接线美观。

图22-25　配电柜

亮点9：智能化程度高。工程有计算机网络系统、综合布线系统、安防系统、时针同步及整体机房系统、公共广播及背景音乐系统等。

七、工程获奖情况及综合效益

围绕质量目标，通过努力，工程获2019年度江苏省优质工程奖“扬子杯”。投入使用以来，方便了群众就医，缓解了患者就医紧张的状况。

荣誉证书

被评为2016年度江苏省工程建设优秀质量管理小组活动成果优秀奖。

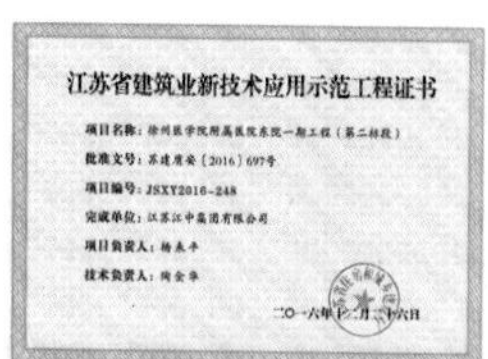

江苏省建筑业新技术应用示范工程证书

项目名称：徐州医学院附属医院东院一期工程（第二标段）

批准文号：苏建质安〔2016〕697号

项目编号：JSXY2016-248

完成单位：江苏江中集团有限公司

项目负责人：

技术负责人：

图22-26 获奖证书

（柳永祥）

23　中国药科大学江宁校区学院实验楼

——苏州第一建筑集团有限公司

一、工程概况

中国药科大学江宁校区学院实验楼项目位于南京市江宁区龙眠大道639号江宁校区的西北侧，东临明湖，北依药用植物园西区，是一座设计新颖、施工精细的智能型、节能型、环保型的实验楼。

本工程地下1层，地上5层，局部6层，建筑高度28.15 m，工程总投资19 040万元，总建筑面积36 991.3 m^2。基础形式为筏板基础（地下室部分）及柱下条形基础、独立基础（非地下室部分），主体结构为框架结构。建筑外墙以陶板与玻璃幕墙为主。

本工程建设单位为中国药科大学，监理单位为南京旭光建设监理有限公司，设计单位为南京大学建筑规划设计研究院有限公司，施工单位为苏州第一建筑集团有限公司。工程于2015年10月18日开工，2018年2月5日竣工。

图23-1　远眺图

图23-2　东立面远眺图

图23-3　中庭

二、工程创优过程

2.1　工程管理

公司根据多年来实践积累的项目管理经验，组织并实施整个项目的施工管理，形成以项目经理负责制为核心，以项目合同管理和质量、工期控制为主要内容，以科学系统管理和先进技术为手段的项目管理机制。同时，项目部在公司的领导下，充分发挥企业的整体优势，按照“公司服务控制，项目授权管理，保障施工质量，各方通力协作”的项目管理模式,达到高效组合和优化项目生产要素。严格按照公司质量保证体系实施运作,形成以全面质量管理为中心,卓有成效地实现公司的质量方针和质量目标,确保履行对发包人的承诺。

打造精品工程就是以精益求精的工作态度去认真打造优良的精品工程,突出过程精品,达到管理的可行性、工程质量的完美性和工程资料的完整性。做到针对性管理,项目部以工程创优为目标,研究提高项目管理的标准化,完善制度和责任制落实。突出工序质量控制的研究,不断改进操作工艺,提升操作技能,用工序质量来实现精品工程。建立工程质量标准,不仅满足国家标准规范的质量要求的,而是大大高于国家标准的要求。为提高对本工程项目的管理工作,项目经理部按照公司颁布的《管理体系程序文件汇编》《技术管理制度》《质量管理条例》等程序支持性文件实施管理和控制。

2.2 创优策划与实施

首先,开工伊始集团就明确创建江苏省“扬子杯”优质工程的质量目标,各参建单位目标明确,达成共识,并进行创优目标量化分解,保证质量管理全过程受控。加强项目管理,强化组织领导管理体制;项目部依托公司的管理支持,明确项目部管理人员岗位职责,优化项目部管理制度,落实施工质量管理责任。组织精悍的项目管理班子,挑选丰富经验,设备精良,技术力量雄厚的施工队伍,明确各方权利、责任和义务,做到精心准备,精心组织,精心施工。

其次,狠抓工程质量,建立健全质量保证体系。项目部在每一个工序施工前,先优化施工组织设计,对工人进行针对性的技术交底,熟悉操作规程,了解检验标准,实行样板制度,做到规范化施工。项目部根据质量目标层层下达,落实到施工人员和具体工序。严格执行自检、互检和专检的制度,确保工程的质量。

再次,落实奖励措施,实施质量考核激励机制。对施工队伍建立奖惩制度,激励机制,按岗位职责和每道工序责任人的不同,制定不同的奖惩标准。

最后,用工匠精神打造精品工程,坚持精准谋划、精细管理、精心施工,围绕打造精品工程的目标发现亮点,把“提升亮点”工作理念落实到每个工序的始终。

图23-4 钢筋检查

图23-5 技术交底会

2.3 工程施工重点、难点

(1) 基坑面积大、深度深,围护工程量大。本工程基坑总面积约8 500 m^2,周长约500 m,最小开挖深度为6.93 m,最大开挖

图23-6 深基坑工程鸟瞰图

深度为9.19 m,属大型基坑。基坑安全和噪声及扬尘控制等环保要求高,如何做好“四节一环保”宣传教育工作,并能在施工中实施,使之落到实处,是本工程的实施重点之一。

(2)结构裂缝控制,本工程地下室建筑面积约6 500 m^2,裂缝控制是难点之一。施工过程中,采用双掺技术,在混凝土配合比中掺入适量的混凝土膨胀剂和抗裂纤维,优选水泥及骨料规格、适量添加高效减水剂及一级粉煤灰、优化水灰比、覆膜养护等措施,同时加强技术交底和现场监测,确保一次成活,有效地控制了裂缝。

图23-7　地下室混凝土构件养护

(3)外立面设计复杂,本工程外立面为陶板幕墙、铝板幕墙和玻璃幕墙,为异形包围设计,覆盖整个建筑的外立面。幕墙大量使用弧面结构,使整个建筑外立面造型饱满、充实、美观。

图23-8　东立面

(4)管线综合布置难度大。作为大型公共建筑,系统管线多,由于其结构的异形、弧形造成安装空间小,综合布线难度大。施工过程中总包项目部合理统筹,在保证吊顶高度的前提下,合理布置各种管道,观感良好。

图23-9　管道综合平衡

(5)中庭地坪面积较大,设计采用PVC地面,最大PVC地坪1 200 m^2。地坪表面的平整度要求较高,项目部进行QC攻关,实行样板先行、全程标高控制等施工方法,使整个大厅地坪平整、接缝严密,美观大方。

图23-10　PVC地面

(6)大跨度钢结构吊装难度大。学院实验楼中庭钢管结构桁架共9根,其中最大的ZHJ9钢梁跨度25.16 m(质量10.21 t),安装于建筑物中心位置,中庭钢管结构桁架的安装高度与四周建筑高度均为26 m,管桁架吊装时,已进入装饰装修阶段,需越过建筑物,并与已完成结构保持安全距离,项目部在充分论证的基础上,采用SAC6000全路面汽车吊进行吊装,方案先行、措施得

图23-11　大跨度屋面

力，确保保质如期完成了吊装任务。

（7）清水混凝土柱的应用，清水混凝土是混凝土最高级的表达方式，它显示的是一种最原始的美，清水混凝土柱面最终的装饰效果，60%取决于混凝土浇筑质量，40%取决于后期保护剂施工，它对建筑施工水平是一种挑战。项目部从混凝土浇筑开始，到混凝土保养，每一步都精心施工，充分展现了混凝土材料本身所拥有的质感。

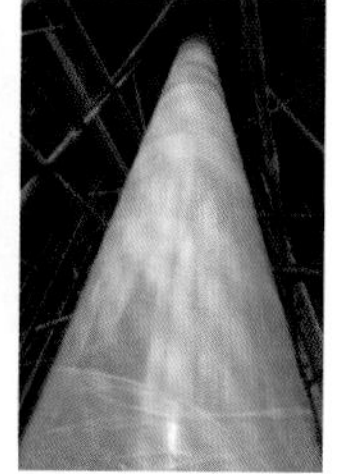

图 23-12 清水混凝土柱

三、科技创新和新技术应用

本工程在实施过程中，着力推广应用“四新”技术，先后推广应用了住建部10项新技术中9大项21小项；江苏省10项新技术中的6大项9小项，创新技术1项，实现科技进步效益235万元，取得了预期的经济效益和良好的社会效益。

（1）陶土板幕墙的应用：陶土板幕墙是继玻璃、金属、石材幕墙之后，流行于建筑界的幕墙新概念。陶板幕墙的特点，集石材幕墙与金属幕墙的优势，同时改良因材料产生的辐射性、耐腐蚀性、抗污性以及幕墙本身的承重荷载、风压荷载、抗振性能等，是目前国际上颇为走俏的节能外围护结构实现方法。本工程采用的是有横龙陶土板幕墙系统，这种幕墙系统在中国较新颖，属于新技术应用项目。我们通过QC攻关，精心组织施工，根据对策采取有效措施，落实到位，认真执行。中国药科大学学院实验楼一期陶土板幕墙系统整个外立面端庄、气派、典雅、形象突出，施工质量得到了业主和主管部门的一致好评。

图 23-13 陶土板幕墙

（2）大量使用建筑节能材料、设备，如隔墙ALC加气混凝土板墙的施工应用、幕墙中空玻璃的应用、节能灯的应用、空调变风量调节技术的应用等，达到了环保节能的要求。

图 23-14 会议室

（3）空调机房吸音墙面的施工：为确保整个大楼工期及空调机房的整体美观

图 23-15 机房

性，先把吸音板在施工图纸上分格排布好后，进行深化设计，再根据实际情况进行调整，整个空调机房施工好后的效果给人一种清爽自然、层次分明的良好视觉。

（4）管道试压采取压缩空气预检试漏工艺，特别对于大面积的管道系统试压，由于管道接口多，暴露时间长（需配合装修吊顶的布置），需进行多次的水压检漏，我们采用空气预检，不仅提高了工效、缩短了工期，还克服了试压水可能带来的通病。

（5）本工程面积较大，机电系统较多，地下室管线复杂，为了合理布置管线、节约安装空间、提高观感质量、避免返工浪费，施工过程中运用了管线布置BIM综合平衡技术原施工。通过BIM建筑信息模型技术，建立建筑物管道设备仿真模型，将管线设备的二维图纸进行集成和可视化，在施工前期进行管线碰撞检查，优化原有图纸设计，提高图纸阅读效率，减少在建筑施工阶段的损失和返工，更加方便地进行技术交底，从而实现管线综合优化布置的目标。

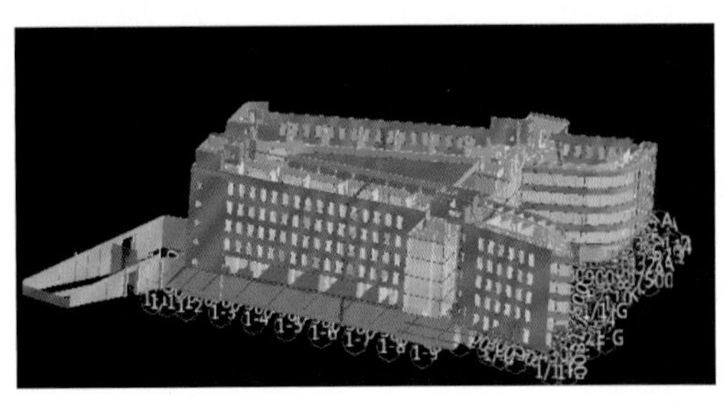

图23-16　BIM模型图

四、绿色施工

4.1　节能措施

现场楼梯、安全通道、地下室等部位照明安装自动控制系统，按季节及工作时间调节。办公区域、宿舍区域采用节能灯具；办公室采用节能空调，温度控制在26℃左右；宿舍区采用太阳能热水器和太阳能路灯照明。

4.2　节水措施

在现场道路两旁设立30 m^3雨水及基坑水沉淀池，供消防和绿化道路洒水等使用。现场临时卫生间全部使用节水卫浴。洗轮机采用循环水，二次利用冲洗车辆。

图23-17　车辆自动冲洗

4.3　节材措施

本工程地下室底板、上部结构柱、梁纵向受力钢筋应用了大直径钢筋直螺纹连接技术，既保证钢筋连接的施工质量，又加快了施工进度。同时减少电焊等机械用电和耗材的消耗。直径ϕ20 mm及以上的柱、梁纵向受力钢筋均采用滚轧直螺纹套筒连接，从基础到主体共计8 000个接头，全部达到规范要求，节约了钢材。

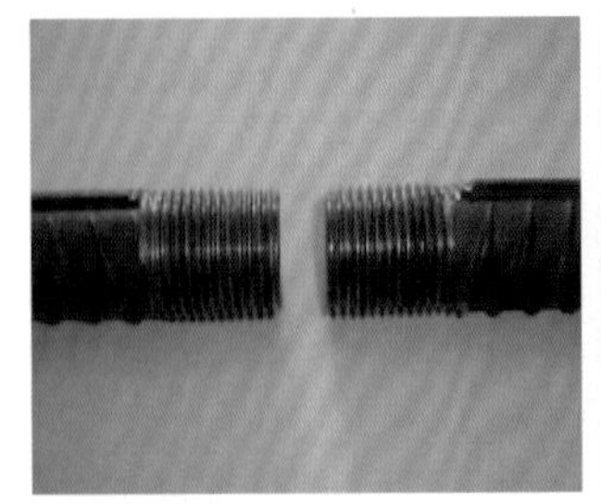

图23-18　钢筋滚轧直螺纹套筒连接

在施工的过程中，木方不可避免地要锯断，为节约木材用量，项目部采用了木方接长技术，对现场废弃的短木方进行二次利用。

4.4 节地措施

施工围墙采用混凝土空心砌块，节约土地资源。临时办公室和生活用房采用经济美观、占地面积小的多层彩钢活动板房，标准化装配式结构。

4.5 环保措施

现场采用扬尘自动检测仪以及围墙扬尘控制自动喷淋系统，现场空地采用绿化种植。

图23-19 环保措施

五、实施效果

本工程获得了2016年度“南京市文明工地”称号、2016年度“江苏省文明工地”称号。《陶土板幕墙施工质量控制》QC成果获得了2017年度南京市一等奖，江苏省质量管理Ⅲ类成果奖。《超大跨度吊装钢结构梁架施工》论文获得南京市一等奖，江苏省二等奖。工程大量采用新技术、新材料、新工艺，被评为江苏省2018年建筑业新技术应用示范工程。工程设计被江苏省住建厅评为2018年省城乡建设系统优秀勘察设计三等奖。工程质量获得了2019年江苏省“扬子杯”奖，2020年度长三角优质工程奖，达到一流水平。

（周 清 李 健 梅德全）

24　中集·文昌中心3#楼工程
——江苏邗建集团有限公司

一、工程概况

中集·文昌中心工程,位于扬州市文昌中路与大学路交叉口,是以餐饮、文化、服务为主题的城市商业街区。

图24-1　南立面、东立面

工程总建筑面积88 418 m^2,工程总造价19 840万元,地下室2层平时为车库、地下商业和设备用房,战时局部为人防;3#楼地上1～13层为酒店,建筑面积37 955 m^2,框剪结构,建筑高度55.3 m。

工程于2016年11月17日开工,2018年8月8日竣工。由扬州中集宏宇置业有限公司投资兴建,深圳市华阳国际工程设计股份有限公司设计,江苏苏维建设监理有限公司监理,江苏邗建集团有限公司施工总承包。

二、工程创优管理

2.1　创优目标及管理措施

2.1.1　质量目标

工程建设伊始,项目部确定了创江苏省“扬子杯”优质工程的质量目标。

2.1.2　施工管理措施

编制开工创优策划方案,通过目标分解、工程特点、施工关键问题分析,编制各分部工程的质量预控措施,使质量管理贯穿工程建设的各个阶段,确保策划中的特点、亮点得以实施。

2.2　创优过程控制

2.2.1　质量保证管理措施

(1)建立健全质量管理体系

建立质量管理体系和质量保证体系,落实各项管理制度,注重细节,施工过程一次成优,打造精品工程。

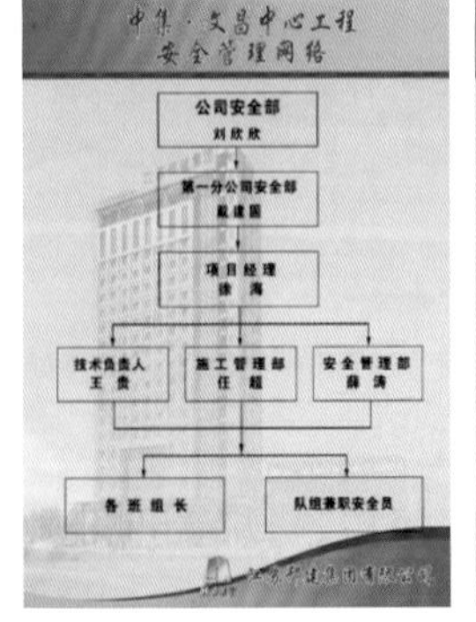

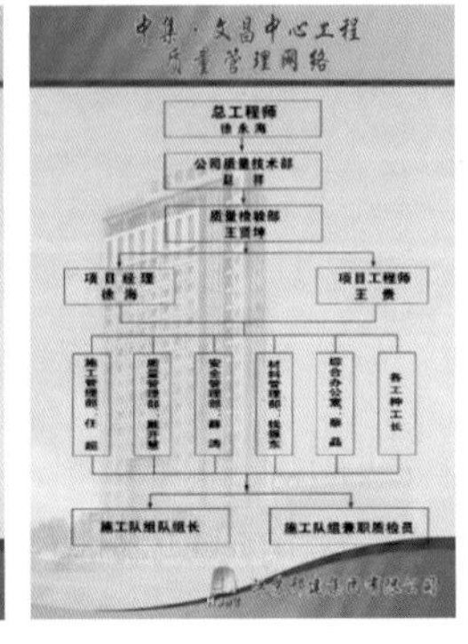

图24-2　质量管理保证体系、安全管理保证体系

(2)严格执行流程验收,推进精细化管理

严格执行“三检”制度,对每道工序认真做好自检、专检、交接检的工作,使过程始终处于受控状态。

(3)加强工程材料控制

严把材料质量进场关,建立健全进场

前检查验收和取样送验制度，所有进场原材料进行严格的检验、复试，达不到质量标准的坚决不使用。

2.2.2 质量过程管控标准化

（1）质量展示区设置、样板先行

建立样板集中展示区，将工程中涉及的工艺、节点、构造展示出来，包括钢筋绑扎、墙体砌筑、装饰装修、机电安装等，做到事前控制、统一标准，为大规模施工提供验收依据。

图24-3 现浇板钢筋绑扎样品、墙体砌筑样品展示

图24-4 装饰装修、机电安装

（2）细部节点标准化

公司制定了《建筑工程细部质量控制标准》，实现了个性化、精细化、规范化的特色亮点，为申报项目在众多优秀工程中脱颖而出增添成色。

严格执行对屋面、泵房、机房等细部施工前的事先策划，过程中进行全部检查指导落实。例如：地下室泵房设备基础、排水沟设置，二次结构构造柱设置，屋面的构造等。

2.2.3 创新“互联网+”质量管理平台

江苏邗建集团自主研发的综合信息管理系统，集成“规划组织管理、项目合同管理、成本控制业务、物资综合管理、机械设备、劳务管理、专业分包管理、进度产值管理、质量技术管理、安全环保管理”十大版块，是一个信息采集基于移动互联网终端，信息处理基于局、公司、事业部、项目部四级管理的工程质量管理平台。

2.3 应用BIM技术，助推质量管理升级

加快推进建筑信息模型BIM技术在施工全过程的集成应用。充分发挥信息化手段在工程质量管理标准化中的作用，打造基于信息化技术、覆盖施工全过程的质量管理标准化体系。

2.3.1 平面布置

采用BIM将整个场地进行3D模拟；实现场地布置可视化，并对塔吊运行空间进行分析，实现施工场地动态布置，确保施工平面布置合理、紧凑。

图24-5 平面场地优化

2.3.2 可视化交底

运用4D模块进行施工策划和可视化交底，细部节点、模板支撑架等运用BIM建模对班组交底、学习。

图24-6 三维可视化交底

2.3.3 施工深化

通过BIM对墙体、屋面排版建模，做到科学利用、合理布置，充分发挥科技创新在工程实际建造过程中的引领作用，实现智慧建造。

通过对各专业的碰撞检测结果来调整管线排布，根据管线剖面图分析各个区域的净高，对净高过低的部位，提前调整管线排布方案，达到美观和净高要求。

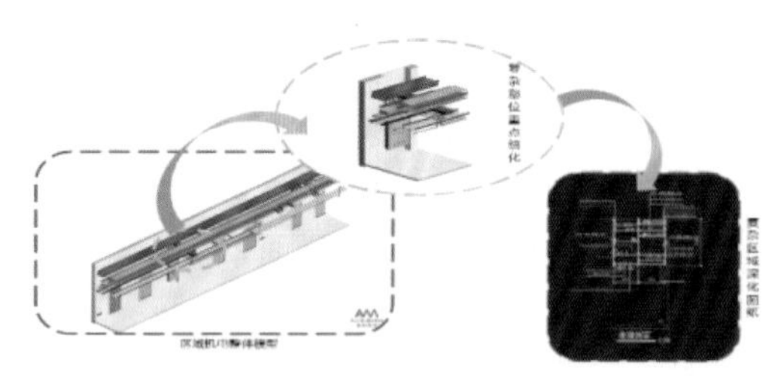

图 24-7　冲突检测及三维管线综合管线施工深化

2.3.4　模拟施工

通过施工模型加载建造工程、施工工艺等信息，进行施工过程的可视化模拟，并对方案进行分析和优化，确保质量及施工安全。

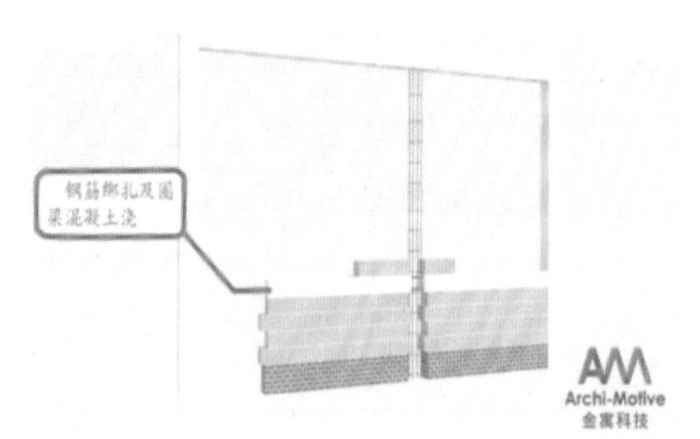

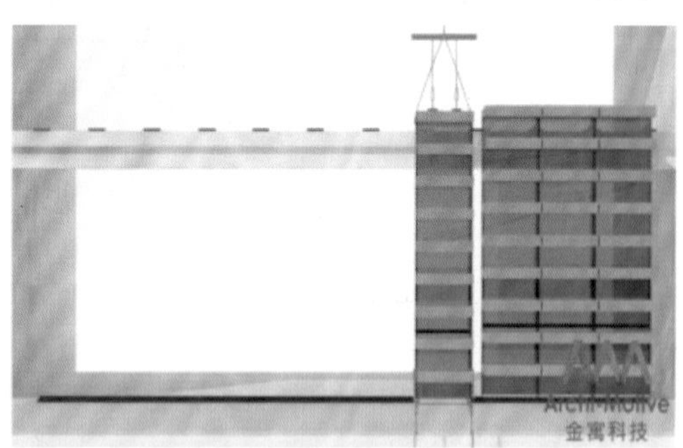

图 24-8　BIM 模拟施工

2.4　工程施工难点

难点1：紧邻主干道路，市政管道、地下管线较多，开挖最深达9.6 m的深基坑支护，施工难度大。

难点2：工程内有多个挑空式中庭，最大挑高14.7 m，空间结构高空交叉作业量大，施工管控风险大。

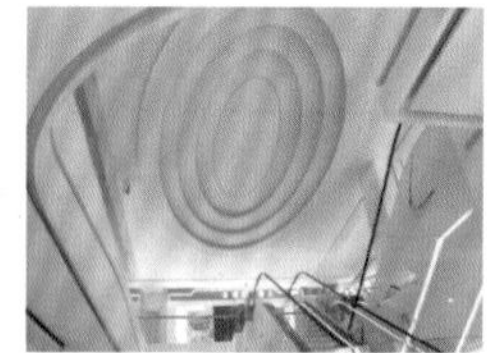

图 24-9　深基坑施工　图 24-10　高支模安全控制

难点3：主楼、裙楼之间采用钢连廊连接，连廊长度为28 m，钢结构吊装难度大，施工工艺复杂。

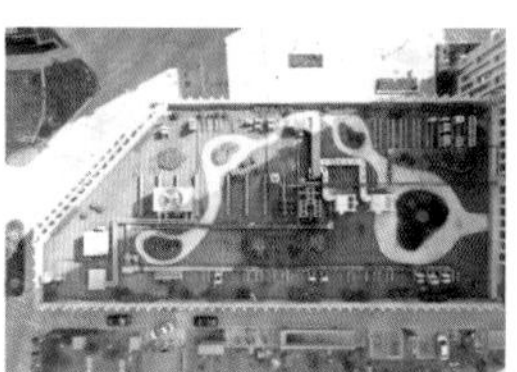

图 24-11　钢连廊施工　图 24-12　种植屋面防渗漏

难点4：多暴雨地区，地下室、裙楼种植屋面防渗漏是施工难点。

难点5：玻璃幕墙和石材幕墙，其模数与窗分割排布复杂，墙面色差、平整度控制和石材胶缝顺直饱满是工程的难点。

难点6：机电系统多，机房设备集中布置，管道密集、管线排布复杂。通过运用BIM技术进行模拟安装。

难点7：多专业、多工种交叉作业的综合协调及总包管理。

图 24-13　幕墙施工　图 24-14　综合管线布置

2.5　技术创新

2.5.1　新技术的应用

在施工过程中，采用了住建部推广应

用的“建筑业10项新技术”中的8大项13小项，采用江苏省推广的新技术5大项7小项，自创新技术2项，获2018年度江苏省建筑业新技术应用示范工程。

2.5.2 开展QC质量小组活动，实行科技攻关

在主体结构施工过程中，改进了卫生间降板模板施工技术，采用工具式降板吊模工具，提高卫生间降板混凝土成型质量。总结成QC《提高卫生间降板混凝土一次成型合格率》获得2019年度全国工程建设质量管理小组活动成果二等奖。

2.6 绿色建筑节能减排

屋面保温采用发泡水泥板Ⅰ型；外墙保温采用200 mm厚砂加气混凝土砌块及水泥发泡板保温板Ⅱ型；外窗（幕墙）采用断热铝合金辐射中空玻璃幕墙；经第三方检测，室内空气质量检测合格；围护结构密实性试验符合设计要求；幕墙现场实体检测合格；分项工程全部合格；质量控制资料完整；满足设计要求。

用水器具全部选用节水型，灯具采用节能型，降低了运行使用阶段的能耗。

2.7 绿色施工

工程开工前，结合工程特点，编制绿色施工方案，制定相应的管理制度和目标，按照“四节一环保”五个要素中控制项实施，并建立了相关台账，评价资料齐全。

施工现场设置环境监测系统和信息化系统，实时观测现场的扬尘污染情况，达到警戒值时，自动开启喷淋系统，并配合雾炮机，实现了对扬尘的有效控制。

图24-15 降尘系统、冲洗平台

2.8 工程的质量特色、亮点

2.8.1 地基与基础工程

桩类类型为钻孔灌注桩，单桩竖向静载和复合地基静载试验、桩位偏差等均满足设计要求。

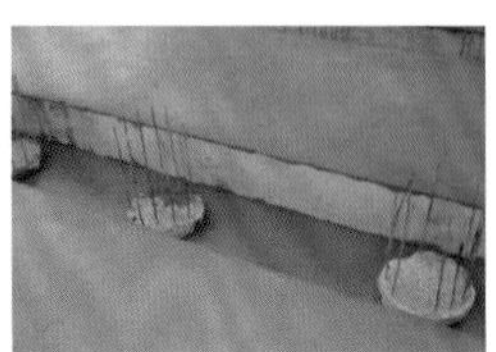

图24-16 基础工程、钻孔灌注桩

37个沉降观测点，共观测17次，最大沉降量为9.6 mm，最后100天的最大沉降速率值为0.004 mm/d，沉降已稳定。

2.8.2 主体结构工程

混凝土结构表面平整、截面尺寸正确、棱角方正。填充墙体砂浆饱满、横平竖直、清洁美观。

图24-17 主体结构、砌体工程

2.8.3 建筑装饰工程

玻璃幕墙、石材幕墙，安装牢固，表面平整，色系一致，缝隙均匀，胶缝饱满，边角清晰，排版美观，无渗漏。

图24-18 玻璃幕墙、石材幕墙

涂料饰面，阴阳角顺直，涂刷均匀，无污染，无开裂现象。

图 24-19 涂料墙面

室内石材干挂墙面，安装牢固，缝格准确。

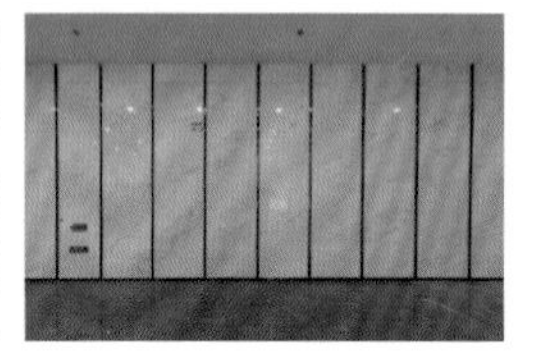

图 24-20 石材墙面

石材地面，排版正确美观，粘贴牢固，铺贴平整，缝隙均匀，无空鼓，平整、洁净、色泽一致、周边顺直。

图 24-21 地砖地面

地下室耐磨地坪，平整光洁、色泽均匀、细部美观，无空鼓、裂缝。

图 24-22 地下室地坪

卫生间墙、地砖对缝整齐，卫生间洁具排布整齐，居中对缝。地漏套割准确，平整牢固。无障碍设施齐全。

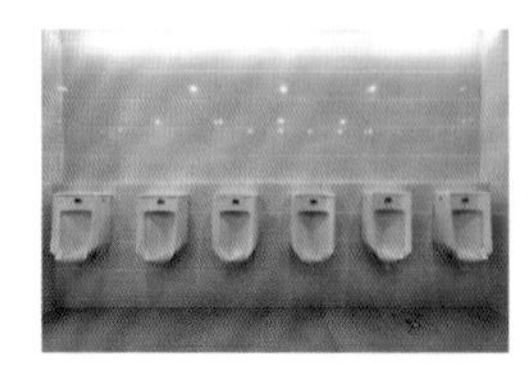

图 24-23 卫生间面砖及洁具

木门及防火门安装牢固，开启方向正确，开关灵活，五金件安装齐全，位置正确。

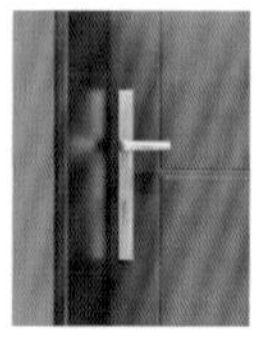

图 24-24 实木门及细部

大面积吊顶、吊架密布均匀，安装牢固，无翘曲变形，整齐美观。通长吊顶无裂缝，且与地面造型对称、上下呼应。

图 24-25 吊顶 1

图 24-26 吊顶 2

踏步铺贴平整，相邻踏步尺寸一致，踢脚线厚度一致，上口平直。电动扶梯运行正常。

图 24-27 楼梯踏步、电动扶梯

2.8.4 屋面

屋面细石混凝土刚性防水面层，表面平整、无裂缝；分格缝设置规范、合理；排

图 24-28 屋面

水沟坡向准确，无积水，无渗漏。

2.8.5　机电设备安装

泵房、机房空间布置合理，管道排布整齐、有序。

图24-29　水泵及墩座

管道、桥架应用BIM技术、成品共用支架、综合平衡，安装规范，标识醒目。

图24-30　管道、桥架

配电箱、柜安装整齐，操作灵活可靠；内部接线规范，盘面清洁、排列美观，相线及零、地线颜色正确；柜体接地可靠。建筑防雷系统安全可靠，屋面金属设备均与避雷带可靠连接。

图24-31　配电柜、屋面防雷

各智能化系统，信号准确，联动良好，运行稳定。电梯运行平稳，制动可靠，平层准确，信号系统位置正确。

图24-32　智能化系统

三、工程获奖与综合效益

在施工中，紧扣工程质量这一核心，科学管理、规范施工，工程先后获得多个奖项，具体如下：

2019年度扬州市“琼花杯”优质工程；

2019年度江苏省“扬子杯”优质工程；

2018年度江苏省新技术应用示范工程；

2019年度全国工程建设质量管理小组活动Ⅱ类成果。

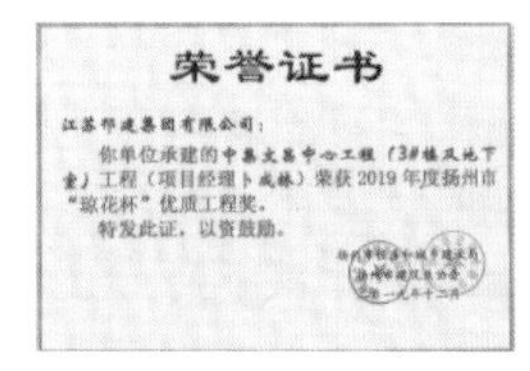

荣誉证书

江苏邗建集团有限公司：

你单位承建的中集文昌中心工程（3#楼及地下室）工程（项目经理卜成林）荣获2019年度扬州市“琼花杯”优质工程奖。

特发此证，以资鼓励。

获奖证书

你单位承建的“中集文昌中心3#楼工程”荣获2019年度江苏省优质工程奖“扬子杯”。

图24-33　“琼花杯”优质工程、“扬子杯”优质工程

江苏省建筑业新技术应用示范工程证书

项目名称：中集文昌中心工程

项目编号：JSXY2018-258

完成单位：江苏邗建集团有限公司

项目负责人：卜成林

Ⅱ类成果

图24-34　10项新技术、全国QC二等奖

工程建设施工期间未发生任何质量安全事故，无拖欠农民工工资等不良行为，市场行为规范。自2018年8月投入使用以来，结构安全稳定，各系统运行可靠，功能完善，节能舒适。使用单位对工程的质量非常满意。

本工程施工难度大，通过前期策划、施工过程中管控，并积极应用推广10项新技术、BIM等信息化技术，加快了施工进度，确保了工程质量，增加了工程的科技含量，有效地降低了能耗，减少了环境污染，带来了可观的经济效益，同时提高了公司信誉，取得了较好的社会效益和经济效益。

（赵　祥）

25　精细管理助推施工　自主创新引领创优——济南转山项目

——江苏南通二建集团有限公司

一、项目简介

济南转山项目B-3地块南区工程，位于济南市历下区，由住宅、车库、人防、商业等组成，总建筑面积14万m²，由9栋住宅楼及地下车库组成，地下1～3层，地上10～17层，钢筋混凝土剪力墙结构，建筑高度33.3～54 m。

图25-1　外立面实景

外墙装修1～3层为石材幕墙，3层以上为真石漆墙面，外保温采用GPES板及复合浆料体系保温，外窗为隔热型材铝合金中空玻璃窗、入户门为钢质防火防盗门。屋面为贴砖平屋面。电梯前室为防滑地砖、面砖墙面、石膏板吊顶。户内为细石砼楼地面，内墙顶棚为腻子，采用地板辐射采暖、中央空调制冷及壁挂式太阳能热水系统。防水工程，地下室防水采用4+3 mm厚SBS改性沥青防水卷材，卫生间防水采用1.5 mm厚聚氨酯涂膜防水层；屋面防水采用3+3 mm厚SBS改性沥青防水卷材。

图25-2　室内装饰

图25-3　屋面实景

本工程由山东中投建邦置业有限公司开发，山东同圆设计集团有限公司设计，山东省建设监理工程咨询有限公司监理，江苏南通二建集团有限公司总承包施工，开工时间为2015年9月18日，竣工时间为2017年9月30日。

二、项目重点和难点

（1）本工程地处转山山脚下，各栋楼如同梯田般布置，正负零标高各不相同，场地狭小，材料堆放困难，施工难度大。

（2）楼号多，体量大，材料机械投入较大，产生的垃圾较多，是绿色施工管理控制的重点。

（3）本工程分包单位多，有防水、外墙保温、外墙装饰、门窗、消防、绿化等分包单位，需要沟通协调，安排各工序逐步施工，既要对分包单位的质量进行监督检查，也要做好对各分包单位的安全文明督导工作。

图25-4　室外绿化

三、主要管理措施

3.1 项目团队建设

项目团队建设是伴随着项目的进展而持续进行的过程。团队建设方面的主要做法包括：

（1）发挥党员的先锋模范带头作用。济南支部8位党员覆盖了项目经理、执行经理、项目总工、生产经理、机电经理等关键岗位，事事走在前，处处做表率。

（2）实行项目模拟股份制。每个员工根据岗位及职务的不同，在项目经营中占有不同比例的股份，享受项目超利分红，提高了员工的积极主动性，形成动车组文化，即火车不靠车头带，每个车厢自带动力，每个人都是团队的发动机。

（3）宣传贯彻“狼性团队”文化，善打硬仗不服输，创优争先抢在前，强调创新和顽强拼搏的团队精神。

3.2 质量管理

在质量管理方面，秉持“高起点、高标准、高投入”的原则，努力打造精品工程，在日常管理中重点抓住以下几个要点：

（1）坚持样板开路。设立专门的样板展示区或工序样板。按照工序要求，先设置主体结构样板、二次结构样板、内墙抹灰样板、交付样板等，经过甲方、监理验收合格后，再大面积施工。同时，项目部完善了使用功能核验制度。在首层拆模后，插入二次结构施工，模拟水电点位、烟风道、横向管道安装等使用功能，组织甲方、监理核验，并形成点评意见，规避后期拆改风险。

图25-5 样板引路

（2）坚持方案先行。结合工程特点，编制施工方案，确保每个分部工程均有可行的施工方案。每一道工序均编制施工技术交底，施工前对作业层各分包班组进行交底，确保各项措施落实到各工作面上去。

（3）坚持责任到人。对主要管理人员相应的管理职责进行分工，划分管理区域，设置专业负责人、楼号负责人。编写分工任务表，明确主要工作内容，包括实测实量百分百全覆盖检查，渗漏、空鼓检查，安全文明检查，每件事都有责任人，杜绝扯皮、推诿现象。

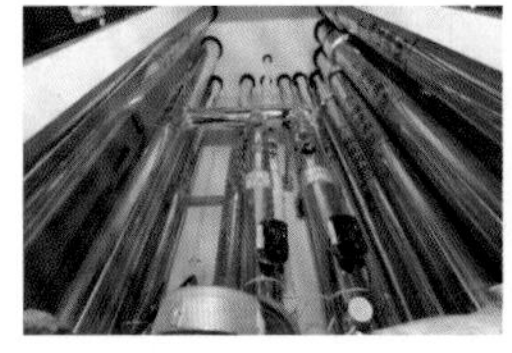

图25-6 管道井

图25-7 电梯

（4）坚持奖罚分明。项目部坚持考核与奖惩相结合，将考核作为奖惩的基本依据。一是对分包班组的考核，将其实测实量成绩、实际进度作为考核依据，实测实量按93分标准分实行奖三罚二，进度按照工期计划表进行奖惩。二是对管理人员的考核，将其分管的楼号在飞检中的成绩作为奖惩依据。奖励表现优秀的，惩罚表现落后的，符合付出与报酬相对应的原则，激励他们更好地完成自己的工作，形成一种积极向上的氛围。

图25-8 屋面设备

图25-9 地下车库

3.3 安全管理

从珍爱生命的角度重视安全，转变安全理念，推行全员化管理，强调“谁主管、谁负责”和“管生产必须管安全”，主要措施包括：

（1）现场建立样板体验区，设置安全用电体验、安全帽撞击体验、安全带使用体验、安全早会场等安全体验设施，供作业人员安全体验，从思想上和行为上做好安全教育，强化安全意识。

图25-10　样板体验区

（2）严格执行安全管理方针，将具体措施写到进场交底上，张贴在宣传栏上，宣讲于班前教育会议上。发现安全问题，当场制止、当场教育。每周组织工长、劳务班组长等相关人员参加生产例会，定期对项目部管理人员进行安全教育，真刀真枪搞管理，指名道姓说责任。

（3）加强大型机械检查管理。项目部加强做好现场机械设备的定期检查，以租赁单位作为设备隐患排查的责任主体，对施工现场起重机械实行每月定期检查，形成维护保养记录，严抓设备租赁单位定期检查的真实性。

（4）加强日常巡查管理，落实项目经理周检制度，通过对施工现场的安全定期检查，找出安全隐患的根源，及时分析、教育、整改，汲取教训，避免类似的安全隐患再次出现，从而杜绝安全事故的发生。

（5）加强对重大危险源的管理。特别是深基坑、高支模等分项工程，组织专家论证，认真做好各道工序检查、验收关，确保施工质量。

（6）坚持绿色施工管理理念，加强扬尘管控、施工道路硬化处理。场区内布置洗车池、喷雾炮、喷淋装置控制扬尘，设置扬尘噪声检测仪，并与建委平台联网。

（7）推行定型化防护设施。大门设置

图25-11　绿色施工

实名制通道，八牌一图，定型安全通道、基坑临边防护、楼层临边防护均按集团公司安全文明施工图集要求布置。

3.4　科技进步及创新成果

图25-12　定型化防护

在大力推广住房和城乡建设部发布的建筑业10项新技术（2010版）基础上，不断进行自主创新，前后共推出了32项微创新成果，其中，1项获得国家新型实用专利，1项获国家级QC成果奖，4项获省级QC成果奖。这些创新不仅极大地提高了工效，降低了施工成本，而且显著改善了工程品质。

3.4.1　BIM技术

（1）平面布置技术。利用BIM技术对总平面进行布置，规划施工道路、临建生活区等，对施工进度进行三维模拟，合理有效安排场地。

图25-13　BIM平面布置

（2）管线综合排布技术。本工程各专业管路管线重叠交叉，为协调解决好地下综合管线排布，对设计图纸通过BIM软件建模，进行碰撞检查，对各系统管线进行综合优化，确保净空高度，保证管线综合布置的可行性及美观性。

图 25-14 BIM 管线综合排布技术

3.4.2 建筑构件预制装配工艺

（1）加气块墙体砌筑时，电箱位置预先安放预制混凝土壳模，后在壳模内安装电箱，电管与配电箱连接完成后，电箱与预制壳模间的空隙采用C20素混凝土灌实。省去在现场安放电箱前过梁施工的工序，砌体砌筑可连续进行，加快二次结构进度。避免了电箱后背直接与细石混凝土接触，解决了电箱安装部位后背墙面抹灰空鼓等质量通病。

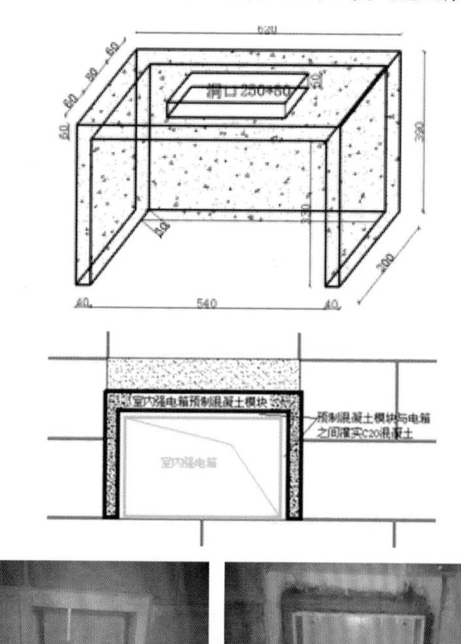

图 25-15 预制混凝土壳模

（2）项目部将女儿墙泛水防水保护层做成预制板，在预制块背面和底部满铺砌筑砂浆，带线安装，块与块之间的缝隙，填塞聚合物砂浆。加快施工速度，用工少，降低人工成本；预制板集中加工，尺寸准确，外观美观。

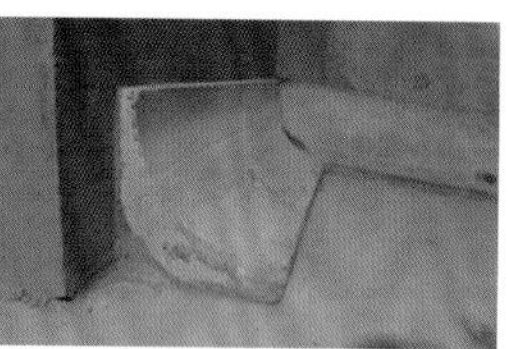

图 25-16 女儿墙预制板泛水

3.4.3 机电管道预制装配工艺

（1）管道井一次性整体预埋管道套管群施工工艺

项目部通过深化设计，绘制管道井大样图，制作定型模板和整体套管加工预制平台，随着结构进展将"管道井整体套管"配合定型模板一次性直接预埋到结构中，省去了传统管道安装工艺中结构预留孔洞、安装套管、孔洞吊模修补过程，简化了管道安装施工步骤，节省了材料。

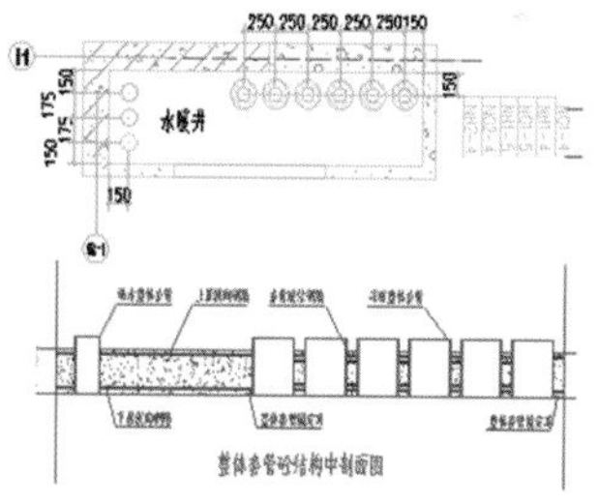

图 25-17 管道井一次性整体预埋

（2）卫生间排水管道整体装配式安装新工艺

卫生间结构板面不再预留任何安装预

图 25-18 排水管安装

留洞(全预埋件)，采用加长伸缩节，排水管道安装不受楼层限制，上下穿插施工，简化了整个安装流程，提高了功效。

(3) 结构模板免开洞PVC电线管连接工艺

项目部通过定型设计顶板PVC电线管连接件，进一步解决了PVC电线管穿结构顶板模板开洞的问题，减少电气预埋过程中在模板上钻洞造成的模板损坏，降低结构模板周转消耗，砼结构顶板质量更加美观。

四、工程质量情况与特色亮点

本工程主体结构安全可靠、室内简装美观，外观端庄大气，观感良好，工程以优质的施工质量和现场管理水平获得了建设主管部门的一致好评。在预防住宅工程质量通病发生方面，措施得当、效果显著，业主非常满意。

图25-19　主体结构

图25-20　室内装饰

图25-21　电梯前室

图25-22　室外绿化

在施工过程中积极组织开展科学科技示范活动，推广应用新工艺、新材料、新技术、新设备，并进行了有效的技术集成与技术创新，在建筑业新技术应用的整体水平达到山东省领先水平。应用了住建部建筑业10项新技术(2010版)，包括施工中循环用
用技术、混凝土裂缝控制技术、高强钢
用技术、大直径钢筋直螺纹连接技术、
方钢体系、火灾自动报警及联动系统、
防雷及接地系统、给水管道卡压连接技
预拌砂浆技术、粘结保温板外保温系统
技术、工业废渣砌块应用技术、高聚物
沥青防水卷材应用、聚氨酯防水涂料施
术、工程量自动计算技术、塔式起重机
监控管理系统应用技术。积极进行自
新技术，包括女儿墙泛水预制板技术、
间管道整体装配式安装、结构模板免开
术、钢筋优化连接、现场道路永临结合、
井内提升式钢平台、BIM应用技术，有力
升施工质量、技术创新、安全管理、绿色施
促进技术、经济效益和社会效益的实现。

本工程获得2019年度华东杯精
程，2018年度詹天佑住宅小区金奖，
年度住建部绿色施工科技示范工程。
年度济南市优质结构、济南市安全文
地。2016年度济南市第一批次建筑施
尘污染防治创优工地。《结构顶板模
开洞PVC线管连接新工艺》获得2016
建协QC成果一等奖；《提高地采暖地
型质量》申报并获得江苏省QC成果
奖；《提高现浇混凝土剪力墙阳角外观
合格率》获得2016年度北京市工程建
秀QC成果；《现浇高层住宅排水系统
厂化施工方法》获得2016年度发明专
《一种可调式预制钢楼梯模板》获得
年度实用新型专利。

南通二建济南转山项目部通过科
划、精细管理和持续创新，施工管理水平
提升，取得了经济效益和社会效益双丰

(顾正辉　聂欢庆　顾

26 江苏如东500 kV变电站新建工程

——江苏省送变电有限公司

一、工程简介

江苏如东500 kV变电站位于江苏省南通市如东县曹埠镇境内，新河桥村六组农田中，距离仲洋—东洲500 kV线路以北约2 km、X204县道以东约600 m。本项目建设对于形成并加强江苏500 kV电网的主网架、增强电网运行的稳定性，对于振兴和发展南通经济具有十分重要的意义。

1.1 土建专业施工范围

（1）500 kV GIS基础及构架基础。

（2）主变基础及防火墙。

（3）220 kV GIS基础及构架基础。

（4）主变场地设备支架及基础。

（5）主控通信室、500 kV保护小室、220 kV保护小室1、220 kV保护小室2。

（6）站用变基础及防火墙。

（7）站区消防、站区给排水、站区电缆沟、站区道路、站区围墙及大门。

图26-1 变电站实景图

图26-2 主变压器实景图

1.2 电气专业施工范围

（1）主变压器

本期：1×1 000 MVA三相无励磁调压自耦变压器。远景：4×1000 MVA变压器。

图26-3 主变压器

（2）500 kV出线

本期：4回，东洲—仲洋双线双开断环入，形成东洲2回、仲洋2回。远景：8回，东洲2回、仲洋2回、向南预留2回，向盐城方向预留2回。

（3）220 kV出线

本期：8回，马塘2回、洋口1回、三官殿1回（马塘—洋口单回开断、马塘—三官殿单回开断环入），兆群2回、蓬树2回。远景：16回，除本期8回外，向南通市区预留2回，预留东余2回，预留化工2回，备用2回。

（4）35 kV无功补偿

本期：主变压器低压侧配置2组60 MVar并联电容器和3组60 MVar并联电抗器。

二、创建精品工程：管理创新

2.1 超前组织创优策划

我公司在开工前期，结合以往同类型工程成熟的施工经验，采用多种形式的创

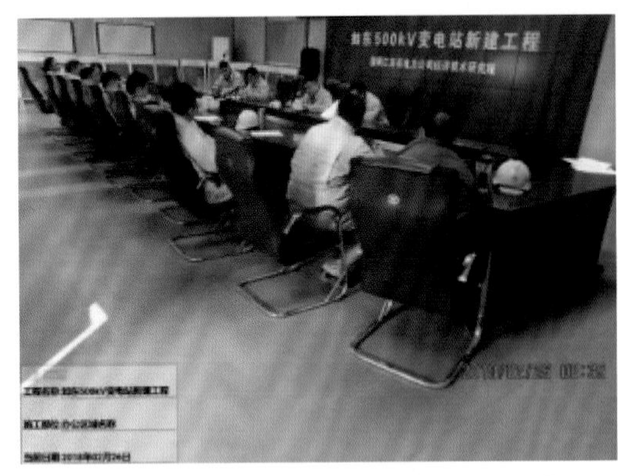

图26-4　创优策划会

优论证会，集思广益、博采众长，对创优中容易出现问题的环节，以及本工程需要展示的工艺亮点等进行固化总结。对本工程从施工准备阶段开始就实施全方位的过程质量控制，做到每一个环节有人负责，每一道工序有人监督。建立QC小组，紧紧围绕工程中易出现的质量通病，选择课题开展活动，为质量创优奠定了基础。

2.2　精细创优施工过程

2.2.1　强化施工标准化

项目建设过程中严格执行《国家电网公司输变电工程安全文明施工标准化管理办法》（国网〔基建/3〕187），按照区域化管理要求，在满足施工需求下充分利用场地，有效节约土地资源。在工程建设初期就做深、做细、做实，使变电站临建设施和安全文明施工措施不仅满足施工要求，而且与周围环境协调一致，做到模块化、区域化、定置化管理。

施工管理中严格按照《建筑工程绿色施工规范》要求，在保证质量、环境、职业健康等要求的前提下，最大限度地节约资源与减少对环境负面影响的施工活动，实现“四节一环保”（节能、节地、节水、节材和环境保护）。

图26-5　绿色施工

2.2.2　有效落实“标准工艺”的实施

项目部成立标准工艺实施小组，严格按照细化措施和方案开展施工，确保工程质量管理责任落实到每一个质量控制环节。“标准工艺”策划根据国家电网公司发布的《国家电网公司输变电工程标准工艺管理办法》（国网〔基建/3〕186）要求，施工项目部技术人员结合本工程特点，对土建部分工艺项目进行结构分解，对照国家电网公司标准工艺库进行工艺标准和施工要点分析，明确“标准工艺”应用项目64项。专门对标准工艺实施责任牌、工艺标准及施工要点牌、首件样板标识牌进行管理，“标准工艺”应用率达到100%。

2.2.3　提升质量管理精细化

项目开工前细致编制项目策划文件，做到有纲有领。对施工工序进行辨识，确定重要工序及特殊工序。由项目总工编制重要、特殊工序专项施工方案，方案经过细化论证，并按照规定程序审批，及时对作业班组进行技术方案交底并加强技术跟踪服务。对重点工序、特殊部位做重点控制，重点跟踪。

过程控制着重技术交底，施工重点落实检查工作，根据现场图片信息进行交流，全面听取合理意见和建议。在日常施工中，项目部通过网络信息传输，做到及时沟通及考评，将质量管控重点放在作业一线。

在原材料进场控制方面，严格实施材料进场验收检验和复试程序，确保投入施工的材料均为合格品，并有出厂合格证或质保书。凡进入工地现场的建筑材料由材料员、质检员进行验收，做好进场记录和材料台账，露天仓库材料和入库材料均有名称、产地、规格、数量等标识，并报监理验收，主体所用的各种原材料如钢材、水泥、砖、砂石料、防水材料由监理见证人员监督取样员取样共同封样送检测单位检测，检测合格材料注明状态标识。

2.2.4 强化通病防治、国家规范实施

施工中立足过程控制，依据《国家电网公司输变电工程质量通病防治工作要求及技术措施》(基建质量〔2010〕19号)认真编写《质量通病防治措施方案》，经监理单位审查、建设单位批准后实施。做好原材料、构配件和工序质量的报验工作。记录、收集和整理通病防治的方案、施工措施、技术交底和隐蔽验收等相关资料。对作业班组进行技术交底，样板引路。工程完工后，认真完成《质量通病防治内容总结报告》的编制。

在施工过程中认真学习、严格执行国家规范，在工程实施过程中，项目部结合工程进度，有针对性地组织全体施工人员熟悉和掌握本专业国家规范的相关内容，真正把执行国家规范工作贯穿于工程施工的全过程。结合国家规范的要求，对原材料、半成品、构配件、施工机械、安全设施、安全防护用品(用具)等进行检查，不符合要求的不得在本工程使用。工程质量验收时，结合国家规范的相关内容进行重点检查，不符合要求的，积极予以整改。

三、工程质量的亮点

3.1 地基与基础

图26-6 桩基施工

全站2 303根桩基采用旋挖桩成孔，干式钻进工艺，泥浆少，工效快，节约人工，做到环境友好。成桩经检测Ⅰ类桩为99%，无Ⅲ、Ⅳ类桩。

3.2 主体结构

主体结构柱、梁、板混凝土强度等级C30、圈梁构造柱为C30。墙体：± 0.00以上内外墙均采用加气混凝土砌块，专用粘结剂砌筑。

本工程主体结构无变形、无裂缝、无倾斜现象，观感良好。混凝土强度试块、砂浆试块、钢筋复试、钢筋连接报告齐全合格，均符合设计及规范要求。

3.3 装饰

建筑物造型美观大方，与周边环境结合融洽，风格统一。

卫生间墙砖、地砖、吊顶格缝三缝合一，洁具、地漏等对称、居中、统一。楼地面块材铺贴平整，无裂缝、空鼓、色差，接缝均匀一致，观感良好。

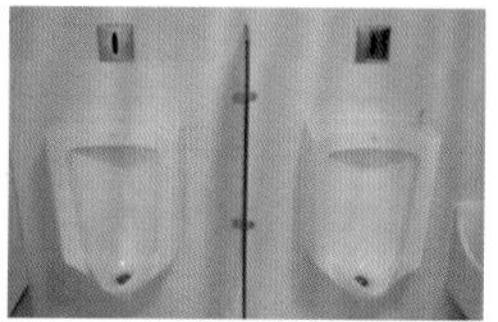

图26-7 卫生间

卫生间内墙面面砖装饰，平整光洁、拼缝均匀、线条流畅；其余室内墙面、顶棚乳胶漆装饰，墙面平整光滑，线条顺直。

细部：墙面、柱角、阴阳角顺直挺括，门窗油漆、玻璃安装、踢脚线、电气开关、插座均做到尺寸一致，四周紧密无缝隙，无漏刷，墙面不显拼缝，光滑无凹陷。

3.4 屋面

屋面为平屋面，泛水、落水口均符合标准，坡向正确，无渗漏。屋面排气孔采用不锈钢材质，并用现浇清水保护帽保护，上翻防水卷材采用不锈钢卡箍收口，细部处理规范，做工考究，美观实用。屋面整体采用绿色聚氨酯防水涂料装饰，表面平整光滑，无积水,整体效果美观。屋面卷材泛水收口采用铝方管,有效防止卷材脱落,经久耐用。

图26-8　屋面排气孔、防水

3.5　防火墙和围墙

清水混凝土防火墙外光内实,工艺优良。变电站围墙真石漆色泽一致,纹理均匀,胀缝设置合理、工艺美观,滴水线成型弧度一致。

图26-9　防火墙

图26-10　围墙

3.6　给排水、电气

工程中所安装的管道、线路条理清晰,管道横平竖直,坡度准确,接口无渗漏,管道保温密实,设备安装位置准确,运行正常。消防系统安装符合设计要求,系统运行正常。

电气接地可靠,综合布线、配电箱、电源接地、防雷设施安装规范,导线分色,避雷带焊接符合要求。

3.7　巡视小道

全站巡视小道提前策划,采用花岗岩镶边,彩色胶粘石结面,色泽亮丽,透水性好。

图26-11　巡视小道

3.8　软母线安装

经过实际测量母线档距,借助计算机软母线增长量计算公式,准确计算出软母线的增长量,使得安装后的软母线安装弧垂一致,且保证软母线安装间距一致。

图26-12　软母线实装图

3.9　全站构架安装

扎实做好土建交付电气的验收工作,认Z真复测每一个基础的轴线与标高,确保每个基础的误差均在规范要求值内。认真做好构架进场验收关,使用镀锌层检测仪对每个镀锌面进行检测,确保所有A柱和钢梁的镀锌层厚度均在90 ~ 150 μm范围内。项目部及时做好构架A柱和构架梁地面组装检测工作,对A柱根开距离、弯曲失高,横梁预拱度,螺栓中心距离等关键数据逐一进行检测,确保所有数据合格后方可起吊。构架吊装及校验结束后,确保轴线一致。

图26-13　构架A柱

3.10　电缆二次接线及挂牌

项目部为防止控制电缆生产厂家芯线绝缘层颜色不一致,导致保护屏接线成品色泽不协调,严格要求各个电缆生产厂家

图26-14　电缆接线、挂牌

所提供电缆均为黄色芯线绝缘层。在二次接线工作开展前，项目部对二次接线人员统一培训，确保弯圈手法一致，弯圈大小统一，确保了控制电缆接线的成品绑扎位置及方向一致，弯圈弧度一致，整齐美观。电缆挂牌采用衬板固定，清晰美观。

3.11　避雷带

屋面避雷带为不锈钢材质，接头采用定制套管压制连接，避免现场焊接，配以仿盆栽式支墩，工艺精致、美观实用。

图26-15　屋面避雷带

四、工程亮点交流

4.1　设计部分

4.1.1　优化设计方案

本次设计方案优化总平面布置，将主变500 kV侧的电压互感器和避雷器优化为交替布置方式，压缩500 kV配电装置场地纵向长度约3 m，减少占地面积711 m^2。

4.1.2　应用国网新技术

采用“智能变电站光缆优化整合技术”，大大减少光缆数量，节约长度，减少施工工作量，提高现场建设安装效率；采用“智能变电站过程层光缆智能标签生成及解析技术应用”，将设计资料转化为二维码光缆标签和手持终端标签解析系统，便于现场调试和运维检修工作，缩短现场检修工期，大大降低运行风险。

4.1.3　运用科技成果

采用“三维协同设计”技术，依托公司2018年科技项目“三维设计高级应用技术研究”开展如东三维设计研究，对设计、基建管理、检修运维、生产施工等相关部门进行需求调研，确定数字化移交数据框架、主体功能，对如东进行数字化移交；采用“电网资产实物ID编码技术”，解决由于专业管理差异带来的各阶段信息难以实现互联及信息共享的问题，基于现有ERP系统、PM2.0系统、物资全供应链系统实现如东站设备全寿命周期的电子化管理和信息及时更新，全面提升如东站资产管理精益化水平，通过物资实物数字化推动如东站“数字协同”进程。

4.1.4　采用新材料、新工艺和新设备

采用“外墙成片装饰板”，最大限度地减少建筑设施的能耗，具有施工简单快捷、设计方便、周期短以及出图量少等突出特点，可以实现“集约型绿色建筑”的构想。

采用“智能无轨悬浮式大门”，该大门结构坚固、运行平稳、噪声低，可实现多功能智能控制系统、多种安全防护，造型较传统钢制大门美观。

采用“智能通风机组”，它具有温湿度实时显示与控制、内/外循环通风、进风除尘净化、实时监控等多种功能。自动合理选择通风空调运行模式，既可以满足在人员检修状态和无人状态下室内设备运行不同的环境要求，同时又能有效降低通风空调能耗。

4.2　电气安装部分

（1）主变压器、高压电抗器安装严格按安装流程实施，采用全密封处理技术，优化绝缘油处理，提高绝缘油质量，螺栓紧固到位，无渗漏油现象。

（2）GIS设备法兰连接紧密无渗漏，设

备接地可靠,安装规范。

(3) 全站接地引线冷弯工艺精心制作,高度、方向一致,标识清晰。

图26-16　接地引线

图26-17　主变压器安装

(4) 电缆支架采用预埋螺母方式安装,定位精准。

(5) 电缆敷设采用封闭槽盒或金属软管,保证电缆无外露。

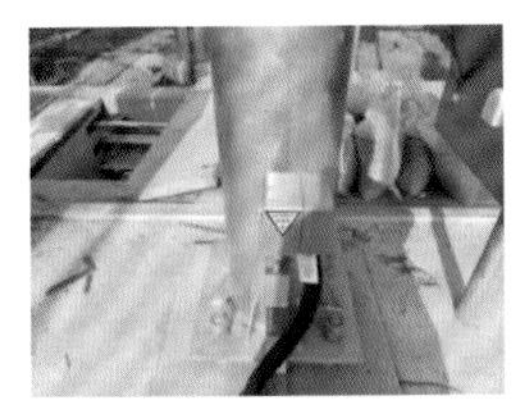

图26-18　接地引线

图26-19　电力屏柜

(6) 屏柜高度、色泽、门楣、开启方向一致。

(7) 主变、高抗油池表面安装PVC格栅板材,坚固耐用,方便操作、维护。

4.3　土建施工部分

(1) 地基与基础无裂缝、倾斜和变形现象。全站设沉降观测点168个,沉降观测点中单点累计最大沉降量为5.4 mm,最后100天沉降速率均小于0.013 mm/d。主体结构未出现影响结构安全和功能性使用的裂缝,混凝土强度、钢筋保护层、楼板厚度等各类检测均符合规范要求。

(2) 基础埋件1 500余组,一次预埋成型,定位精确,轴线、标高偏差小于 2 mm,埋件四周留缝打胶界面清晰。

(3) 电抗器基础结构钢筋交叉点绑扎采用定制绝缘扎带,有效避免环流。

(4) 基础大体积混凝土施工采用温控监测,通过应变测温元件及时调控浇筑进度与厚度,基本消除砼表面温度裂纹。

(5) 建筑物饰面砖、静电地板、吊顶采用电脑预排版,安装平整、格缝顺直,无小于1/2块。卫生间墙砖、地砖、吊顶格缝三缝合一,洁具、地漏等对称、居中、统一。

(6) 空调冷凝水、雨篷落水、构架泄水等布管收集,全站实现有组织排水。

(7) 屋面空调管线统一定制不锈钢槽盒,整齐美观。消防管道穿墙、地、顶套管预埋准确,套管护套设置美观。水泵房管道流向标识清晰明了、跨接可靠。

(8) 室外墙面各类箱体与面砖统一策划排版,定制加工,与面砖格缝一致。室内开关、插座、各类电箱安装整齐、间距一致,底部标高正确、统一。

(9) 变电站围墙干粘石色泽一致,纹理均匀,胀缝设置合理、工艺美观,滴水线成型弧度一致。

(10) 站内采用智能环境控制系统、LED灯、断桥铝合金窗、中空玻璃、外墙保温一体板等,显著降低能耗。现场噪声、污水排放均满足国家标准。

五、获得的各类成果

2017年江苏省建筑施工标准化星级工地“一星”工地;

2018年度电力行业(火电、送变电)优秀设计二等奖;

2018年江苏省工程建设优秀质量管理小组活动Ⅲ类成果。

27 全面推行标准化施工，建设“双优”工程——通扬线运东船闸扩容工程精品建设实例

——通扬线运东船闸扩容工程建设指挥部

一、工程简介

1.1 工程概况

通扬线运东船闸扩容工程位于江苏省高邮市南郊，是长三角国家高等级航道网和江苏省“两纵五横”干线航道网中连接京杭大运河和通扬线航道的重要节点枢纽，被誉为“里下河门户船闸”。工程采取原址拆除老闸扩建的方式进行建设，新船闸按Ⅲ级标准建设，设计船舶吨级1 000 t，船闸规模为23 m×230 m×4 m（口门宽×闸室长×门槛水深）。建设内容主要包括：船闸主体工程、下闸首公路桥工程、闸阀门制作与安装工程、启闭机制造与安装工程、电气工程、房屋建筑工程、下游远调站和停泊锚地、景观绿化工程、标志标牌工程、环保工程等。工程总概算4.64亿元，于2014年4月8日开工建设，2015年12月完成交工验收，2019年9月通过竣工验收。2017年，该工程被江苏省交通运输厅评为“江苏交通优质工程”；荣获2019年度江苏省优质工程奖“扬子杯”。

图27-1 船闸全景鸟瞰图

1.2 工程特点和难点

（1）技术难度大。本工程采用全长廊道分散输水系统，在全省船闸首次采用闸室墙全钢板护面结构，施工标准段钢板护面面积171.04 m^2，钢板厚度仅为8 mm，对钢板制作和吊装精度要求高，施工工艺复杂。

（2）安全风险多。施工受外部干扰较大，难以实现全封闭施工。高空作业、临边、临水作业多、特种设备多，交叉作业面大，危险源多，现场安全管理难度大。

（3）征地拆迁涉及面广。工程沿线长达2.83 km，全部位于城乡接合部，点多面广，工作量及工作难度大。

二、实行专业化管理，推行标准化施工

工程坚持“确保省优，争创国优”的建设目标，建立了横向到边、纵向到底、无缝衔接的工程建设管理网络。积极开展工程标准化管理，圆满完成工程建设任务。

2.1 高标准组建、落实专业化队伍

工程实行“省市共建、以市为主”的建设管理模式，扬州市航道管理处成立了工程建设指挥部及工程建设办公室，具体负责工程建设管理工作。指挥部工程技术人员占比88.8%，其中，中高级职称占比

68.8%,具有丰富的类似工程建设经验。

本工程的勘察设计单位华设设计集团股份有限公司具有工程设计综合甲级资质。设计单位针对检修门槽、闸室结构沉降缝、主辅导航墙等易受船舶撞击、难以修复的情况,从船闸建养一体化出发增设钢板护面、角钢护角等。只用很少的费用解决了船闸管理使用养护中的难题,大大提高了船闸结构的耐久性。

图 27-2　全钢板护面闸室墙

监理单位江苏科兴项目管理有限公司具有水运工程专业(甲级)资质;施工单位中建筑港集团有限公司具有港口与航道工程施工总承包一级资质,承担本工程船闸主体、上下游引航道、下闸首公路桥等主要土建项目的施工。

2.2　持续强化安全管理,打造平安工程

项目以创建省级“平安工地”示范工程为安全管理目标,以创带建,各参建单位均建立了完善的安全生产管理保证体系,确保安全管理工作正常开展,打造平安工程,取得了工程建设全过程无事故的良好成绩。

(1)人员安全素质不断提升。项目在每个作业工区、班组都相应设立专兼职安全管理人员。在“一人一档”制度的基础上,推广建立健康档案和“二维码”人员管理制度,实现“一人一码”。同时改变传统交底模式,采用工人听得懂的语言进行“安全三级交底”,对重大安全技术方案实行专家审查制。

图 27-3　专项方案审查

(2)现场管控力度不断提升。针对现场安全管理痛点、难点,重点强化对高空作业、临边作业、临水作业、交叉作业的安全管控力度。实行安全巡视、旁站以及安全曝光制度,设立安全曝光台。同时加强各参建单位应急响应能力,多次组织防火、防汛、防洪、防管涌、防坍塌等专项演练,参建人员处置突发事件的能力得到明显提升。

图 27-4　防汛应急演练活动

(3)本质安全理念不断提升。每月对现场危险源点进行分析、更新,并采取针对性的措施,进行预控。由于船闸下游引航道平面形态原因,船闸泄水时,产生的波浪和回流，影响引航道内船舶航行及闸门运行安全，存在较大安全隐患。项目与科研院所开展了运东船闸引航道通航安全措施的应用研究，并根据课题研究成果对下游引航道岸线及护岸结构进行调整优化，共投入320余万元。

图27-5　建成后的下游引航道

2.3　持续强化质量管控，打造品质工程

工程开工伊始项目即明确“确保省优，争创国优”的工程质量目标，并按照四级质量保证体系的要求，建立了无缝衔接的质量管理网络。

（1）制度执行力不断提高。项目在“制定好制度”的同时“执行好制度”。一是坚持施工方案分级审查制度，同时严把方案交底关，确保施工方案落实到位。二是坚持材料备案制度，在项目中全面推行大宗原材料备案，严把材料关。三是坚持首件认可制度，做到人员定岗、工艺定型、管理定位。四是质量检查通报制度，有效落实自检、互检和专检相结合的三检制度，严把验收关。

（2）施工标准化活动不断深入。积极推行现代工程管理。明确将“标准化”要求在招标文件中载明，在工程量清单中设置专项费用，保障项目建设标准化的实施。施工过程中组织编制了《施工标准化实施文件》，从制度标准化、管理程序标准化、工艺标准化、档案标准化等方面入手，全过程开展“与标准同行、向陋习宣战”活动。通过“平安工地”示范工地、廉洁管理标准化创建丰富和完善了项目标准化建设内容，促进了本工程标准化、规范化。

图27-6　“与标准同行、向陋习宣战”活动

（3）绿色施工理念不断践行。本工程上下游临河施工围堰土方量约20万m³，结合市政及城市建设，优化弃土方案做到土方平衡，未破坏一亩良田。下游引航道护岸采用钢板桩结构，最大限度减少对岸线及水域的占用，采用目前最为先进的静压沉桩工艺，并合理安排施工作业时间，减少对周边居民及水环境的影响。项目在未拆迁环境保护目标地段设置声屏障、加装隔声窗、设置低速行驶和禁止鸣笛等标志，在

图27-7　省级航道项目首次设置声屏障

船闸地区和航道沿岸种植立体绿化、防护林带，减轻船舶噪声不利影响。

2.4 持续强化进度控制，打造快速工程

工程原设计工期为30个月，为缓解省干线航道网通航压力，各参建单位勠力同心，工程仅用时不足21个月，即完成交工验收条件，创造了省内同类型船闸建设的新速度。

（1）以科学管理助力“运东速度”。项目按照总体计划要求，梳理细排节点目标，明确落实责任人，实行日检查、周考核、月总结制度，对工程进度及时进行检查总结和布置，并将节点目标纳入履约考核，进行刚性考核，同时指挥部还积极做好与地方服务协调工作，减少施工阻碍。

图27-8 交工通航现场

（2）以劳动竞赛助力“运东速度”。为加快推进工程建设，指挥部先后组织开展了七次劳动竞赛活动。活动中各参建单位积极响应，精心组织，抢抓晴好天气，战高温，保节点，克服困难，超额完成竞赛目标任务，工程建设指挥部被扬州市总工会授予“工人先锋号”称号。

图27-9 劳动竞赛动员

（3）以工艺创新助力“运东速度”。在工程建设过程中，各参建单位不断创新施工工艺，其中，通过改进“分散式输水长廊道施工工法”，使得每段廊道的施工周期由20 d缩短至12 ～ 15 d，极大提高了施工工效，减少了材料和人工消耗，整个全长廊道施工用时211 d。此外，上下闸首及闸室底板施工仅用时112 d，闸室墙施工用时160 d，均刷新了省内同类型船闸建设速度记录。

图27-10 长廊道施工工法施工　图27-11 建成后的闸室廊道内侧

2.5 持续强化廉洁管理，打造“双优”工程

开工之初，项目即确立了打造“工程优质、干部优秀”的双优工程目标，明确主体责任担当，强化风险防控意识，坚决做到“干成事、不出事”。

（1）落实责任，探索廉洁管理新路。按照全省交通重点工程推广廉洁管理标准化建设的要求，运东船闸扩容工程被省、市交通主管部门确定为首批试点建设项目之一。项目围绕责任体系、保障体系、监督体系、考核奖惩体系等四大体系建设，积极落实廉洁管理主体责任，探索工程廉洁管理新路，为工程顺利开展提供了强有力的纪律保证。

图 27-12 开展廉洁管理标准化活动

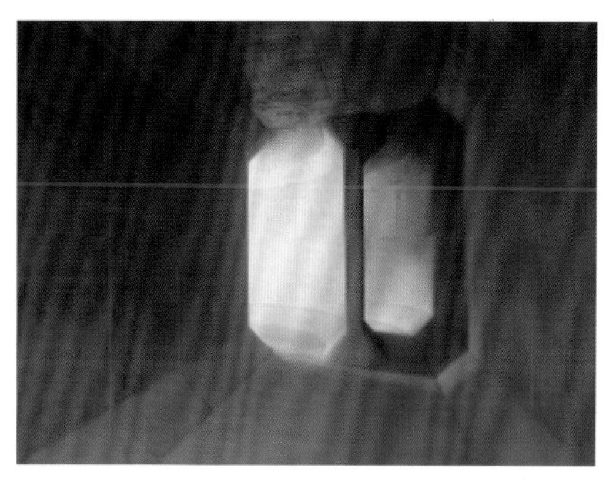

图 27-13 闸首廊道无一道裂缝

（2）不断创新，丰富标准化内容。为更好地做好廉洁管理标准化试点建设工作，项目按照现代工程管理要求，运用施工标准化管理的理念和方法，组织编制完成了《江苏省航道工程廉洁管理标准化指南》，主要包含廉洁管理内容标准化、重点环节流程管理标准化、图表文书标准化等三个方面。

（3）突出重点，强化关键环节监督。项目针对大宗材料采购、分包管理、设计变更等涉及业主和承包人经济利益的焦点和核心问题的环节，采用廉洁风险防控运行流程表单的形式进行事前监督和过程监督，采用专项督查的方式进行事后监督，三者结合达到对重要环节全过程监管的效果。

三、以问题为导向，以实践出成果

（1）开展两项课题研究应用。一是与河海大学合作，开发了混凝土全自动温度监测系统，通过应用“防裂钢筋中面配置法”，上下闸首廊道未发现一条裂缝。二是与南京水利科学研究院合作通过调整优化下游引航道岸线平面布置及护岸结构，成功解决了船舶航行及闸门运行的安全问题。

（2）获批两项省级施工工法。项目研发的“冷弯钢板桩水上静压植桩工法”，获批为山东省、江苏省省级工法。“大面积连续钢板护面船闸闸室墙施工工法”获批为江苏省省级工法。

图 27-14 钢板护面闸室墙施工

（3）取得两项实用新型专利。项目提高水上静压钢板桩沉桩合格率QC小组被评为2015年度江苏省优秀质量管理小组。降低钻孔灌注桩桩位偏差QC小组研发的“一种保证斜孔灌注桩钢筋笼保护层装置”获国家实用新型专利。闸室墙整体钢板护面施工工艺QC小组获得2016年度全国水利优秀质量管理小组成果二等奖，研发的“一种大面积连续钢护面平整度保证装置”获国家实用新型专利。

图27-15　水上静压植桩施工

图27-17　船闸通过能力大幅度提升

(4) 形成两项标准。指挥部组织编制的《钢板护面闸室墙质量检验标准》获省交通运输厅原质监局批准试行，填补了该领域质量检验标准空白。自主研究编制完成了《江苏省航道工程廉洁管理标准化指南》，并通过省交通运输厅组织的专家评审。

图27-18　开放的船闸公园

图27-16　全钢板护面闸室墙施工

四、社会效益

运东船闸完成扩容改造后，设计船舶吨级从300 t跃升至千吨级，船舶年设计通过能力提升7倍，已累计放行各类船舶10万余艘，船舶通过量6 500万t，过闸货物量4 800万t，有效解决了通扬线航道“瓶颈”，为通扬线航道全线三级达标奠定了基础，对促进区域经济协调发展具有重要意义。运东船闸除承担水上运输任务外，还承担着高邮城区的活水任务，累积向下游输送活水5万m^3，为高邮城市环境提升，改善沿河居民生活环境做出了重要贡献。建成后的运东船闸富有人文、历史、园林气息的景观与现代化的船闸设备设施交相辉映，相得益彰，形成了一座环境优美、绿色人文的现代化船闸，船闸闸区对外开放，让周边市民共享船闸发展红利，得到当地政府及周边居民充分肯定，其社会效益不言而喻。

（王　龙　袁兴安　刘　斌）

28　恩来干部学院创精品工程总结

——南通五建控股集团有限公司

一、工程简介

恩来干部学院工程于淮安市翔宇大道，总建筑面积27 765 m^2，其中地上建筑面积约24 471 m^2，地下建筑面积约为3 294 m^2。由学院宿舍楼、餐饮中心、交流中心、教学主楼、拓展教学及课程研发中心及连廊组成。工程于2016年9月2日开工，2017年12月28日竣工。本工程已获得江苏省优质工程奖“扬子杯”。

本工程的建设在政治、经济、社会上都具有极其重要而深远的意义。其中，在政治上具有弘扬周恩来精神、提升党员干部理想信念、在新时期践行“两学一做”，发扬“五大优良作风”的意义；在经济上具有推动片区发展、优化城市设计布局和提升区域品位品质、推动淮安做好目标结合和路径深化的目标，实现“两聚一高”发展的意义；另外其社会意义也极其重要，在促进各相关行业产品质量提高、营造全市各行各业争优创优的环境气氛和提高执业人员技术水平、促进建设科技进步与革新，推动企业发展方式转变，不断提升市场竞争能力都具有重要意义。

图28-1　学院正门

二、各建设相关单位

建设单位	中共淮安市淮安区委组织部
设计单位	东南大学建筑设计研究院有限公司
勘察单位	淮安市现代建筑研究院有限公司
监理单位	江苏纵横工程顾问有限公司
施工总承包单位	南通五建控股集团有限公司

三、技术创新、重点难点应用

3.1　三维建模和建筑信息模型(BIM)技术

建立用于进行虚拟施工和施工过程控制、成本控制的施工模型。通过BIM技术，保持模型的一致性及模型信息的可继承性，实现虚拟施工过程各阶段和各方面的有效集成。

3.2　金属幕墙应用技术

铝单板幕墙施工方便，施工速度快，工效比其他金属幕墙提高10%～20%。

3.3　后切式背栓连接干挂石材幕墙应用技术

采用本方法石材安装后可立即承受荷

图28-2　铝单板幕墙

载,实现上下板块的连续作业,提高了施工效率。

3.4　屋面采用铝镁合金金属屋面系统

该系统具有轻质、吸音、自防水、自保温、外观美观等特点,有效保证屋面工程质量。

图28-3　铝镁合金屋面

3.5　屋面工程防水技术

平屋面为双层卷材防水及混凝土刚性防水屋面,坡屋面为铝镁锰板金属屋面,施工前对平屋面结构砼进行蓄水试验,坡屋面经淋水试验,无渗漏,各检测及工程试验均合格、有效。

图28-4　屋面防水

3.6　模板支撑体系

为了保证梁、柱、板的几何尺寸与表面平整光洁,模板全部采用多层板,在梁、柱接头处自制定型专用卡具,梁、板、模板支撑系统采用扣件式钢管满堂红脚手架。

四、创优管理

4.1　创优目标

本工程开工伊始就明确创建“扬子杯”优质工程的质量目标,将本工程作为重点建设项目,打造精品工程,树立品牌形象。开工前与各参建单位达成共识,编制了创优策划书,确保一次成优。确定质量目标:“扬子杯”优质工程奖。

在制定创建“扬子杯”优质工程质量目标的同时,通过科学管理和技术进步,落实绿色施工过程中“四节一环保”相关要求。

通过工程的难点促进项目工程新技术的应用与开发,并推广了住建部建筑业和江苏省10项新技术。结合工程的特点挖掘项目的创新点和质量特色,制定出拟攻关技术题目和技术创新成果(论文、专利、工法、科技成果奖等)计划。

4.2　创优实施

项目部结合本工程的具体特点编制《创优策划方案》,包括基础主体、装饰装修及安装工程创优亮点策划,细部亮点施工措施,严格执行样板标准,确保一次成优。

成立技术小组,组织国内顶级专家顾问团对现场技术难点施工进行指导,注重技术创新，积极推广应用新技术、绿色施工、建筑节能。

建设过程中分阶段组织建设单位、监理单位等相关创优责任主体及各级施工管理人员观摩，注重学习细节方面精益求精，提升自身素质。

据创优的前期策划，强化施工方案和技术交底的管理，明确各工序及细部做法、验收标准等，抓住重点、难点，突出亮点。

选配具有创优工程经验的项目经理及专业技术过硬、团队协作力强的人员组成项目管理班子，成立创优小组，建立创优体系。将劳务分包、专业分包、主要材料供应商纳入工程创优体系范围。

五、工程质量情况

5.1 地基与基础

本分部工程每一个检验批均严格按设计和规范要求施工，并且每个检验批均自检合格后，再报监理工程师现场验收，合格后再进入下道工序施工。基础分部经建设、设计、勘探、监理、施工等单位共同验收，符合设计及规范要求，观感质量较好，数据齐全完整有效，一致同意验收。

5.2 主体分部

模板均先按图纸放样，先进行自检合格后再报监理验收，合格后进入下道工序，拆模时经拆模试块试压值达到设计强度要求后才拆模。钢筋成型、绑扎均先按图纸放样，现场技术人员认可后才开始下料。钢筋原材进场取样复检合格后才能使用。严格按图纸设计要求及规范要求下料绑扎、每个检验批自检合格后搭好过道，再报监理工程师及有关单位验收，认可后进入下道工序施工。墙体所有材料均检测合格

图28-5 地基基础施工

后才可使用，砌体顶部待7天后进行塞堵。主体部分分部核查资料的各种数据完整有效，评为合格。

图28-6 主体结构施工

5.3 屋面分部

本工程平屋面为双层卷材防水及混凝土刚性防水屋面，坡屋面为铝镁锰板金属屋面，施工前对平屋面结构砼进行蓄水试验，坡屋面经淋水试验，无渗漏，各检测及工程试验均合格、有效。

图28-7 屋面施工

5.4 电气、暖通、给排水分部

各分项工程均按设计及规范要求施工，各种数据、资料完整有效，评为合格。

图28-8 设备泵房

5.5 智能化分部

各分项工程均按设计及规范要求施工，各种数据、资料完整有效，评为合格。

图28-9 监控室

图28-10 会议室

5.6 装饰分部

灯具统一规划，成行成线；地面板铺贴平整，纹理自然；电梯运行平稳，平层准确；吊顶形式多样，线条分明。

图28-11 门厅大堂、会客室、电梯间装饰

六、新技术应用

施工中积极推广应用了住建部建筑业10项新技术中7大项25小项及江苏省10项新技术中的5大项9小项，其他新技术1项，并通过了江苏省新技术应用示范工程验收。

6.1 BIM技术应用

6.1.1 施工进度管理

通过结合Project编制而成的施工进度计划，可以直观地将BIM模型与施工进度计划关联起来，自动生成虚拟建造过程，简单直观，通过对虚拟建造过程的分析，合理地调整施工进度，更好地控制现场的施工与生产。

图28-12 BIM技术施工进度管理

（1）进度跟踪

进度管理系统自身根据模型进展情况、进度计划执行情况，设定模拟方式，动态显示进度执行情况，不仅能对实体工作任务进行跟踪，同时还能跟踪到和实体任务相关的工序级任务，以及支持实体任务的如图纸深化、材料进场、方案报批等相关辅助工作，并对滞后工作提出预警提示，确保实体任务能够按时完成。

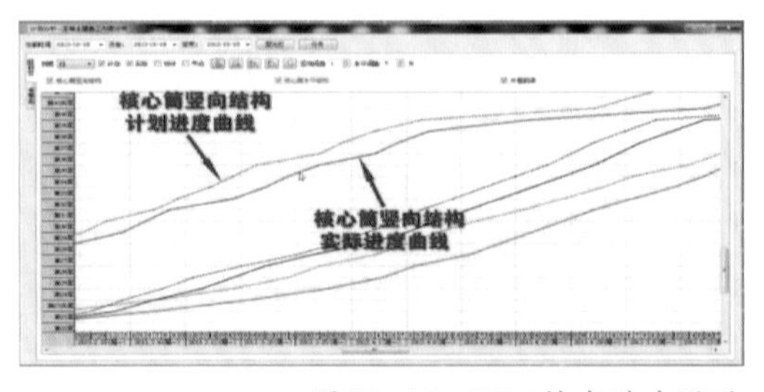

图28-13 BIM技术进度跟踪

（2）进度对比分析

在计划对比分析方面，进度计划编制完

成后，发布到计划平台上，方便项目每个人查看进度计划，并根据进度计划相应地管理工作，在将施工日报的数据内容同步到进度计划后，可以查看计划进度和实际进度的对比，系统提供表格和折线图两种方式进行查看，除了查看时间对比外，还可以查看实物量对比、资源投入的对比情况等。

6.1.2 碰撞检测及深化设计

通过运用BIM技术以三维漫游的方式进行机电管线综合优化，使管线路径排布更加合理，自动整合各专业模型，检查碰撞，减少施工过程中的二次拆改。并深化设计机电施工节点，做到管线综合直接出图。

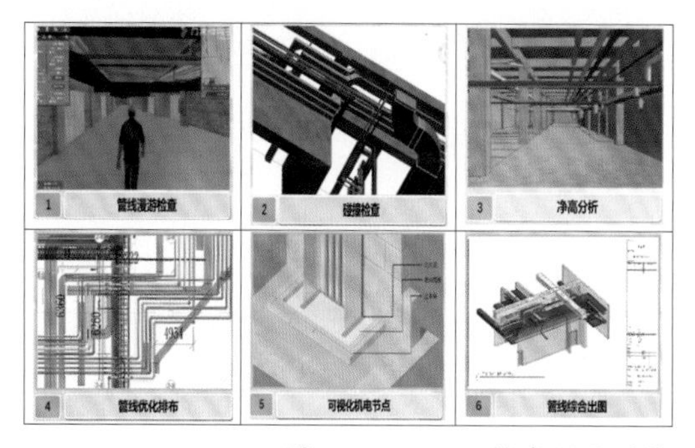

图28-14 BIM技术深化设计

6.2 信息化技术应用

6.2.1 施工现场远程监控管理工程远程验收技术

通过远程网络监控增强对各种工地的质量管理、安全管理、现场管理、进度管理、投资等方面的管理力度，实时提供视频图像。并且提高了人员工作效率，节约了办公费用，提高了对各施工工地的监管水平，为工程质量提供了强有力的保障。

图28-15 施工现场远程监控

6.2.2 工程量自动计算技术

工程量和钢筋量的计算是工程建设过程中的重要环节，其工作贯穿项目招投标、工程设计、施工、验收，结算的全过程。其特点是工作量大、内容繁杂，需要技术人员做大量细致、重复的计算工作。本工程全面使用了鲁班钢筋及AutoCAD2014等工程量计算软件来自动计算工程量。

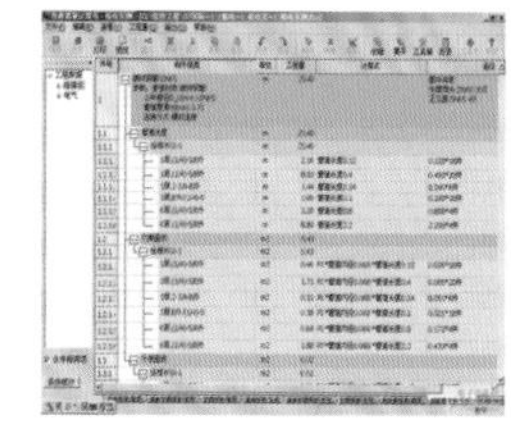
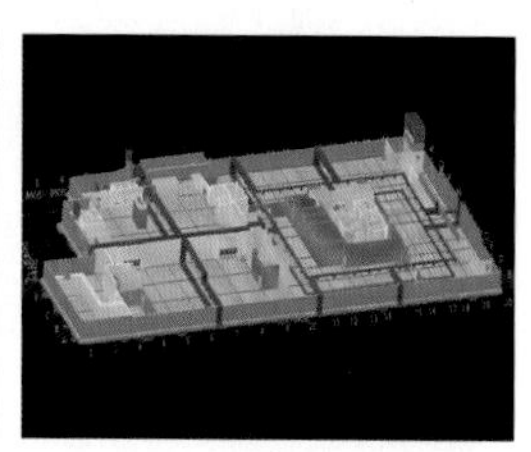

图28-16 工程量计算软件建模

6.2.3 工程项目管理信息化实施集成应用

通过使用公司的新中大企业办公平台系统，建立了工程项目集约化管理的信息模式，公司各部门间、公司与各分公司间、公司与各项目间通过该办公平台的使用，实现了项目信息资源的共享，且处理

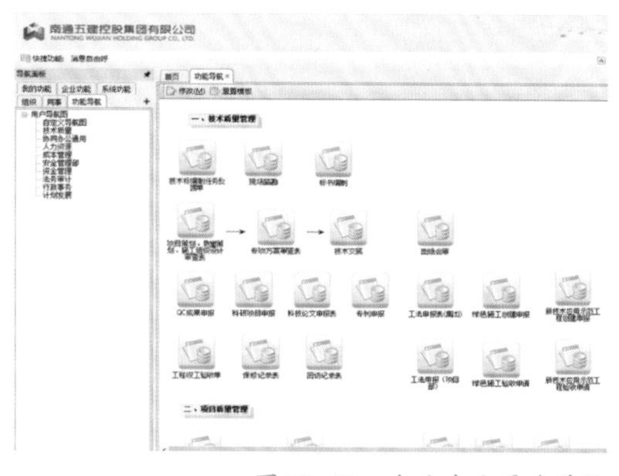

图28-17 企业办公平台系统

流程直接在办公平台进行，提高了办公的透明度，增强了可追溯性，便于监督跟踪，提高了办事效率，提升了项目管理的信息化水平。

6.3 智慧工地技术应用

6.3.1 智慧工地指挥平台

智慧工地指挥平台，是通过网络，将施工现场的各个节点连接起来，进行远程的监控和监管，可以实时地了解工地门禁系统人员进出情况，现场扬尘、温度、噪声、湿度等天气参数，车辆冲洗制度的执行情况，以及监控视频的查看，是实现智慧工地管控的重要组成部分。

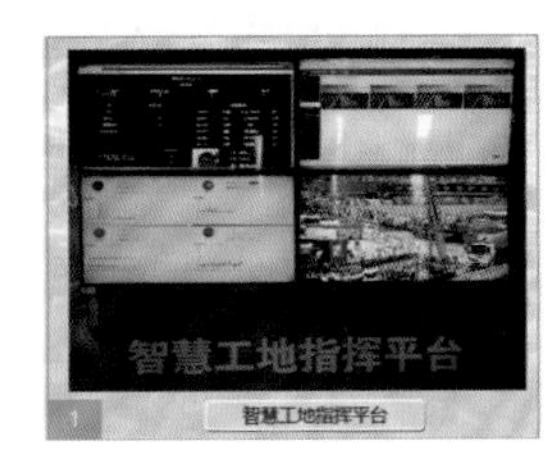

图28–18 智慧工地指挥平台

6.3.2 语音自动提醒

门禁处设有语音播报器，通过红外感应，探知人员通过，根据预先设定好的语音，可以提醒进入施工现场的作业人员佩戴好安全防护用品，降低保安人员工作量的同时，很好地督促了入场人员的劳保用品佩戴情况。

图28–19 智能语音播报器

6.3.3 塔吊、升降机安全监控系统

塔吊安全监控通过物联网技术，收集塔机作业产生的动态数据情况，通过3D地图立体定位塔机设备监控点，将塔机作业产生的动态情况及时上传给系统平台，使建设单位、施工责任单位及时了解设备安全状况。

图28–20 塔吊监控系统

6.3.4 智慧工地体验区

通过高处坠落、触电、安全帽撞击体验、安全带使用体验等一系列实体体验，使工人亲身体验，切实提高广大工友的安全意识。

6.3.5 VR安全体验

VR安全体验，是通过VR技术，将各种施工现场的安全事故，以三维立体的视觉效果呈现在体验者眼前，以体验者直观感受事故发生时的视觉冲击效果，使其认识

图28–21 智慧工地体验区

到事故的危害，从而提高安全意识。

图 28-22　虚拟安全体验

6.3.6　扬尘噪声监测系统

工地扬尘噪声监测单元、数据采集传输和处理系统、信息监测系统由扬尘实时监控单元、噪声实时监控单元、气象平台、后台数据处理、终端数据呈现等功能为一体的综合监测系统组成，实现实时、远程、自动监控颗粒物浓度的功能。

6.3.7　施工扬尘自动化控制系统

由扬尘在线监测仪、自动化控制主机、抑尘设备三部分组成，该系统实现了建筑工地扬尘污染的在线监测、分析和处置的一体化，大大提升了施工工地控制扬尘污染的能力，更好地为绿色文明施工和城市建设服务。

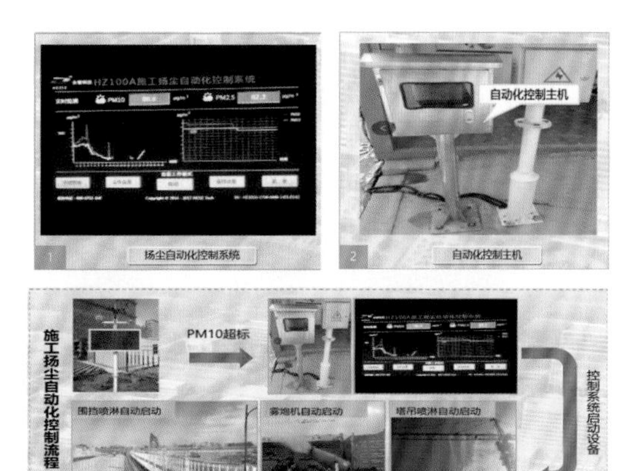

图 28-23　扬尘自动化控制系统

七、建筑节能与绿色施工

太阳能热水系统，零污染、低能耗，节能环保；种植屋面保温隔热，美化环境；雨水回用、中水系统，节约用水；智能车库充分利用空间，节约土地。

7.1　绿色施工

为贯彻落实项目部制定的“四节一环保”各项措施，项目“绿色施工管理小组”利用雨天、工地夜校等业余时间，组织项目管理人员对《绿色施工导则》《全国建筑业绿色施工示范工程管理办法（试行）》《住房和城乡建设部绿色施工科技示范工程评价主要指标》《建筑工程绿色施工评价标准》以及绿色施工科技示范工程过程资料收集和整理等进行绿色施工专项培训学习，并制定了《绿色施工培训制度》。

图 28-24　绿色施工培训

7.2　环境保护

（1）对运输容易散落、飞扬、疏漏的物料车辆采取封闭措施。

运送土方、混凝土等车辆采取封闭、遮盖措施，现场出入口设置过水池与冲洗池，保持进出车辆清洁。

图 28-25　过水冲洗池

（2）防尘、抑尘或降尘措施。

对现场裸露地面进行绿化、硬化或覆网处理，并派专人进行洒水，避免扬尘。

图 28-26　防尘、降尘措施

（3）水污染控制管理。

现场道路和材料堆放场周边均设置排水沟，工程污水经处理达标后排入市政污水管道，现场厕所设置化粪池，化粪池应定期清理；工地厨房设隔油池，并定期清理。

图 28-27　水污染控制

（4）光污染控制管理。

工地设置的大型照明灯具均设置有防止强光外泄的措施。

图 28-28　光污染控制

（5）噪声污染控制管理。

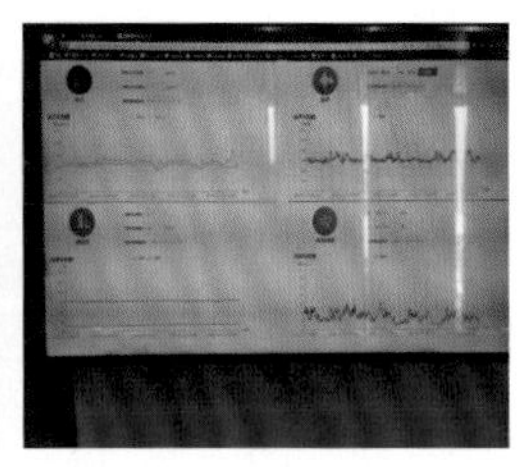

图 28-29　噪声污染控制

7.3　节材与材料资源利用

（1）面材、块材镶贴，应做到预先总体排布。

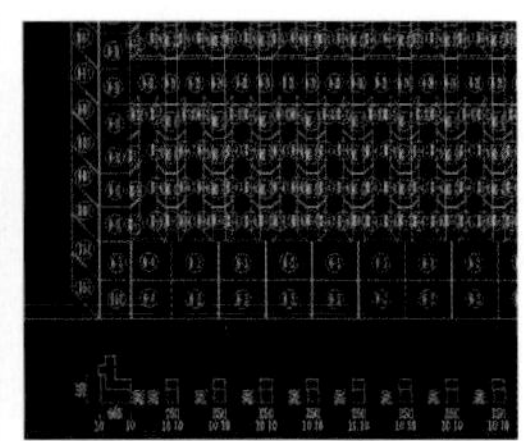

图 28-30　面材、块材排布

（2）建筑余料合理使用。

图 28-31　废钢筋雨水箅子

图 28-32　废枋木、模板雨水箅子

7.4　节水与水资源利用

（1）施工现场的生活用水和工程用水均分别计量。

图 28-33　生活区水表

图 28-34　施工现场水表

（2）施工现场供、排水系统合理使用。

图28-35 排水系统

图28-36 供水系统

7.5 节能与能源利用

（1）现场用电设立用电节能制度，对主要能耗设备进行能耗核算。国家、行业、地方政府命令淘汰的施工设备、机具均禁止使用。

图28-37 配电柜

（2）合理利用太阳能或其他可再生能源。办公区、现场均采用太阳能或LED照明；生活热水系统采用太阳能。并采用时控开关，控制能耗。

图28-38 太阳能热水器

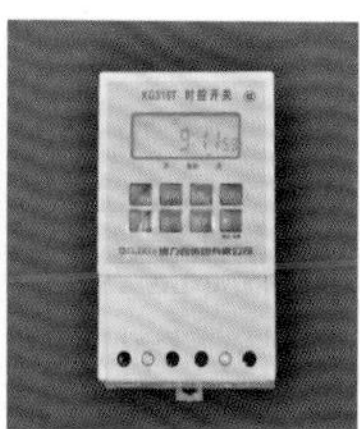

图28-39 时控灯具及开关

7.6 节地与土地资源保护

施工用地范围内种植绿色植被，临时办公和生活用房采用结构可靠的多层轻钢活动板房。

图28-40 办公、生活区

八、质量特色及亮点

太阳能热水系统，零污染、低能耗，节能环保；种植屋面保温隔热，美化环境。

图28-41 屋面绿植

智能车库充分利用空间，节约土地。

图28-42 地下车库

现代化、智能化教室，功能多样，风格各异；服务保障设施配套齐全，智慧便捷，可满足不同的教学和培训需求。

图28-43　智能化教室、展馆

整体布局错落有致、主体鲜明、景观绿化率高且精致。

图28-44　全景图

图28-45　鸟瞰图

图28-46　工程实景

九、工程获奖情况及综合评价

本工程投入使用后，结构安全可靠，功能满足使用要求，内外装修工艺精良，观感明快、流畅、挺拔大方。设备安装工程各系统运行正常、安全可靠、各项指标均达标。

本工程先后获得2018年度淮安市“翔宇”杯优质建设工程奖，2019年度江苏省优质工程奖“扬子杯”，2019年中国勘察设计协会二等奖，2018年中国建筑业协会国家级QC奖，全国建筑施工标准化文明示范工地，江苏省建筑业新技术应用示范工程等奖项。

学院环境优美，寓情于景，处处关情，投入运行以来，已先后承接了中组部、外交部、人社部、水利部、审计署等来自中央和国家机关部委，以及20多个省市自治区1 500多批次的培训班，培训党员干部10万多名。目前，所有设备运转正常，使用功能良好，业主非常满意。

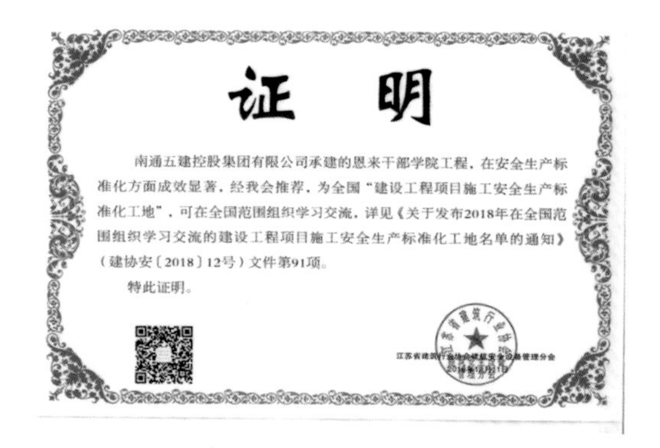

证　明

南通五建控股集团有限公司承建的恩来干部学院工程，在安全生产标准化方面成效显著，经我会推荐，为全国"建设工程项目施工安全生产标准化工地"，可在全国范围组织学习交流，详见《关于发布2018年在全国范围组织学习交流的建设工程项目施工安全生产标准化工地名单的通知》（建协安〔2018〕12号）文件第91项。

特此证明。

江苏省建筑业新技术应用示范工程证书

项目名称：恩来干部学院

批准文号：苏建质安〔2018〕322号

项目编号：JSXY2017-201

完成单位：南通五建控股集团有限公司

项目负责人：符建军

技术负责人：陈 宏

二〇一八年六月十七日

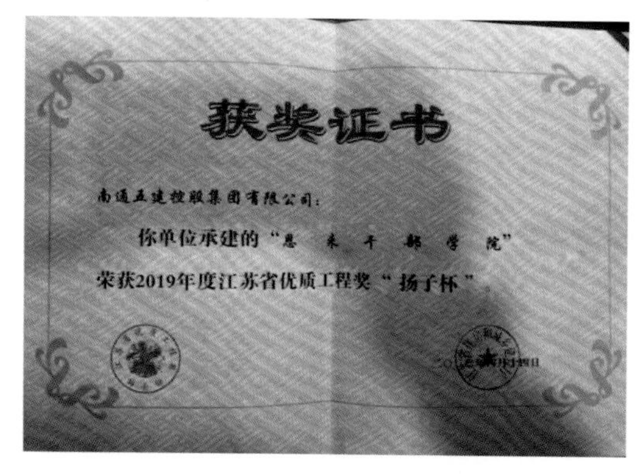

获奖证书

南通五建控股集团有限公司：

你单位承建的"恩 来 干 部 学 院"

荣获2019年度江苏省优质工程奖"扬子杯"。

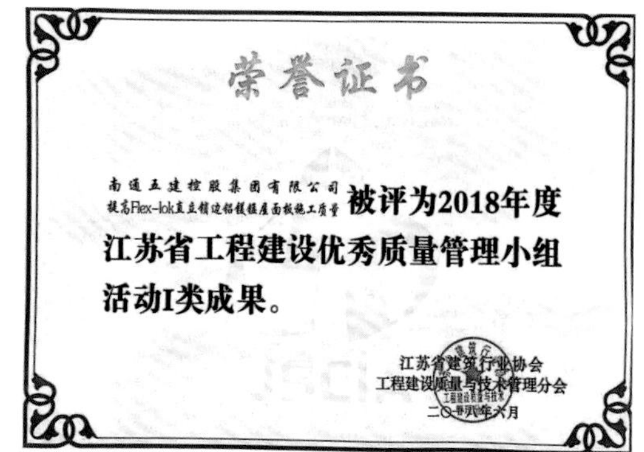

荣誉证书

南通五建控股集团有限公司 提高Flex-lok直立锁边铝镁锰屋面板施工质量 被评为2018年度江苏省工程建设优秀质量管理小组活动I类成果。

江苏省建筑行业协会
工程建设质量与技术管理分会
二〇一八年六月

图28-47　获奖证书

（傅　明）

后　记

近年来，我省建筑业企业坚持稳中求进总基调，深入贯彻新发展理念，全力推动建筑业高质量发展走在前列，工程建设水平和建筑品质持续得到提升，建筑业从规模最大向实力最强稳步迈进，“江苏建造”的品牌影响力和含金量显著增强。突出表现在以下三个方面：

一是综合实力稳步提升。2019年，全省建筑业总产值3.68万亿元，占全国建筑业总产值的13.3%，继续保持全国第一。建筑业增加值再创新高，达到6 493.5亿元，占全省GDP的6.5%。建筑业利税总额2 546.8亿元，比上年增长3.8%。2020年在受新冠疫情影响下，我省建筑业企业积极复工复产，主要经济指标继续保持平稳增长态势，1—9月份建筑业总产值达2.58万亿元，同比增长5.48%，发展质态和运行质量持续向好。

二是工程质量成果丰硕。2019年度，我省建筑企业荣获“鲁班奖”11项，约占当年度获奖总数的9.17%；“国家优质工程奖”28项，约占当年度获奖总数的9.33%；评审出省优质工程奖“扬子杯”房建类200项。在中国建设工程“鲁班奖”创立30周年纪念活动中，我省荣获突出贡献单位33家、优秀企业47家、先进个人263名、荣誉项目经理103名、优秀组织单位19家；在“国家优质工程奖”设立30周年纪念活动中，我省建筑企业荣获经典工程23项、突出贡献企业30家、突出贡献个人30名，荣誉数量均位居全国前列。

三是科技创新能力不断提升。创新是第一动力。我省建筑企业大力推广先进建造技术，着力加强绿色节能、环保、智能化、信息化等方面技术攻关。2019年度，被住建部科技项目立项28个、荣获华夏建设科学技术奖6项、荣获华夏科学技术奖18项、荣获省建设优秀科技成果22项、省级工法通过审批486项、列为省级BIM技术集成应用示范项目13项、新认定“省级技术研发中心”6家。

这些成绩的取得，与省委省政府的正确领导、各级建设行政主管部门的鼎力支持、广大建筑企业的砥砺奋进是分不开的。一直以来，我省建筑业企业视品牌为生命，在国内和国际市场大量的房屋建筑和基础设施建设中，都留下了江苏建筑业企业的身影，创造了一大批标志性工程。我省建筑业企业始终坚持企业品牌、个人品牌和质量品牌的塑造，全面贯彻落实高质量发展要求，严格执行并不断完善各项质量管理和安全生产制度，在工程质量管理方面形成了可复制、可借鉴的好经验、好做法。

一是加强组织领导，重视工程质量。领导重视、加强组织领导是工程质量的重要保证。一直以来，省委省政府高度重视建筑业发展，每五年召开一次建筑业发展大会，出台一系列扶持和促进建筑业高质量发展政策文件；省住建厅持续推进工程建设质量管理工作，推动全省建筑产业现代化建设；省建筑行业协会严格执行省级和国家级优质工程奖项的推荐程序，引导企业对施工质量的全过程控制；建筑企业加强企业内部组织领导，层层建立工程质量和安全生产责任制度，加强对员工的教育培训，强化各级领导和全体员工的工程质量主人翁意识。

二是坚持科技创新，提升工程质量。科技创新是推动建筑业发展和工程质量的第一动力，是建筑业发展的核心和引擎。建筑企业牢固树立"创新、协调、绿色、开放、共享"发展理念，紧紧围绕市场导向、行业发展和企业转型发展需求，将科技创新不断推向更高层次、更高质量，行业影响力不断提升，建筑产业的核心竞争力持续增强。2020年，省建筑行业协会开展了科学技术成果评价活动，并择优推荐参与全国科技成果评价活动，引导企业不断强化科技创新，把科技创新的意识根植在企业，把科技创新成果付诸实践中，不断提升工程质量水平。

三是积极开展培训交流，促进工程质量。开展教育培训、提高员工素质是工程质量的重用保证。人才是第一资源。精品工程的创建，需要对建筑产品本身有精心策划、精心打造的理念和追求，更需要能工巧匠们的精心雕琢。近年来，省建筑行业协会组织开展江苏省建筑业高质量发展高峰论坛、新技术推广应用交流、质量管理标准化现场观摩、建筑产业现代化高峰论坛、数字建造专题讲座、全省创建精品工程经验交流及观摩会等一系列高定位、多层次、多角度的培训交流活动，总结经验、典型引路。大力宣传推介优势企业的绿色建造、精益建造、数字建造、装配式建造的先进做法，弘扬工匠精神、厚植工匠文化，为我省建筑业高质量发展人才建设提供有力支撑，为我省建筑业企业向社会提供更优质的工程、更优质的服务赋能助力。

四是积极开展质量创优，引导工程质量。习近平总书记指出"中国制造、中国创造、中国建造共同发力，继续改变着中国的面貌"。这是总书记对"中国建造"的高度评价，也是对工程建设行业的最大激励。在新时代建筑业发展中，省、市建筑行业协会积极服务、主动服务、创新服务，通过开展对"鲁班奖""国优奖""华东杯""扬子杯"等质量奖项的评选和推荐工作，树立行业典范、宣传时代精品，引导建筑企业不断强化质量意识，追求更高质量目标，创建更多精品工程、经典工程、传世工程。为全面展示我省精品工程，省建筑行业协会自2018年以来，每年组织编辑出版《建设工程精品范例集》，对获得当年度省（部）级以上质量奖工程的策划实施、过程控制、难点重点把控、科技创新、技术攻关、绿色施工等方面的经验进行总结和提炼，供全省建筑业企业学习借鉴，引导广大企业积极推动创优工作，促进建筑业高质量发展。

五是强化全过程质量管控，确保工程质量。自建设工程“鲁班奖”“国家优质工程奖”设立以来，我省建筑业企业争先创优积极性持续高涨，你追我赶氛围浓厚。在推荐申报工作过程中，省建筑行业协会始终坚持严格程序：一是实行预报制度，强化目标工程过程创建；二是实行预查制度，检验过程质量落到实处；三是实行评委会制度，听取多方意见和建议，集体讨论，无记名票决；四是实行报送省住建厅审批制度。牢牢把握“公开、公平、公正”的原则，确保被推荐工程经得起社会和历史的检验。一直以来，国家“两奖”推荐工作认真、规范，受到中建协、中施企协、省住建厅和广大企业的充分肯定。

但是，与此同时，我们也要清醒地看到，在新时代高质量发展要求下，我省建筑企业在精品工程创建工作中还存在不少挑战和不足。从国家、省专家组对推荐“两奖”项目现场复查情况来看，我省创优工作还程度不同地存在着“三重三不”现象，即：重视结果，过程管控做得不够；重视实干，工作总结做得不够；重视现场，整理资料做得不够。必须引起高度重视。

当前，江苏建筑业已经站在了高质量发展的新坐标上，广大工程建设者们仍需继续发扬求索和拼搏精神，用智慧破解发展中的难题，以工程建设质量助推企业转型升级，助力建筑业高质量发展。2020年10月下旬召开的党的十九届五中全会，确定了“十四五”时期我国经济社会发展的指导方针和主要目标。提出了我国已转向高质量发展阶段，要在质量效益明显提升的基础上，实现经济持续健康发展，经济结构更加优化，创新能力显著提升，产业基础高级化、产业链现代化水平明显提升，形成更高水平开放型经济新体制，加快建设科技强国、制造强国、质量强国、数字中国、交通强国等一系列目标。全省广大建筑业企业要认真贯彻落实十九届五中全会精神，以强化工程质量为导向，推动建筑业高质量发展。

一是强化质量理念，提高工程质量意识。我省建筑业过去的快速发展，靠的是“吃三、睡五、干十六”的苦干精神，今后，广大企业要全方位、全过程地牢固树立“百年大计、质量第一”的意识，提高站位、拓宽思路，切实激发全体员工主动追求质量、创造质量的内在动力，夯实基础质量，落实安全生产，撸起袖子实干加巧干，不断提升建设工程的过程质量和结果品质。

二是加强组织领导，推动工程质量目标管理。创建精品工程管理环节多、链条长，是一项复杂的系统性工作，涉及工程建设的所有程序，关系到各责任主体的紧密合作，与工程建设的所有环节密切相关，绝不是一蹴而就的。广大企业要加强组织领导，协调分公司和项目部对工程创建的可行性进行研判，在工程创建的策划阶段，设定明确的质量目标、建立完善的管理体系、确定合理的责任分工，严格履行基本建设程序，坚持样板引路、落实各项细节；严格过程控制、步步精益求精，全要素推动质量目标的实现。

三是坚持创新发展，打造“江苏建造”品牌。习近平总书记指出“必须坚持创新是第一动力，在全球科技革命和产业变革中赢得主动权”。这是经济特区40余年改革开放、创新发展结累的宝贵经验之一。创新是引领发展的第一动力。“推动高质量发展走在前列”是江苏未来一个时期最鲜明的发展导向。省委省政府提出“江苏制造、江苏创造、江苏建造”的战略目标和任务，省政府制定出台了《关于促进建筑业改革发展的意见》，省住建厅发布了《江苏建造2025行动纲要》，为全省建筑业高质量发展做出了省级层面设计，指明了改革方向。创新是引领发展的第一动力，广大企业要始终秉持“统筹谋划、精心设计、精细施工、精致管理”理念，坚持推进实施优质工程和精品工程战略，坚持推动数字化新技术（GIS、BIM、5G、云计算、大数据、人工智能、3D打印、物联网、机器人等）转型升级的大胆探索和先试先行，形成可复制、可推广的先进经验，不断增强企业核心竞争力，追求卓越、铸就经典，着力打造“江苏建造”品牌，促进江苏建筑业高质量地持续健康发展。

新时代呼唤新担当，新时代需要新作为。大家要进一步提高对工程质量必要性的认识，营造全行业注重质量、创造质量的良好氛围，共同努力把我省工程建设质量管理水平提升到一个新的高度，为我省建筑业高质量发展做出新的更大贡献。

江苏省建筑行业协会会长 张宁宁

2021年7月1日